【論考】
江戸の橋
制度と技術の歴史的変遷

松村 博 *Matsumura Hiroshi*

鹿島出版会

まえがき

　本書の目的は、「江戸の橋の歴史的変遷」を把握することにある。

　江戸の橋は一律には語れない。橋という交通インフラはその時代が持っていた技術力によってその在り様が規定され、またその時代の制度に基づいて維持されていたが、経済的な制約を含めた時代の変遷とともに変化してきた。江戸時代のおよそ270年の間には制度や政策は変化し、時間軸を入れて言えば三次元的に捉えなければその全体像は描けない。

　例を挙げると、隅田川下流部に架けられた4橋は江戸の町の発展とともに順次架けられていった。そして両国橋を除く3橋は、有料橋として民間によって管理されていた時期が長く、永代橋の落橋事故以降、幕府の管理に切り替えられたとはいえ、その財源は民間に頼り、その安全性には不安が付きまとっていた。

　幕府の費用で管理されていた御入用橋、約130橋の管理は、享保19年(1734)から寛政2年(1790)にかけては民間業者によって一括請負され、それらは千両橋と呼ばれた。しかし千両であった期間はおよそ30年に過ぎず、幕府の財政事情によって減額され、そのため管理水準を落さざるを得なかった。幕府が直接管理するようになってからも年間の費用が制限されていたため橋の管理に支障が生じる事態が何度か生じ、臨時に多額の出費を余儀なくされている。

　民間管理の橋のほとんどは、近隣の町々が組合を組織して費用を出し合って管理していたが、個々の橋を見ると費用負担のルールが定着するまでには紆余曲折があった。

　江戸の橋の変遷をたどるとき、その建設方針や制度が変化することになったのは次の4つの時期に集約できると考える。
1．徳川氏入府以降の城下町建設にともなう水路と道路の整備
2．明暦の大火以降の都市域拡大にともなう架橋の促進
3．享保期の幕政改革による橋の民営化と定請負制度の導入
4．寛政の改革および永代橋落橋以降の橋施策の見直し

　1期では江戸城下町と江戸湊の建設にともなって、堀川が開削されて多くの橋

が架けられ、都市軸としての道路整備によっても架橋が必要になった。2期では江戸側の整備はもちろん、江東地域の町づくりのために隅田川への長大橋の建設と本所、深川の堀川の整備と架橋が促進された。

しかし元禄期を境にして建設の時代からメンテナンスの時代に入り、3期では幕府財政の立て直しのために公共投資を縮小する中で橋の民営化と定請負制（いわば指定管理者制）が導入された。4期では御入用橋が幕府の直接管理にもどされた。そして当時民営化されていた永代橋が落橋、多くの死傷者を出した反省から隅田川3橋を直轄にしたが、幕府財政に余裕がなく、新たな税源の確保と建設費削減のため入札制度の改善が模索された。

以下では橋ごとの変遷や管理主体やその方法に相違があるため、必ずしも時間軸にそったまとめ方になっていないが、上記の時間的変化を念頭において記述したつもりである。

当時の財政上の制約と木橋という技術上の限界もあって、橋を正常な状態に維持していくことは非常に難しいことであった。その管理システムが不十分であったため、結果的に都市機能の発展を阻害することになったと考えられる。橋という社会インフラの一部の歴史的変遷を明らかにしていくことによって江戸時代の社会システムに内在していた矛盾や限界が、部分的ではあるけれども浮び上がってくるのではないかと期待している。

目　次

まえがき …………………………………………………………………… i
年　表 …………………………………………………………………… viii

1章　江戸築城と街道整備 …………………………………………… 1
　1．常盤橋と千住大橋 ………………………………………………… 1
　2．六郷橋の創架 ……………………………………………………… 3
　3．日本橋の架設と東海道の付け替え ……………………………… 4
　4．江戸城普請と堀の整備 …………………………………………… 5
　5．権威を示した擬宝珠 ……………………………………………… 8

2章　江戸の町の拡大と隅田川への架橋 …………………………… 11
　1．明暦の大火 ………………………………………………………… 11
　2．両国橋の架設と本所、深川の開発 ……………………………… 12
　3．新大橋と永代橋の新設 …………………………………………… 16
　4．両国橋の架け換え ………………………………………………… 18
　5．六郷橋の廃止 ……………………………………………………… 19
　6．千住大橋の構造と不流伝説 ……………………………………… 21

3章　享保の改革による御入用橋の民間への移管 ………………… 27
　1．永代橋の民間移譲 ………………………………………………… 27
　2．本所、深川地域の橋の管理 ……………………………………… 29
　3．江戸方の橋の民間移譲 …………………………………………… 31
　4．公役金の橋工事費への適用 ……………………………………… 32
　5．御入用橋管理の民間委託 ………………………………………… 34

4章　両国橋の構造と建設

1. 橋の規模 ……………………………………………………………… 39
2. 杭の寸法と施工 ……………………………………………………… 46
   - (1) 杭径と継手 …………………………………………………… 46
   - (2) 震込工法 ……………………………………………………… 49
3. 橋脚の構造 …………………………………………………………… 50
   - (1) 水貫 …………………………………………………………… 50
   - (2) 筋違 …………………………………………………………… 50
   - (3) 水際の防護 …………………………………………………… 52
   - (4) 梁鼻の防護 …………………………………………………… 53
4. 上部工の構造 ………………………………………………………… 54
   - (1) 主桁 …………………………………………………………… 54
   - (2) 平均板、敷板 ………………………………………………… 55
5. その他の構造 ………………………………………………………… 56
   - (1) 高欄、男柱 …………………………………………………… 56
   - (2) 芥留杭（捨杭、芥除け杭） ………………………………… 57
6. 施工上の問題点 ……………………………………………………… 58
   - (1) 足代 …………………………………………………………… 58
   - (2) 杭の撤去 ……………………………………………………… 58

5章　両国橋の管理と運営

1. 工事の運営 …………………………………………………………… 61
   - (1) 工事奉行 ……………………………………………………… 61
   - (2) 木材の調達 …………………………………………………… 63
   - (3) 建設費用 ……………………………………………………… 64
2. 交通量 ………………………………………………………………… 65
3. 橋番所 ………………………………………………………………… 66
4. 水防、防火 …………………………………………………………… 68
5. 道役の役割 …………………………………………………………… 70
6. 橋の儀式 ……………………………………………………………… 74

目次 v

6章　組合橋(町橋)の維持管理 ……………………………… 77
1．親父橋の費用分担 ……………………………………… 77
2．小川橋の費用分担 ……………………………………… 82
3．大鋸町下槇町間中橋の組合町 ………………………… 84
4．柳橋の管理の変遷 ……………………………………… 88
5．その他の組合橋 ………………………………………… 91
6．江戸時代の組合橋 ……………………………………… 93
7．目黒の太鼓橋 …………………………………………… 94

7章　御入用橋管理の推移 ……………………………………… 99
1．御入用橋の日常監視 …………………………………… 99
2．日本橋の構造と管理 …………………………………… 102
　　(1)　火災による被害 …………………………………… 102
　　(2)　橋の規模と構造 …………………………………… 104
　　(3)　擬宝珠 ……………………………………………… 107
　　(4)　橋の管理 …………………………………………… 109
3．新大橋の民営化 ………………………………………… 111
4．大川橋の新設と有料橋 ………………………………… 112
5．永代橋の管理と運営 …………………………………… 116
6．定請負制の停止 ………………………………………… 120
　　(1)　請負金の減額 ……………………………………… 120
　　(2)　直接発注への転換 ………………………………… 121
　　(3)　財源確保の模索 …………………………………… 124
7．橋の数 …………………………………………………… 126

8章　永代橋落橋と政策の変化 ………………………………… 131
1．群集による落橋 ………………………………………… 131
2．永代橋、新大橋の架け換え …………………………… 134
3．隅田川4橋の仕様の変遷 ……………………………… 141
　　(1)　直轄時の仕様 ……………………………………… 141

(2)　民営化による仕様の変化 ……………………………………… 145
　　　(3)　永代橋落橋以降の仕様の変化 ………………………………… 147
　4．隅田川三橋の管理費 ………………………………………………… 149
　　　(1)　三橋会所の設立 ………………………………………………… 149
　　　(2)　十組問屋の冥加金の流用 ……………………………………… 150
　　　(3)　株仲間の解散と御手当屋敷の設定 …………………………… 151
　　　(4)　三橋管理体制の変遷 …………………………………………… 151
　5．幕府財政に占める橋の工事費 ……………………………………… 152
　　　(1)　享保15年の幕府財政 …………………………………………… 152
　　　(2)　幕末期の財政と橋の工事費 …………………………………… 155
　　　(3)　江戸末期における橋の管理 …………………………………… 156

9章　御入用橋架け換えの手順 …………………………………………… 159
　1．文政7年の臨時架け換え …………………………………………… 159
　　　(1)　架け換えの提案 ………………………………………………… 159
　　　(2)　概算見積と内容検討 …………………………………………… 162
　　　(3)　入札と請負人の決定 …………………………………………… 163
　2．京橋の架け換え工事 ………………………………………………… 165
　　　(1)　現場工事 ………………………………………………………… 165
　　　(2)　請負人への支払い ……………………………………………… 167
　3．京橋の構造と施工 …………………………………………………… 168
　4．その他11橋の工事と請負者 ………………………………………… 175
　5．工事関係者の褒賞 …………………………………………………… 176
　6．文政8年の御入用橋架け換え工事 ………………………………… 178

10章　江戸の橋の構造デザインと施工 …………………………………… 185
　1．木桁橋の標準設計 …………………………………………………… 185
　　　(1)　基本寸法 ………………………………………………………… 188
　　　(2)　各部の構造 ……………………………………………………… 189
　　　(3)　構造上の特徴 …………………………………………………… 193
　　　(4)　木桁橋のデザイン上の特徴 …………………………………… 194

2．橋脚杭の施工法 …………………………………………… 196
　　(1)　矢作橋の杭施工の図 ………………………………… 196
　　(2)　江戸の橋の震込工法 ………………………………… 198
　　(3)　震込工法の検証 ……………………………………… 198
3．大名庭園の橋 ……………………………………………… 203

おわりに ………………………………………………………… 207
あとがき ………………………………………………………… 211
索　　引 ………………………………………………………… 213

江戸の橋

年代	両国橋	新大橋	永代橋	大川橋
1580年				
1590年				
1600年				
1610年				
1620年				
1630年				
1640年				
1650年				
1660年	創架：長94間・幅4間、橋番所3カ所(寛文元年)			
1670年				
1680年	架け換え計画、仮橋完成(延宝8年)以降18年間有料			
1690年	仮橋架け換え(貞享元年) 架け換え(元禄9年)			
1700年	地震大火で一部焼失、修復(元禄16年)	創架：長京間100間・幅同3間7寸(元禄6年)	創架：長114間・幅同3間4寸5尺(元禄11年)	
1710年				
1720年		架け換え(享保4年)	深川町々へ下付、町管理(享保4年)	
1730年	一部押流、仮橋(享保13年) 仮橋流出、修復(享保19年)		架け換え(享保12年)	
1740年	橋杭流出、仮橋(寛保2年)	深川町々へ下付、町管理、橋銭徴収(延享元年)	橋杭折れ抜け、往来留、応急修理(寛保2年)	
1750年				
1760年	架け換え、仮橋(宝暦9年)			
1770年			本橋完成(明和2年)	
1780年	架け換え、仮橋(安永4年)	杭数本破損、往来留、修理(天明元年)		創架：長79間・幅京3間(安永3年)
1790年	杭抜け、往来留(天明6年)		架け換え(寛政8年)	
1800年	架け直し修復(寛政8年)	焼落、仮橋(寛政9年)	落橋、死者700〜800人。橋請負人遠島など関係者処罰(文化4年)	架け換え、町会所付(享和2年)
1810年		仮橋落橋、修復、本橋架け換え(文化5年)	架け換え(文化5年)	
1820年	架け換え、仮橋(文政6年)	[菱垣廻船仲間(十組問屋)三橋会所設立(文化6年)]		架け換え(文化9年)
1830年		架け換え(文政7年) 架け換え(天保9年)	[三橋会所廃止、御入用橋になる(文政2年)] 架け換え(文政6年)	架け換え(文政8年)
1840年	架け換え(天保10年)	[株仲間解散：十組問屋の冥加金停止(天保12年)]		架け換え(天保13年)
1850年			架け換え(弘化2年)	
1860年	架け換え(安政2年)	架け換え(嘉永2年)		架け換え(安政6年)
1870年				
1880年				

年表　　　[「東京市史稿」および「旧幕引継書」(国会図書館蔵)などを参考に作成]

御入用橋など	その他	関連事項
?大橋：創架(文禄3年) ?橋：創架(慶長5年) ?橋：創架(慶長8年)	日比谷入江埋立(慶長8年) 神田川開削開始(元和2年)	徳川家康：江戸入府(天正18年) 関ヶ原合戦(慶長5年) 徳川家康：初代将軍(慶長8年) 日本橋が五街道基点(慶長9年) 大阪夏の陣(元和元年) 徳川家光：三代将軍(元和9年)
?橋、法恩寺橋など十数橋創架(万治2年) ?橋、源森橋など架設(寛文2年) ?大橋：3度目の架け換え(寛文6年) ?橋：流失、以降再建されず(貞享5年)	親父橋、小川橋、入江橋など架かる(寛文2年頃) 円月橋：創架(寛文後期) 江戸の橋数：270カ所余(延宝5年) 今川橋、竜閑橋など：創架(元禄4年) 柳橋：創架(元禄11年) 目黒の太鼓橋：架設開始(元禄17年)	明暦の大火(明暦3年) 神田川完成(万治元年) 徳川綱吉：五代将軍(延宝8年)
入用橋：町奉行管理に(享保4年) 管理を町奉行に一本化(享保17年) 入用橋126橋の一括請負(800両)(享保19年) 入用橋127橋の管理請負金千両に(元文2年) ?大橋流失(明和3年) ?括請負費500両に減額(明和9年) ?橋：新規架け換え(安永3年) ?括請負費950両に増額(安永6年) ?括請負制停止、御入用管理の御定金950両(寛?2年) ?橋：架け換え、江戸川神田川浚助成地代金?付利息を流用(享和3年) ?定金760両に減額(文化9年) ?橋外11橋：架け換え、1989両余(文政7年) 入用橋28橋：架け換え、1963両(文政8年) 入用橋：132橋(天保13年)	豊海橋：町管理に(享保7年) 芝口難波橋：架け換え、組合橋に(享保9年) 和泉橋：町管理に(享保10年) 神田川新し橋、一石橋組合橋に(享保15年) 和泉橋：御入用橋に(寛政5年) 湊橋、霊岸橋、亀島橋：架け換え(寛政12年) 江戸の橋修理予算：363両(文久元年)	徳川吉宗：八代将軍(正徳6年) 享保の改革(享保元年) 大岡忠相：町奉行(享保2年) 本所奉行廃止(享保4年) 田沼意次：老中(明和3年) 天明の大飢饉(天明3〜7年) 松平定信：老中(天明7年) 根岸鎮衛：勘定奉行(天明7年) 寛政の改革(寛政元年) 七分積金制度開始(寛政3年) 根岸鎮衛：町奉行(寛政10年) 水野忠邦：老中(天保5年) 天保の改革(天保12年) 安政の大地震(安政2年) 桜田門外の変(文久元年)

1章　江戸築城と街道整備

1. 常盤橋と千住大橋

　徳川家康が豊臣秀吉から関東転封を命じられて、江戸へ入ったのは天正18年(1590) 8月1日のことであるとされる。この日は新しい稲の実りを祝う行事が行われる日でもあり、「八朔」の日は幕府の重要な記念日となった。江戸は湾奥に位置して水運にも恵まれ、関八州を治めるには適切な位置であったが、240万石の大大名の本拠地とするには大規模なインフラ整備が必要であった。当時の江戸城は大名の城の体をなしておらず、城の近くまで入江が入り込み、城下町を築くにも手狭な地形であった。

　新しい時代は、平山城を中心にして周辺に家臣の屋敷や町人町を配置した大規模な都市を必要としていた。江戸をそのような城下町にするためには、まず輸送路の確保が不可欠で、水上交通路に関しては、江戸湊の整備と道三堀の開削などが真先に行われ、陸上交通では奥州道中と東海道の整備が行われた。

　江戸城から出発し、現在の日本橋川の「常磐橋」辺りを渡って、浅草川(隅田川)の右岸方向から北上すると、当時荒川と呼ばれた隅田川の上流部にぶつかる。ここを渡るのが千住大橋で、文禄3年(1594)に初めて架けられたと伝えられる。徳川氏の江戸入府から4年後のことで、関東経営にとって東北方面への道路の整備が最優先されたことになる。架橋は関東郡代の伊奈忠次が奉行となり、それまでの渡しの場所より200mほど下流に架けられたとされる[1]。

　現在の日本橋川の原形となる平川は、古い時代に付け替えられたと推定されている。徳川家康が入城したころは、太田道灌が築いた江戸城の直下に海岸線があり、現在の皇居外苑や日比谷公園、西新橋、浜松町の辺りには日比谷入江と名付けられた海が入り込み、その東側は江戸前島または外島と呼ばれた砂州が広がっていた。そして現在の神田川は、かつては日本橋川の方向に流れ込み、さらに古くは平川と呼ばれ、江戸城と江戸前島の間を流れて日比谷入江へ注ぎ込んでいたと考えられている。

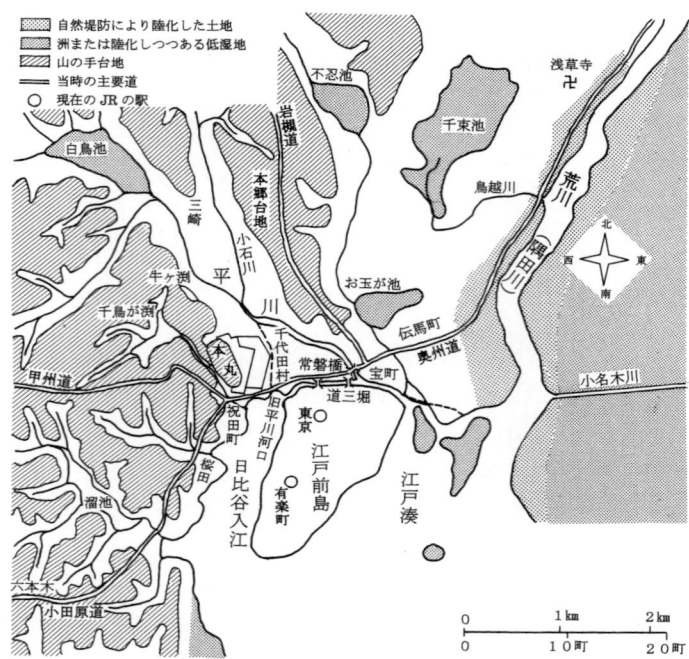

図 1-1　徳川家康江戸入城直後の海岸線と街道(原図)[2]

　鈴木理生氏は日本橋川流域の地質を詳しく調べ、日本橋川は人為的に造られた川であるとし、その時期を太田道灌の時代、つまり15世紀後期にまで遡ると推論している[2]。開削の時期を特定する決め手に欠けるが、日本橋川が人工の川であるという説には説得力がある。

　太田道灌が、文明8年(1476)に京都と鎌倉の高僧たちへ詩作を依頼したその作品の中に、平川の河口に高橋がかかっていたという表現があり、当時下を船が通れるような高い橋がかけられていたことになる。橋の位置は特定できないが、もし平川が道灌の時代に付け替えられたとするならば、この橋はのちの常盤橋に近い位置に架けられたと考えることもできる。

　江戸城下町の拡張に着手した徳川家康は、低湿地に堀を掘って水の疎通をはかり、その土で宅地を造成した。その手法は沖積平野河口部に土地を造成するときの常套手段であった。まず手始めに日本橋川の途中、現在の一石橋の辺りから大手門の方向へ道三堀という舟入堀を作った。この堀を通じて城普請に必要な物資が陸揚げされた。堀端には木材の浜が開かれ、堀留の近くには和田倉という幕府

の蔵地が設けられた。

　江戸城の大手門から道三堀の北側に沿って東行するルートを整備し、当時の平川に「常盤橋」を架けた。その橋の東側に町割が行われ、本町という最初のメインストリートが作られた³⁾。この橋は当初は決まった名前はなく、大橋と呼ばれていたらしい。また浅草方面に通じていたから浅草口橋とも呼ばれた。奥州街道の整備を目的として文禄3年(1594)に千住大橋がかけられているから、城から出発して平川を渡る橋はそれ以前に架けられていたと考えられる(図1-1)。

　この橋が架けられたころには、なお戦国時代の荒々しい空気が充満していた。『慶長見聞集』によると江戸大橋の上では刀を売り買いする市が立ち、見分のために刀を抜くため、橋の上は物すさまじい雰囲気であったという。そして文禄2年(1593)には大橋の上で果たし合いがあった。この試合では大男が簡単に負けたことや刀市ではまがいものを売り付けたことなどから、インチキなもののことを「大橋もの」という言葉も生まれたという⁴⁾。

2．六郷橋の創架

　東海道の江戸への玄関口に当たる多摩川の六郷橋が架けられたのは慶長5年(1600)7月のこととされる。関ヶ原合戦の直前のことである。このことを記した資料は『東京市史稿橋梁篇第一』⁵⁾に多く収録されているが、信頼性は十分とは言えない。三輪修三氏は、延享4年(1747)に多摩川左岸の八幡塚村が幕府に対して渡船の請負権を川崎宿から移譲してもらうように嘆願した文書は信憑性が高いとしている⁶⁾。

　その文書の冒頭部には、「六郷川では古くから舟渡しで、八幡塚村が渡してきた。慶長5年に御入用で橋が架けられたとき、六郷惣社八幡宮の神輿が渡初めを行い、別当寺の僧が祈祷を勤めたことにより施物米を賜った。橋は六郷大橋と命名され、八幡塚村には、橋の掃除見廻りと出火時の人足出動の役が命じられたが、見返りに村高のうち、三百石分が諸役御免となった。これらの経過の証拠となる書物が村に保存されている」という旨の記述がある。この時期に江戸の玄関口に橋を架けたことが事実とすれば、高まりゆく東西の軍事的緊張の最中にあって物資輸送の強化を目的としたものと考えられる。当時の為政者には防衛のために橋を架けないとする消極的な発想はなかったはずである。

　関ヶ原合戦の勝利によって天下に号令する立場に立った徳川家康は、年の明け

た慶長6年(1601)正月、東海道の駅制を定め、戦国期の宿駅を中心にして各駅を設定した。東海道の各宿に伝馬朱印と定書を下し、伝馬36疋を常備し、伝馬手形を携帯する者にはその使用を認めた。その代償として一疋につき居屋敷30坪ないし、80坪を与え、その分の地子(地代)を免除した。この年に設置されたことが文献上確認できる宿駅は半数以下であるが、のちの五十三次の大半が指定されたと考えられる。続いて中山道の各宿にも伝馬、人足の負担が命じられており、公的な輸送の制度が急速に整えられた。

3．日本橋の架設と東海道の付け替え

　日本橋が初めて架けられたのはいつなのか必ずしも明確ではないが、慶長9年(1604)2月に日本橋を起点として東海道など五街道のルートが定められ、一里塚が設置されていることから、その前年には架けられていたと推定されている。

　日本橋の創架については、大別して慶長8年(1603)と慶長17年(1612)の2説がある。慶長17年とする文献もいくつかあるが、その根拠が十分に示されておらず、慶長8年説の方が論理的に一貫しているようである。

　慶長8年説は『慶長見聞集』の記述が元になっていると考えられる。江戸の市街地開発の始まりを、「家康公が武州豊島の郡江戸へ入って以来、町は繁昌した。しかし土地が狭いので豊島の洲崎に町を造ることを計画して、慶長8年に日本各地から人夫を集め、神田山を切り崩して南方の海を四方三十余町埋め立てて陸地をつくり、その上に民家を建てた」と説明されている。そして「日本橋は慶長8年、江戸の町割の時に新設された橋である。最初は橋の名前は無かったが、人々がいつしか日本橋と呼ぶようになったのは不可思議である」とある[7]。

　豊臣秀吉の存命中は思うように進まなかった江戸城下の建設も関ヶ原合戦以降本格化する。慶長8年(1603)3月に始められた一連の工事は主として中国、四国地方の大名に割り当てられた。いわゆる千石夫といわれた御手伝普請で、石高千石につき10人の人足の動員が求められた[3]。神田山から土を採って大規模な土地造成工事が行われた。このとき日比谷入江も埋め立てられ、江戸前島の沿岸部に埠頭が櫛比する江戸湊の中枢部が整備され、同時に江戸城の外郭を形成する外堀も造られたと考えられる。これらは江戸城建設のための資材輸送施設となるものであった。その間に新しい道路を造り、それまで台地沿いを通っていた東海道を移し、江戸の南北軸を確定した。

日比谷入江はそれほど深いものではなくなっており、かなり短期間での埋め立てが可能であったと考えられる。日比谷入江の埋め立てが完了することによって東海道の付け替えが可能となり、全国の街道の基点となる日本橋の架設が重要な意義を持つことになる。したがって幕府の交通制度の整備は江戸前島までの宅地造成の完成を前提としたものであった。

　本格的な日本橋が架けられる以前に簡易な橋が架けられていた可能性はあるが、その存在を追うことは難しい。「日本橋」の本格的な歴史は江戸からの街道の基点となるにふさわしい構造を持つ橋が架けられたときに始まったと言える。

　その直後に天下に号令を発する征夷大将軍の権威を象徴するのにふさわしい江戸城の大普請が開始された。これ以降、江戸城は外堀を渦巻き状に造りながらしだいに拡張されていくことになる。

4．江戸城普請と堀の整備

　慶長9年(1604)6月に発令された江戸城の手伝普請は、西国の外様大名の少なくとも28家が参加する大規模なものであった。工事はまず石材の確保から開始された。伊豆の石切場で切り出された石は、船で江戸湊に運び込まれた。全部で3000艘とも言われる運搬船が月に2回のペースで往復したとされる。石が整った慶長11年(1606)春に、城の本格的な建設が開始された。このとき天守台の石垣や本丸御殿の造営のほか、城の東南方面の外曲輪、雉子橋(きじ)から溜池辺りまでの堀が造られた。

　続きの工事は、慶長12年に主として東国の大名に命じられた。このとき初めて天守が建てられ、曲輪の石垣が増強された。慶長13年(1608)の江戸城の状態を示したとされる「江戸図」[8]によると、このときには内堀、外堀の外郭が整い、大名屋敷地の割り当ても完了していたと考えられる。堀には多くの橋が描かれているが、固有名が示されたものは少ない。本丸を防御する内堀には大手土橋をはじめ、土橋が多いが、当然のことながら強固な門や枡形で固められている。本丸の北側、のちの紅葉山下門橋あたりに「刎橋」(はねばし)と見えるが、跳ね上げ式の橋が架けられていたのであろうか。

　外堀に描かれた橋は、ほとんどが木橋のように見られ、まだ枡形が整備されていないところが多い。東側には4橋が描かれているが、数寄屋橋の位置に橋はなく、のちの呉服橋と鍛冶橋の間の2橋は仮設的なものであったと思われ、寛永期

の江戸図(図1-2)には見えない。東北方向では奥州街道の基点となる浅草橋(のちの常盤橋)と神田方面の玄関口である神田橋の内側には、城門などの防御施設が整えられていたと考えられる。

　その後も江戸城の増強工事は、全国の大名の助役によって進められたが、慶長19年(1614)には豊臣氏との戦争準備のために中断。大坂夏の陣の翌年、家康の死去に伴う諸行事などがあって城の大規模な工事は休止されていたが、元和5年(1619)に再開された[10]。

　江戸のマスタープランの重要なポイントは平川の付け替えであった。この工事は元和2年(1616)に着手され、神田台地を掘り割って平川の流路を小石川から御茶ノ水の方向に切り通して現在の神田川の流路が造られ、江戸城の外郭の範囲が大きく拡げられた。この工事のもう一つの目的は、大御所家康に従って駿府にいた家臣団の江戸移住に伴って必要になった住居地の造成であり、神田台地の先端部を整えて駿河台が開かれた。またこのとき発生した土砂で湾岸部の広い範囲の埋め立てが行われた。

　その後、神田川は元和6年(1620)、万治3年(1660)に拡張工事が行われている。この結果平川は堀留となり、江戸市中の洪水の脅威は大幅に減少した。しかし新しく流路となった地域では後々まで鉄砲水の被害に悩まされることになる。

　家光が三代将軍に就任すると、将軍の権限が一段と強化され、その威光を示すため寛永6年(1629)には御三家をはじめとする全国の大名を動員して江戸城の大規模な改築工事が行われた。「武州豊嶋郡江戸庄図」[9](図1-2)は寛永9年(1632)12月の刊行とされ、完成途上の江戸城下の様子を示した地図であるが、かつての外堀に沿って高い石垣や城門、枡形などの防衛プランが完成していた姿が画かれている。

　「江戸庄図」には、かつての平川を付け替えて造られた外堀に、雉子橋と一つ橋(同図では橋名が入れ替わっている)、大炊殿橋(神田橋)、大橋(常盤橋)、後藤橋(呉服橋)、かぢ(鍛冶)橋などの橋名が書き入れられており、橋名はないが、数寄屋橋も架けられていた。これらの橋の城側には枡形が画かれ、そこまで城内の整備が進められていたことがわかる。

　新しく掘られた神田川には下流から浅草橋、いづみ殿橋(和泉橋)に続いて二つの橋が画かれ、のちの筋違橋と昌平橋の前身となる橋が架けられていたが、浅草門と筋違門はまだ造られていない。

　江戸前島の整備が進み、大名屋敷や寺院が建てられ、かつて江戸湊の最前線で

1章 江戸築城と街道整備　7

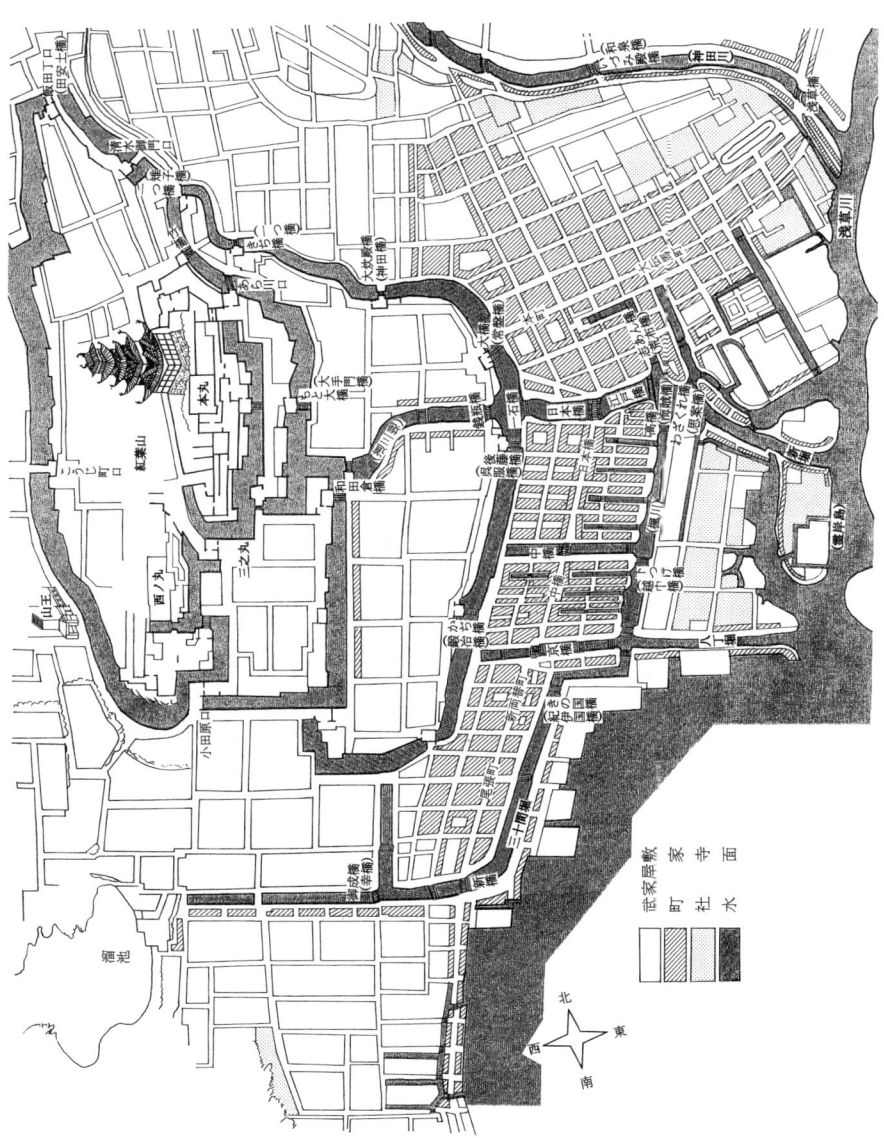

図1-2 江戸時代初期の江戸の町と橋。「武州豊嶋郡江戸庄図」より作成。（ ）内の橋。川名は下図にない名称

あった楓川、三十間堀も運河化して連絡のために多くの橋が架けられた様子がわかる。また日本橋川から北方向に分岐する伊勢町堀、東堀留川や浜町堀などが整備され、周辺地は商業地や武家屋敷としての利用が進められていた。

　日本橋を基点とする東海道は、中橋、京橋、新橋と堀川に架けられた橋を次々と渡って南下する。楓川から城側に設けられた埠頭機能を持った入堀もなお残され、材木町などの通りに沿ってそれぞれに橋が架けられていた。多くの橋が架けられ、車などの陸上交通が頻繁になると、大きな桁下空間をとるために反りを大きくすることは難しく、結果として大型船の着岸が困難となって港の機能はしだいに沖の方へ移っていくことになった。この時代には八丁堀や霊岸島などの沿岸部の岸壁が大型船の荷揚げ場として活況を呈していたことが読み取れる。

　寛永13年(1636)から同16年(1639)にかけて江戸城の総仕上げともいうべき外郭工事が行われた。北から西の方へ小石川、牛込、市ヶ谷、四ッ谷に枡形と門が造られ、南方向では虎ノ門、幸橋門が完成した。これらのほとんどには水位調節を兼ねた土橋が併設されていた。

　神田川では、寛永13年(1636)に浅草橋の内側に御門が越前松平氏によって造営され、筋違橋の城側には同年、枡形石垣が加賀前田氏によって構築され、門は同16年(1639)に当時の普請奉行によって建てられた。この段階で江戸城の防衛線が確立したことになる。

5．権威を示した擬宝珠

　江戸城の内郭、外郭を構成する堀や川に架けられた橋には、その格式を示すために高欄部に擬宝珠が付けられていたとされる。その景観年代が明暦の大火以前のものといわれる国立歴史民俗博物館蔵「江戸図屛風」[11]には城の内堀に架けられた橋、例えば名称が付された和田倉橋をはじめ、大手門橋（下乗橋）、平川門橋、一つ橋、さらに南外堀の御成橋（幸橋）などには、擬宝珠が描かれている。

　現在の平川門橋の高欄に付けられている擬宝珠10基のうち4基には「慶長拾九年甲寅　八月吉日　御大工椎名伊与」という銘が刻まれているが、これらは明治になって西丸大手橋から移されたもので、慶長19年(1614)には西ノ丸の玄関の橋が擬宝珠付きの立派な橋になっていたことになる[12]。このような例から、江戸城内堀、外堀の橋は、外堀の石垣や城門などが強化された寛永中期に擬宝珠が飾られることによって幕府の権威を強調するものになった可能性が高いと判断され

る。ちなみに椎名伊予家は江戸時代初期に活躍がみられる鋳物師の一族で、江戸を中心に金属製の仏像や梵鐘などを製作している。

また「江戸図屛風」では神田川の筋違橋に擬宝珠が付けられているが、浅草橋にはなく、描き分けられている。また東海道筋に当たる日本橋、中橋、京橋、新橋には擬宝珠が取り付けられている。重要幹線の橋には格式を示す擬宝珠が付けられていたのはのちの記録から確実であるが、現存する日本橋の擬宝珠では万治元年(1658)のものが最古で、それ以前に擬宝珠が付けられていたかどうかはわからない。

「江戸図屛風」には町人町に隣接する堀川や周辺部の川に架けられた橋が多数描かれているが、擬宝珠付きのものは見られず、地覆のみで高欄のないものや橋面に土が置かれた土橋形式のものなど、詳細に描き分けられており、この画家が橋の構造やディテールを意識的に描き込んでいることになる。「江戸図屛風」の制作を明暦の大火以前とするには疑問点も多く指摘されている。すでに建設されていた浅草門、筋違門なども描かれておらず、17世紀半ばの江戸の姿を描いたものではあるが、かなり幅をもって見たほうがよいのであろう。

参考文献
1)　『東京市史稿橋梁篇第一』pp.51～58、昭和11年11月
2)　鈴木理生『江戸の川・東京の川』pp.86～93、平成元年8月
3)　内藤昌『江戸と江戸城』pp.44～48、昭和41年1月
4)　石川悌二『東京の橋』pp.77～79、『東京市史稿橋梁篇第一』pp.74～75
5)　『東京市史稿橋梁篇第一』pp.60～69
6)　三輪修三『東海道川崎宿とその周辺』pp.79～84、平成7年12月
7)　『東京市史稿橋梁篇第一』pp.69～73、『東京市史稿市街篇第二』pp.901～903
8)　『古板江戸図集成第一』pp.16～30、1959年1月
9)　『古板江戸図集成第一』pp.32～52
10)　小松和博『江戸城』pp.22～63、1985年12月
11)　小澤弘、丸山伸彦編『江戸図屛風をよむ』1993年2月
12)　松村博『日本百名橋』pp.52～55、1998年8月

2章　江戸の町の拡大と隅田川への架橋

1. 明暦の大火

　明暦3年(1657)1月18日、一枚の振袖に燃え移ったことが原因とされる火は西北から吹く強い季節風にあおられて拡がり、江戸の街の6割をも焼き尽くす大火災となった。本郷丸山の本妙寺から出火したのは午後2時ころ、乾ききっていた江戸の町に拡がって湯島、神田など神田台地を焼き尽くし、下町へ降りて柳原、京橋、夜になって八丁堀、霊岸島へ移り、さらに隅田川を越えて深川方面にまで達した。あくる19日になって、小石川の武家屋敷や麹町の民家からも新しい火の手が上がり、江戸城周辺の旗本、大名屋敷の多くも類焼し、神田橋、常盤橋、呉服橋などの諸門も焼け、ついには江戸城内にも火が回り、本丸、二ノ丸、三ノ丸が火に包まれ、慶長12年(1607)に造営された江戸城の天守閣も焼け落ちた。

　この火事による被害は、史料によって異なるが、『上杉年譜』によると、大名屋敷160軒、旗本屋敷600軒、町屋間口5万間、橋では一石橋、浅草橋以外は焼失、焼死者3万7千余人などとある。別の史料では大名屋敷500余、寺社350余が焼け、死者は10万2100人にも達したという[1],[2]。焼けた橋は、城門に付属する雉子橋、神田橋、数寄屋橋など多くの橋のほか、日本橋、京橋、新橋など主要街道の橋にも及び、その数は60橋にもなったとされる。

　火災の直後から緊急の橋の復旧が小普請奉行に命じられ、焼け落ちた郭外の橋のところには急いで舟橋が架けられた。罹災した城門には臨時の木戸や仮橋を造ることが旗本などに命じられている。また町中の橋の両詰に小屋や薪などを置くことは禁止されているはずなのに置かれおり、早急に撤去するように四つ角家主と両橋詰の月行事に強く命じられた。さらに町中の下水橋も火事のとき、往来に支障がないように架け直すように御触れが出された[3]。

　この火事を機に、江戸の城下町計画は大きく変更されることになった。それまで江戸城を固めるように配置されていた御三家をはじめとする大名屋敷を郭外へ分散させたことや江戸城周辺や主要な道路沿いに火除地や広小路を造ったこと、

また城内や外延部に残っていた社寺をすべて郊外へ分散移転させたこと、そして急激に過密化していた市街地を分散するため、それまであまり利用されていなかった江東地区の開発が促進されることになった。このことは江戸城の軍事的な備えを優先してきた街づくりから大都市としての機能と何よりも防災対策を考慮する都市建設への転換を意味する。

　具体的には、冬季の西北風に対処するため主として江戸城の西北方向に火除地が設定された。城内にあった御三家の水戸家の上屋敷をそれまでも敷地のあった小石川へ移転し、尾張と紀伊の藩邸を麹町に移し、跡地は吹上の庭という空地にした。市中には火除地という防火帯が設けられた。神田川に沿って長い土手が築かれ、上には松が植えられた。日本橋川に沿っても火除土手が造られた。そして規模の大きな橋の橋詰には空地を取るように指導が強化されている。このほか上野広小路が造られ、中橋のあった堀が埋め立てられ、空地が確保された。

　江戸城内の再建も世情の安定を待って行われた。加賀前田家などに命じて、火にかかった石垣の取替えから始め、本丸殿舎の建築も翌年半ばにはおおむね完成した。しかし、天守の再建については4代将軍家綱の叔父で、補佐役を務めていた保科正之が、天守は軍用には役に立たず、ただ観望のためのものになっており、このために人力を費やすべきではないと反対して再建が見合わされることになった。その後も再建されることなく、江戸城は天守を持たない城となった。

　『東京市史稿橋梁篇第一』に明暦4年3月の銘のある常盤橋の擬宝珠の写真が載せられている[4]が、城門の橋や主要な橋では早い時期から本格的な復旧がなされていたと考えられる。竹橋の擬宝珠にも同じ年号が刻まれていた。日本橋は万治元年(1658)に復旧がなっているが、擬宝珠の製作年代と作者は「万治元戊戌年九月吉日　日本橋　鋳物御大工　椎名兵庫」とされ[5]（7章2．参照）、常盤橋、竹橋のものにも同じ人物名が見える[6]。

　万治2年には本丸下乗橋、同大手橋も完成しているが、擬宝珠には「御鋳物師銅意法橋　同子渡邊近江大掾源正次」という作者の名がある。続いて呉服橋、鍛冶橋、数寄屋橋、不明門橋が完成している[7]。明くる万治3年には一ツ橋、和田倉門橋が完成、大手橋と同じ作者の擬宝珠が付けられた。

2．両国橋の架設と本所、深川の開発

　このような背景の中で幕府は明暦4年(1658)に江戸市街から本所方面へ隅田川

を渡る橋を架けることを決め、架橋の奉行を任命している。明暦3年の大火のとき、家財を乗せた車が浅草の見付に集中して身動きが取れなくなり、多くの犠牲者が出たため災害時の避難路を確保するのが直接のきっかけであるとされるが、当然本所、深川の武家地や町人町の開発を促進するためのものであった。

両国橋が初めて架けられた年代については、いくつかの説があるが、寛文元年(1661)に完成したとするのが妥当であると考えられる。架橋は幕府の直轄事業として行われ、当時大番役であった芝山好和と坪内好定の二人に奉行が命じられ、棟梁大工として助左衛門と伝左衛門の名が残されている。橋の規模は長さ田舎間94間(171m)、幅4間(7.3m)の規模を持っていたが、詳細は資料が失われたため不明であるとされる。最初は単に大橋と呼ばれたが、武蔵と下総の二つの国を結ぶ橋という意味で両国橋と名付けられたという[8]。

『撰要永久録』などに収録された「町触(まちぶれ)」では架設工事は万治3年(1660)に始められ、翌寛文元年に完成したとされる。このほか『享保撰要類集』や『旧幕引継書』に含まれる「両国橋掛直御修復書留」など幕府関連の書類には寛文元年を創架年とするものが多い。一方、万治2年(1659)や同3年とするものには、『江戸名所図会』や『参考落穂集』、そして『葛西志』や『再考江戸砂子』など後期の地誌類が多い。

創架年になぜ複数の説が生じたのかわからないが、幕府関連の文書にも諸説が混在していたようである。『厳有院殿御実記』では、万治2年12月に浅草川に新しい橋が竣工し、両国橋と名付けられた。その橋奉行を務めた大番頭の一人が寛文元年3月に褒賞を受けたとされている。また『柳営日次記』に、万治2年7月に両国橋の仮橋が大水によって60間余押し流されたとあり[9]、これを解釈して『東京市史稿市街篇第七』では「万治2年12月に竣功したのは仮橋であって、仮橋流失後改めて本橋を架けて寛文元年に完工したのではないだろうか」と推論している[10]。しかし初めて橋を架ける前にわざわざ仮橋を架ける必要はなく、いったん仮橋を完成させたのち直ちに本橋を架けるような無駄をなぜしたのか、納得できる理由は見出せない。ただ最初試みに簡易橋を架けたが、早期に流されたため丈夫な本格仕様の橋の建設を早めたと解釈するなら納得できないことはない。

橋が完成すると同時に橋を監視するために両橋詰と中央に番小屋が設けられ、番人が常駐することになった。この番所の維持管理はこの場所で渡船を経営していた町人が請負い、年間39両の費用が支払われた。その後、費用は深川方の町人が負担するように制度が改められていった。3カ所の番所には昼4人、夜は8人

の番人を置き、日々の掃除や通行人の監視、喧嘩、行倒れ、拾得物処理など、各種トラブルの処置のほか、火災時や満水時には橋防御の人足の派遣などが義務付けられていた[11]。

　万治年間、深川地区の開発が本格的に行われた。万治3年(1660)3月に書院番徳山重政と山崎重政が、本所の宅地や堀川の建設を促進する奉行に任ぜられたのが本所奉行の始まりとされる。ただこの名称が定着するのは少しのちのことである。両名の指導のもとに開発工事が進むが、まず堅川、横川(大横川)、十間川、北十間川、南北割下水などを開削してその土を両側に盛って宅地を造成した。これと並行して道路整備、橋の架設が行われた。そのとき架けられた橋として、堅川の一之橋から五之橋までの5橋、横川の法恩寺橋、北辻橋、南辻橋、六間堀の松井橋、入堀の石原橋、駒留橋、十間川の旅所橋などが文献に上げられている(図2-1参照)。いずれも万治2年(1659)に架けられたとされ、かつ本所奉行が担当したとされる[12]。この矛盾は、年代的な誤りかもしれないが、両奉行就任以前に実質的な事業がスタートしていたと考えることもできる。

　両国橋架設直後の寛文2年(1662)にも、横川北端部に業平橋、横川と大川を結ぶ運河(のち源森川と呼ばれる)に源森橋が架けられている。架橋の奉行が代官の伊奈氏であったのは、この辺りがまだ市街化しておらず、町奉行の管轄外であったためであると思われる。こうして本所地区は大名、旗本などの武家屋敷や寺院、町家が建設され、米蔵などの幕府関連の施設も設置されていったが、低湿地で、しばしば洪水に見舞われたため、いったん開発が中断されている。しかし元禄年間になると再び活況を取り戻した。

　同じころ、深川地区においても万治3年6月に2人の旗本に川浚えの奉行が命じられ、小名木川の物資輸送路としての整備などが行われている。こうして江戸湊の機能が日本橋地域から江東地域へも拡大していった。深川の中心部を形成することになる深川猟師町では寛文10年(1670)に検地が行われ、すべてが屋敷地として認定されている。農地の売買は基本的に禁止されていたが、宅地の売買は許されていた。そして元禄元年(1688)には「御年貢町屋敷」の売買が許されており、この地域が市街地として発展してきていたことを表すものである。また木場に材木商が移住するようになるのもこのころのことである[13]。

　両国橋は寛文元年(1661)に初めて架けられて以来、約20年の間に、洪水によってその一部が流失することが2回[14]、火災時に類焼することが2回[15]の被害を受けており(表4-1参照)、木材の劣化も重なってたびたび補修が行われてきた。

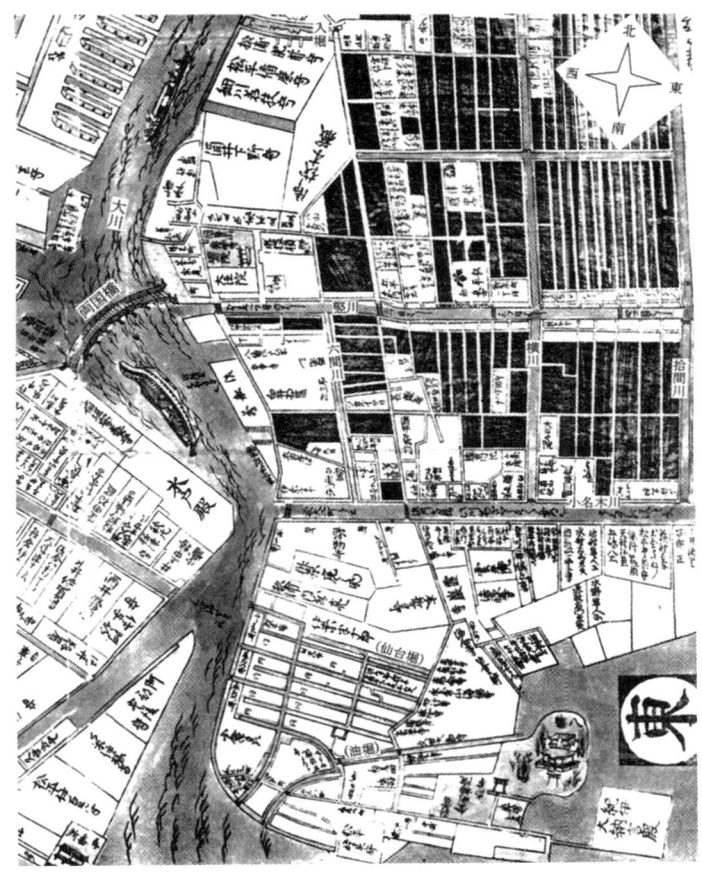

図2-1 新大橋、永代橋架設直前の隅田川河口部(『江戸図鑑綱目』―元禄2年刊より) 本所、深川の区画はなっているが、土地利用は十分進んでいない。

そして類焼の被害に合うごとに、橋詰の屋敷を移転させて閉地(広小路)を広げている[16]。

この間、延宝8年(1680)に架け換え事業が起こされたが、材木の調達の手伝を命じられた上野沼田藩主眞田信利は、期日どおりに調達することができず、咎を受けて取り潰しとなり、奉行を命じられた寄合(よりあい)の船越為景、松平忠勝の2名も閉門となる事件があり[17]、架け換え事業は一時中断された。1年後に事業は再開されたが、本格的な橋を復元するにはいたらず、貞享元年(1684)の架け換えに当た

っても仮橋仕様の橋が架けられた[18]。その後も10年以上にわたって幅2間程度の仮橋が維持されることになったが、それはこの間の本所、深川地区の開発がペースダウンしていたことを意味している。

3．新大橋と永代橋の新設

　元禄期に入ると、本所、深川地域の内発的な開発が進む一方、江戸の町の膨張に伴って、幕府は江東地区の開発を促進する必要に迫られていた。本所奉行は貞享元年(1684)に一時廃止されていたが、元禄6年(1693)に再び設置されている。

　このような状況の中で、元禄6年には新大橋が、元禄11年(1698)には永代橋が幕府によって架けられた。新大橋の橋詰用地として、西岸では水戸藩の浜屋敷を公収して邸内にあった大池などを埋めて整備し、東岸では深川元町にあった軍船あたけ丸の繋留地跡を埋め立て造成した。元禄6年8月、橋の普請奉行として二人の小普請奉行が任命されたが、しばらくして江戸町奉行の担当に切り替えられた。当時の町奉行は、南が北条氏平(後任は川口宗恒)、北が能勢頼相で、現場の担当としてその配下の与力2名ずつと同心5名ずつの計14名が指名されている[19]。

　橋の木材はすべて幕府の材木蔵から提供され、工事業者は入札によって決められた。入札は少なくとも3回行われており、8月28日に、29、30日の2日間に御普請小屋に来て注文書を写し取ること、入札結果は9月5日に発表すると通知された。しかし、次いで9月13日の御触れで、14日中に町年寄の樽屋屋敷へ出向いて内容を調べて入札するようにされていた。さらに9月26日に同じ趣旨の町触が出されており、前の2回は入札金額が幕府の見積とは合わずに、不調になった可能性が高い。

　最終的に落札したのは、東湊町の白子屋伊右衛門で、落札条件では着工以来晴天80日で完成するとされていたが、52日ででき上がり、12月7日に渡り初めが行われた。材木蔵から提供された木材は967本にのぼり、現場の工事費総額は2343両余であった。橋の規模は長さが京間100間(197m)、幅3間7寸(6.1m)で、高欄の間が108あり、両袖の間は9尺であった。橋の完成後報償として工事を担当した与力には白銀5枚ずつ、同心には3枚ずつが与えられている。

　このとき深川に庵を構えていた松尾芭蕉は、往来の不便をかこっていた深川の住民の気持ちを代弁するような句を詠んでいる。

図2-2 新大橋三派(『江戸名所図会巻之一』)遠くに永代橋をのぞむ

 みな出て　橋をいただく　霜路哉　(泊船集書入)
 ありがたや　いただいて踏む　はしの霜　(芭蕉句集)[20]

 新大橋の架設に相前後して深川にいくつかの橋が架けられている。小名木川の横川との交差部の西側に新高橋が元禄6年に、また同8年には竪川の横川との交差部の東側に新辻橋が新たに架けられ、同6年に小名木川橋、7年には小名木川の高橋、本所4ッ目橋が本所奉行の担当で工事の入札が行われており、架け換えか大規模な補修が行われたのであろう。

 永代橋は隅田川の最下流の橋で、江戸方の北新堀町と対岸の深川佐賀町を結ぶ深川の大渡しという船渡しのあった場所に架けられた。幕府は元禄11年(1698)3月、関東郡代の伊奈忠順に奉行を命じ、上野寛永寺根本中堂造営時の余材を用いて架設、同年7月末に完成した。橋の規模は、橋長田舎間114間(207m)、幅員3間4尺5寸(6.8m)で、31径間から成り、橋脚は橋杭4本建が15カ所、3本建が15カ所であった。そして桁下は大潮のときでも1丈(3m)以上が確保された[21]。

 橋の名前の由来としては、将軍綱吉の50歳を祝って「永代」と名付けられたとも言われるが、左岸一帯の古い地名である永代新田や永代町からとられた可能性が高い。

 永代橋の架設は深川地区の都市化を促進した。元禄14年前後に油堀川の東部地区で幕府の手による宅地造成が行われ、主として材木商に払い下げられて築地町と総称する町が造られたが、のちに16カ町になり、周辺の開発の進展によって築地24カ町に発展する。その間、堀と橋のインフラ整備も進められたが、まず隅田

川沿いに架けられた上之橋、中之橋、下之橋の各川筋が、元禄12年(1699)に拡張され、河岸の整備が行われた。上之橋の川筋は仙台堀と呼ばれたが、このとき幅20間に広げられ、大川から東南方向に直進するように改良された。通称油堀と呼ばれた下之橋の川筋もこのとき15間となり、中之橋の川筋も10間に広げられた。そして橋も架け換えられて上、中、下それぞれの橋の長さは20間、6間、11間となり、幅は3間と広くなった[22]（**図 3-1** 参照）。

　元禄年間に本所、深川で新たに架けられた橋には、深川、十間川の大島橋が元禄13年に、仙台堀の要橋が同15年に代官伊奈氏によって架けられ、横川の菊川橋が同13年に本所奉行によって架けられた。また吉祥寺門前の十間川の江島橋が江島ら奥女中などの寄進によって架かり、そのほか深川、木場などに10橋が自分橋として架けられたとされる。さらに木場周辺の市街化に伴って元禄16年(1703)には、吉岡橋、青海橋、平野橋、入船橋、潮見橋、海邊橋などが公儀入用で架けられている。

　大川に3本の橋が建設されたことによって本所、深川は江戸の町の一部となり、沿岸部には港の機能が充実し、縦横に掘られた堀川に沿って大名屋敷や商業施設が立地、都市の賑わいがもたらされた。武家町の一角、本所松坂町一丁目に有名な高家吉良上野介義央が元禄になって屋敷を移している。そして永代橋が架けられてから4年後の元禄15年(1702)の暮れには赤穂浪士が主君の仇討ちのために吉良邸に討ち入り、本懐を遂げたのち、永代橋を渡って高輪の泉岳寺へ向かったとされる。

　初めて橋を架けることはもちろん大きな事業であるが、それを長く維持管理していくことはもっと骨の折れる仕事である。江戸時代の永代橋に関する記録を見ていくとその苦労がよくわかる。橋掛りとして橋の管理を担当する深川の町々の名主たちは、少し大げさにいうと橋と苦闘したと言ってもよい。この経過は後述する。

4．両国橋の架け換え

　元禄9年(1696)、ようやく両国橋が本格仕様の橋に架け直された。奉行は時の町奉行、川口宗恒と能勢頼相が務め、幕府の材木蔵から1070本の木を出し、工事費は2893両余を要した。実際の担当としては各奉行配下の与力2名、下役同心3名ずつ10名のほか、町年寄喜多村彦兵衛、棟梁2名の名前が残されている。橋の

規模は長94間(171m)、幅3間半(6.4m)で、格別丈夫に造られたという。そして工事完了後は速やかに本所奉行に管理が引き継がれた[23]。

　明暦の大火以降元禄期にかけては、まさに建設の時代であった。幕藩制をはじめ幕府の諸制度が整い、世情も安定して都市インフラへの投資が集中して行える環境ができあがったと言えよう。また江戸への人口集中が促進され、当時の江戸は100万人近い人口を擁する世界最大の都市となった。一方、江戸はしばしば大火に見舞われて、それまでのストックは灰燼に帰すことになった。しかし発展のエネルギーはその逆境を撥ね退け、そのつど脱皮を繰り返してきた。

　江戸城の建設は別にしても、市街地の整備、とくに本所、深川地域の堀川開削と河岸の造成、橋の架設などの都市インフラはほとんどが幕府の費用によって行われた。また元禄時代中期には隅田川に本格的な橋が3本も架けられるなど集中的な都市投資が行われた。そのほとんどが幕府直轄工事で、幕府の財政を圧迫したことは想像に難くない。そのことは、一方では六郷橋の再建を断念するなど交通政策としてのひずみも生じさせ、次の時代に大きな課題を残すことになった。

5．六郷橋の廃止

　六郷橋は関ヶ原合戦直前の慶長5年(1600)7月に徳川家康の命により架けられたとされ、それ以降貞享5年(1688)に流失するまで幾度となく修復、架け換えが行われ、維持されていた。『東京市史稿橋梁篇第一』などに採られた資料によると、慶安元年(1648)、寛文11年(1671)に洪水によって一部が流失し、寛文12年(1672)には工事中に仮橋が流されている[24]。

　そしてかなり大きな規模の改築や架け換え工事が行われたのは、慶長18年(1613)、寛永20年(1643)、寛文元年(1661)、寛文12年(1672)、天和元年(1681)の5回が記録され[25]、ほかにも杭などの修復工事も行われている。このように六郷橋は洪水による被害を受けやすく、江戸市中の橋に比べて改築の頻度が高かったようである。

　江戸時代、大きな川に橋がなかったのは江戸防衛のためであると説明されることも多い。しかし六郷橋が架けられていたのは、徳川政権が不安定な時代であり、政権が安定した元禄期になって橋を廃止しているのは、軍事目的説では説明できない[26]。

　寛保2年(1742)に両国橋の架け換えが検討されたときの道役善兵衛の報告には

「東海道六郷川に伊奈半十郎郡代が担当して槙一式を用いて橋が架けられた。六郷川は砂川であって杭の根が掘れ、保つことが難しく流失したため、その後は橋をやめて船渡しにするよう仰せ付けられた」とあり[27]、川の性格上、杭の根入れが十分取れず、河床の変動もあって杭が抜けやすく流失しやすかったと認識されていたことがわかる。

　砂地盤は振動を与えると締まり易く、杭を建て込むとき深い根入れを確保するのが難しい上に流水によって洗掘が生じ易いため、隅田川下流部のように粘性土がかなり厚く堆積している川と違って技術的に杭の施工も難しく、安定が保ちにくかったことが、橋が再建されなかった最大の理由であると考えられる。

　また、六郷川の東海道の渡河点を通行した人の数は、天保11年（1840）の記録から有料の通行者は700人程度で、無料の武士を加えても1日約2000人であったと推定される[28]。これは江戸隅田川の両国橋の通行者の1/10以下で、有料であった新大橋や永代橋でも4倍程度の有料通行者があったことから、多額の費用を必要とする橋に対してはいわゆる「費用対効果」が低かったことになる。

　このため、当時の渡河施設としては、通行量に柔軟に対応でき、建設費の安価な船渡しが最も適切な施設であったと言える。そして船渡しが定着すると、その収入の7割以上が川崎宿の維持費に流用されることになり、幕府も含めた宿関係者に大きなメリットをもたらしたため、このシステムが改革されることなく、幕末まで存続されることになった。

　さらに元禄期に橋の再建が断念された理由に関しては、このころには江戸の市街地拡大の必要から江東地区の本格的な開発のため隅田川に元禄6年（1693）に新大橋、元禄11年に永代橋を架け、元禄9年には両国橋を本格的な橋に架け換えるなど、江戸市中への多額の投資を優先させる必要があったことが上げられる。

　このように元禄期になって六郷橋の再建を断念した理由としては、

- 河川の性格上、橋を安定的に維持するのは技術的に難しく、多額の費用を必要としたこと。
- 橋を存続させる「費用対効果」が低く、船渡しが最も適切な渡河手段であり、かつ地元の宿の維持にも大きなメリットをもたらしたこと。
- 江戸の市街地拡大のため、幕府は大きな投資を必要としており、それが優先されたこと。

などが考えられる。そして元禄期を過ぎると幕府財政の拡大はほとんどなくなり、江戸においても橋の民営化が進められるなど、全国的にも幕府による新たな

インフラ整備は難しい状況になっていった。

6．千住大橋の構造と不流伝説

　文禄3年(1594)に初めて架けられて以来、奥州方面からの玄関口として、また徳川家の奥津城(墓)となった日光への出発点として重要な役割を果たしてきた千住大橋は一貫して幕府の手で維持されてきた。そして橋の両側には千住宿と呼ばれる宿場町が形成され、江戸四宿の一つとして繁栄する。

　橋の南西側にある熊野神社は、この橋の守護神であるとされた。文禄の創架のとき架橋の成功を祈願したが、その後、橋の修理のたびごとにその残木を用いて社殿が修造されるのが通例であったという。

　千住大橋には不流伝説がある。創架以来、明治18年7月の洪水で流されるまで一度も流失しなかったという[29]。また架橋に当たって伊達政宗が献上したとされる橋杭が、300年もの間腐朽しなかったとする言い伝えが流布されていたようである[30]。

　しかし、**表2-1**のように千住大橋が無傷であったわけではない。『東京市史稿橋梁編』に採られた資料は限られており、もっと多くの被害を受けていたかもしれない。貞亨2年(1685)には「千住御橋の材木、その他売木、筏など多くが両国橋に流れ掛かった」とあり[31]、この表現からは千住大橋が流失したと断定することはできないが、その可能性は高いと判断される。享保13年(1728)には流されたとする記事があり[32]、明和3年(1766)の洪水の際にも大破したとされる[33],[34]。

　江戸時代の隅田川の下流部には、はっきりとした堤防がなく、大きな氾濫はなかった。上流部に遊水機能を持たせるように、堤の形が工夫されていたからである。このため、隅田川の橋の流失被害は比較的少なかったとされている[35]。また、台地からの鉄砲水が出る神田川の合流部より下流に架けられていた両国橋などに比べると、千住大橋の方が条件はよかったと言えそうである。例えば、寛保2年(1742)の洪水では、下流の橋の被害は大きかったが、千住大橋は健全で、両国橋の架け換えの仕様を作るために千住大橋の構造が詳しく調査されている。調査は町方与力の指示で行われたと考えられるが、その記録を残したのは道役善兵衛である。現地の調査は寛保3年(1743)1月20日から2月4日まで行われ、1ヶ月ほどで仕様帳、材料目録、絵図が完成している[36]。

　このときのデータによって、江戸時代の千住大橋のおよその姿を知ることがで

表 2-1　千住大橋略年表

年　月	事　項	文献-東京市史稿
文禄3年(1594) 9月	創架、奉行：関東郡代伊奈忠次	橋梁1-pp. 51〜59
元和3年(1617) 4月	まさに流れんとす	変災2-pp. 38〜40
正保4年(1647) 1月	小塚原橋(千住大橋)架け換えを命じられる 奉行：小姓組三上季正、川口正信	橋梁1-pp. 129〜130
寛文6年(1666)11月	架け換え(3度目)、奉行：代官伊奈忠常	橋梁1-pp. 237〜238
天和3年(1683) 9月	架け換え(4度目)入札、奉行：代官伊奈忠篤、完成は翌4年7月	橋梁1-pp. 343〜344
貞享2年(1685)	千住御橋材木そのほか売木筏など大分御橋(両国橋)へ流れ掛る	橋梁1-p. 183
享保13年(1728) 9月	江戸洪水、千住大橋も流れる	橋梁1-pp. 743〜746
元文4年(1739) ？	工事仕様書作成、この直後に修復工事？	橋梁2-pp. 276〜280
寛保3年(1743) 1月	千住大橋の構造を調査、長66間 幅4間 反4尺2寸 橋杭3本立16側	橋梁2-pp. 274〜287
宝暦4年(1754) 2月	架け換え、奉行：小普請奉行小幡景利 奉行始め小普請方を褒賞	橋梁2-pp. 584〜585
明和3年(1766) 6月	千住大橋流れ落ちる 千住大橋崩掛り、間数はわからないがかなり押し流される	橋梁1-pp. 189〜190 橋梁2-pp. 696〜699
明和4年(1767) 6月	架け換え、奉行：作事奉行正木康垣、目付小菅武第 作事方、目付方を褒賞	橋梁2-pp. 707〜708
明和9年(1772)10月	千住大橋大破、 直後に有料の橋を架けて10カ年橋銭徴収の願人あり	橋梁2-pp. 856〜757
天明元年(1781) 7月	仮橋残らず流れる。本橋は無事	変災2-pp. 430〜434
寛政5年(1793)12月	架け換え、奉行：小普請奉行神保長光 奉行始め小普請方を褒賞	市街31-p. 676
文化7年(1810) 3月	架け換え、奉行：小普請奉行三橋成方 奉行始め小普請方を褒賞	市街34-pp. 101〜103

きる。幅員は4間(7.3m)と比較的広く、橋長は66間(120m)、橋脚杭列は16側、すべて3本建であった。杭には端部で末口1尺9寸〜2尺余(58〜61cm)、中央部では2尺3寸〜2尺7寸(70〜82cm)という太いものが使われていた[36]。

　これら一連の記録の中に『千住大橋御修復仕様帳』という、「未十月」に大工棟梁の平内大隅が作成した文書が挿入されている。この文書は「白子屋勘七方より借りて写しておいたものである」との註があり、当時御入用橋の維持管理を一括請負していた商人の一人、白子屋勘七から保存していた資料を写させてもらっ

図 2-3 千住大橋「日光御街道千住宿日本無類楠橋杭之風景亞願寺化粧之図」
（足立区立郷土博物館所蔵）

たものと考えられ、杭の一部取り替えや上部工の全面取り替えを前提にした工事仕様になっている[37]。この未年がいつかは断定できないが、直近のものとすると元文4年(1739)となり、この年か翌年に規模の大きな修復工事が行われたと推測される。

この資料から次のような千住大橋の構造が復元できる。橋面の反りはこのときに実測されたが、4尺2寸(1.2m)と割合低く、勾配にすると2％強、両国橋の約半分であった。スパンは澪筋で5間(9.1m)余り、他の部分は3間(5.5m)程度で、平均すると4間弱でかなり広く取られていた。橋杭は筋違貫で固定されることになっていたが、当然水貫も入れられたはずである。長さ4間(7.3m)、末口1尺9寸(58cm)の梁の上には幅8、9寸(24〜27cm)、高さ1尺7寸5分(53cm)の断面を持つ耳桁と3本の中桁が並べられた。柱や梁、桁などの主要部材には槻(欅)が使われ、床板には幅9寸〜1尺5寸(27〜45cm)、厚さ5寸(15cm)の栂材が用いられた。そして明治18年の洪水時に流された杭を観察した記事によると、杭径は2尺から2尺5寸(60〜70cm)、杭長は6間から6間3尺(11〜12m)ほどであったとされている[38]。

表2-1のように何度かの架け換え記録がある。正保4年(1647)の架け換えに当たっては小姓組の二人が奉行を命じられている。この前にも何度かの架け換えがあったはずであるが、両橋詰の小塚原町と橋戸町の名主たちから提出された享保8年(1723)の報告によると、寛文6年(1666)に3度目、天和3年(1683)9月から4度目の架け換え工事が行われた。この間何度か元の杭を振(震)直す補修工事だ

行われたとされている[39),40)]。その後少し記録がとんでいるが、宝暦4年(1754)、そして明和4年(1767)、安永元年(1772)直後、天明元年(1781)前後、寛政5年(1793)、文化7年(1810)、さらに上述の元文4年(1739)を加えると、十数年に1回は大規模な工事が行われたと推定できる。古くは、関東郡代の伊奈氏が工事を担当することが多く、中期以降は作事奉行や小普請奉行に命じられている。

千住大橋の橋杭の朽損がなかったとは考えにくいが、両国橋など汽水域の橋に比べて少なかったのは確かであろう。享保8年(1723)に両橋詰町の名主らが提出した報告[40)]によると、寛文6年(1666)に架け換えられたときには橋杭に檜(ひのき)が用いられたが、18、9年で腐り落ちた。その直後の天和4年(1684)には橋杭に槙(まき)を使って架け換えられたが、40年が経過したにもかかわらず、腐っていない。そして橋杭には船虫などは付いておらず、川下の浅草川(隅田川)と違って、にが潮の遡上が少なく、ほとんど山水(真水)であるため、船虫などが付かなかったと記されている。

このように樹種によって橋杭の寿命が大きく異なるとされているが、この例だけで檜の杭の寿命が20年弱で、槙が40年以上の寿命があったとするのは難しい。あくまで特異な例であったと考えられる。木材によって耐朽性にどれほどの違いがあるのかを示すデータは少ないが、参考文献41)によると、樹種による杭の耐用年数の目安は**表2-2**のようになる。天和4年(1684)に用いられた槙がコウヤマキであったとしてもヒノキとの耐朽性の比が倍以上になるとは言えそうにない。もしイヌマキ(クサマキ)が使われたとすると、ヒノキやケヤキに比べて耐朽性はむしろ低くなるはずである。

また寛保3年(1743)以前の未年に行われた千住大橋の修復工事の仕様帳[37)]では古杭の継ぎ足しに槻(欅)が使われることになっており、このときにはケヤキが用いられるようになっていたと考えられる。

寛保3年に両国橋の架け換えが検討される中で、奉行か担当与力から橋杭に槙丸太を使えば千住大橋のように川虫も付かず、木が細くならないのではないかという質問が出されたのに対して、道役善兵衛は千住大橋の所は真水ばかりであり、海船も入津しないため虫が付かなかった。貞享5年(1688)に流失した六郷橋の槙材を転用して小名木川の万年橋が架けられたが、宝永6年(1709)には橋杭が虫に食われ、危険になったため架け換えられた。槙を用いたからといって虫食いにならないものではないので、今までどおり槻を用い、水際より下にチャン(4章3．参照)を塗ると、虫食いはなくなると返答している[42)]。

表 2-2　木材（心材）の耐朽性[41]より抽出

最大（9年以上）	カヤ、コウヤマキ
大（7〜8.5年）	ヒノキ、ヒバ、クリ、ケヤキ
中（5〜6.5年）	イヌマキ、スギ、アカマツ
小（3〜4.5年）	モミ、ブナ、ベイツガ
最小（2.5年以下）	トガサワラ、トチノキ、シオジ

　千住大橋は下流の橋に比べて寿命が長かったのは間違いないが、その理由として、
- 隅田川下流部に比べて洪水の影響が少なかったこと
- 川の水が真水で、杭に船虫などが付きにくかったこと
- 大型船の航行がないため反りが小さく、構造的に安定していたこと

などが考えられ、架橋地点の自然条件などの違いによるところが大きかった。さらに工事記録がほとんど残されていないことも後世に不流伝説が生まれる原因になったと想像される。

参考文献
1) 内藤昌『江戸と江戸城』pp.61〜63
2) 『東京市史稿市街篇第七』pp.1〜25、昭和5年3月
3) 『東京市史稿橋梁篇第一』pp.161〜166
4) 『東京市史稿橋梁篇第一』pp.132〜133図版
5) 三井記念美術館編『日本橋絵巻』p.26,63、平成18年1月
6) 『東京市史稿橋梁篇第一』pp.195〜201
7) 『東京市史稿橋梁篇第一』pp.217〜218,220〜221
8) 『東京市史稿橋梁篇第一』pp.166〜174
9) 『東京市史稿橋梁篇第一』p.202
10) 『東京市史稿市街篇第七』p.559
11) 『東京市史稿橋梁篇第一』pp.174〜182
12) 『東京市史稿橋梁篇第一』pp.202〜217
13) 吉原健一郎「水の都・深川成立史」『深川文化史の研究　下』昭和62年10月
14) 『東京市史稿橋梁篇第一』pp.240,317
15) 『東京市史稿橋梁篇第一』pp.253〜254,338
16) 『東京市史稿橋梁篇第一』pp.256,356
17) 『東京市史稿橋梁篇第一』pp.317〜334
18) 『東京市史稿橋梁篇第一』pp.347〜349
19) 『東京市史稿橋梁篇第一』pp.384〜392
20) 荻野清、大谷篤蔵校注『芭蕉全集第二巻』p.81、昭和38年10月

21)　『東京市史稿産業篇第九』pp. 135～138、昭和39年10月
22)　「水の都・深川成立史」『深川文化史の研究　下』pp. 48～51
23)　『東京市史稿橋梁篇第一』pp. 405～409
24)　『東京市史稿橋梁篇第一』pp. 261～262, 268～269, 360～361
25)　『東京市史稿橋梁篇第一』pp. 96, 104, 224～225, 268～269, 342～343
26)　松村博『大井川に橋がなかった理由』pp. 18～20、2001年12月
27)　『東京市史稿橋梁篇第一』pp. 360～363
28)　『大井川に橋がなかった理由』p. 103
29)　伊東孝「千住大橋の謎と価値」『東建月報』平成6年10月
30)　『東京市史稿橋梁篇第一』pp. 53～55
31)　『東京市史稿橋梁篇第一』p. 183
32)　『東京市史稿橋梁篇第一』pp. 743～746
33)　『東京市史稿橋梁篇第一』p. 189
34)　『東京市史稿橋梁篇第二』pp. 696～699
35)　宮村忠「隅田川の移り変わり」『隅田川の歴史』平成元年7月
36)　『東京市史稿橋梁篇第二』pp. 274～287
37)　『東京市史稿橋梁篇第二』pp. 276～280
38)　『東京市史稿橋梁篇第一』pp. 53～55
39)　『東京市史稿橋梁篇第一』pp. 237～238
40)　『東京市史稿橋梁篇第一』pp. 343～344
41)　松岡、井上、庄司他「浅川実験林苗畑の杭試験第7報　日本産、および南洋産材の野外に設置した杭の腐朽経過と耐用年数」『林業試験場研究報告 No. 329』1984年3月
42)　『東京市史稿橋梁篇第一』pp. 361～363

3章　享保の改革による御入用橋の民間への移管

　享保元年(1716)に徳川吉宗が8代将軍に就任して以降、江戸の橋に対する施策に大きな変化があった。その一つは、幕府の費用で直接維持管理を行っていた橋のかなり多くのものを、町のすなわち民間の管理に切り替えたことである。もう一つは幕府が直轄で管理する御入用橋の大半を一定金額で民間人に委託したことである。

1．永代橋の民間移譲

　江戸の市街地を拡張する必要から本所、深川地区が本格的に開発されるのにともなって、隅田川にまず両国橋が寛文元年(1661)に架けられた。その後しばらく置いて元禄6年(1693)に新大橋、元禄11年(1698)には永代橋が新たに幕府の費用で完成し、さらに元禄9年(1696)には両国橋が本格的に架け換えられた。これによって両地区は江戸の町と一体化されることになった。

　しかし、3本もの長大橋を維持していくことは幕府の財政に大きな負担になったことは想像に難くない。最重要の橋であった両国橋はともかく、新大橋と永代橋は維持補修工事が一日伸ばしにされ、享保期には通行が危険になるほどに老朽化が進んでいた。そこで幕府は、享保4年(1719)に両橋のうちどちらかを廃止することを前提にして詳しい調査を町奉行に命じたが、「両橋とも橋本体が大破している、橋杭は水際で腐り、その他の部分も朽損していて、往来が危険な状態になっており、修復は難しく、新規に架け直す必要がある」と判断された。そして、「永代橋は新大橋よりも背が高く、部材も丈夫にしなければならず、架け換えるとすると、費用が相当高くなる。また新大橋は本所の中程にあり、両国橋の通行に支障が生じたときは代替がきく、永代橋は新大橋よりも通行が多いように見えるが、撤去しても新大橋が使えるので差し障りはない」と結論付けている。

　この報告に基づき、幕府は永代橋を撤去することを決定した。驚いた地元、とくに深川の町々では存続の陳情を行ったがかなわず、江戸側の町々とも共同して

橋を現状のままで下げ渡してもらえるように願い出て、橋を断絶させないように町方で修復することを条件にして引き渡されることになった[1]。

さっそく、大規模な補修工事が行われたと考えられるが、詳しい記録が残されていないので詳細は不明である。工事費の大半を深川の町々が負担したと考えられるが、その分担比率なども伝えられていない。

一時的に補修を施したものの古い橋であるため、たびたび破損箇所が生じ、近年に架け換えが不可避であるので、それに備えて享保6年(1721)から10年間に限定して武士を除いて通行人から一人当たり2文ずつを徴収したいとする願いが奉行所に出された。しかし、橋を下付したときの条件では町方の責任で橋を維持するとしていたはずであるとして、このときの橋銭の徴収は許可されなかった。この申請書に名を連ねた江戸側の町々は橋詰の北新堀町をはじめ、八丁堀や大伝馬町辺りまでの50町という広い範囲にわたっていた[2]。

橋の老朽化はいよいよ進み、架け換え費用の全額を町々に負担させるのは困難であると判断した幕府は享保11年(1726)5月から7年間に限り、武士を除く通行人から一人当たり2文を取ることを許可した。この年に深川の町々から出された申請書によると、享保4年から町負担で維持管理を行ってきたが、修復費用が思いのほか多大で、4年前の大修復では1000両以上が必要であった。これらを深川はもとより江戸方の町々で負担するのは無理な状況であるため、通行者から相対銭2銭を取りたいとする内容であった。相対銭とは納得した人が金を出すということで、申請書では武士はもちろん除き、銭を出し兼ねる者は出さなくてもよいとしている[3]。この方が幕府の許可が得やすいと判断したためであろう。ただ現場での徴収はかなり強制的なものであったはずである。もし支払い自由とすると、徴収時のトラブルが多く発生し、現場での混乱が予想されることや思うように費用が集められない可能性が高くなると考えられるためである。

そしてこの橋銭を当てて享保14年(1729)には架け換えが行われている。一人当たり2文で、1年間の収入として当初は400両程度が見込まれていた[4]。逆算すると、一日当たり三千数百人の有料通行者があったことになる。ただ、7年間で集められたと考えられる3000両足らずの金額では本格的な架け換えの費用はまかなえず、地元に多大な負担を強いたはずである。一方では費用に合わせて仕様がかなり落とされた可能性が高い。

これ以降、元文元年(1736)から10年間1文ずつの取り立てが認められたほか、焼失や流失などによって橋を大規模に修復する必要が生じたときには橋銭の徴収

が認められることになった。しかし幕府も一般の通行者への配慮もあって、恒常的に通行料徴収は認めるわけにはいかず、橋の管理を義務付けられた深川の町々にはその費用が重荷になった。このため橋の補修も不十分になっていったと考えられる。

2．本所、深川地域の橋の管理

　隅田川の東側に当たる本所、深川地域では、明暦3年(1657)の大火以降、それまでにもほぼ飽和状態に達していた江戸の市街地を拡張するために、本格的に都市開発が開始された。その結果、多くの大名・旗本屋敷が建てられ、材木業をはじめとする町人町も急速に発展した。その過程で幕府が先導して多くの橋を架けるなどインフラを整備した。

　本所、深川地域への連絡のために隅田川には両国橋、永代橋、新大橋が次々と架けられ、地域内でも竪川、横川をはじめとして縦横に整備された堀川に80橋を超える公儀橋(御入用橋)が架けられ、そのほかにも各町や各武家屋敷によって50を超える橋が架けられることになった。

　享保期になってそれまで御入用橋として幕府の費用で架け換えなどが行われていた橋の見直しが行われた。享保3年(1718)には詳しい調査が行われ、本所地区では両国橋、新大橋を含めて34カ所の御入用橋(うち7カ所は伊奈郡代支配)があり、そのほかに自分橋と呼ばれた私設の橋が5カ所あったと報告されている。深川地区では、御入用橋が25カ所(27カ所のうち2カ所は撤去)あり、所向合橋が永代橋を含めて24カ所(うち6カ所は橋がない)であるとされている。この所向合橋が何を意味するのかはっきりしないが、限定された地域のみを連絡するもので、元は幕府の費用で架けられたものが、のちに町管理になった橋であると解釈した。それ以外に自分橋という私設の橋が51カ所あり、うち5カ所が武家屋敷専用の橋で、ほかは町が建設して管理するものであった[5]。

　幕府は享保4年(1719)に本所奉行を廃止し、本所、深川の行政、司法を江戸町奉行が担うことになった。両国橋、新大橋は町奉行が支配することになり、その他の橋、道路、下水道などの修復工事は町奉行からの要請に基づいて勘定奉行の判断によって出費が行われた。そして、本所、深川の橋梁や下水などの日常の維持点検及び洪水時の橋梁の保護や人命救助は、町奉行の下に設けられた本所見廻与力が担当することになった[6]。

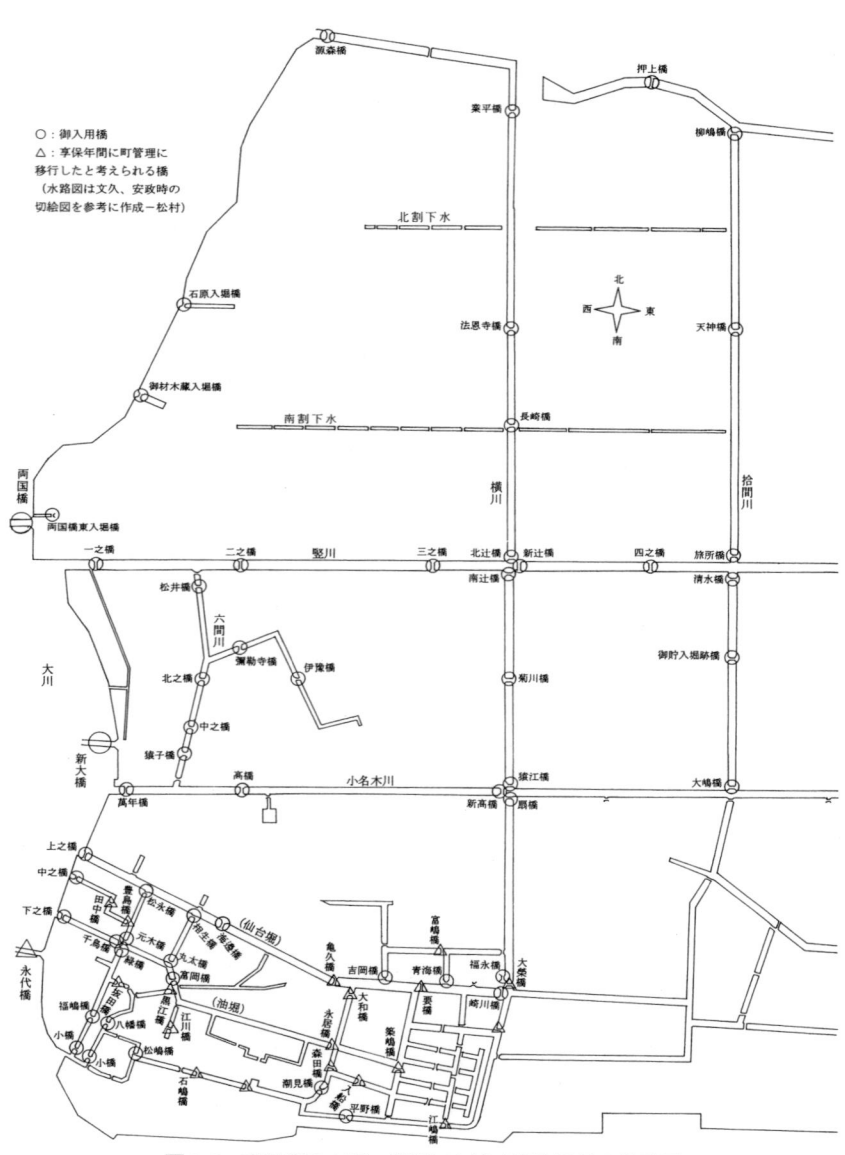

図 3-1　享保期の本所、深川における御入用橋の位置図

これだけの橋を管理するのは当時の幕府にとってはかなりの重荷になっていたことは想像に難くない。幕府は時の北町奉行中山時春を通じて御入用橋をできるだけ減らす観点から本所、深川地区の橋の調査を行った。享保6年(1721)、奉行配下の本所方与力は、下役同心と道役2人を同道して深川の橋を点検したが、差し当たっては架け換えを必要としているような橋はなかったと報告している。

翌7年(1722)には、同じ趣旨で絞り込みの調査が行われた。その結果、本所地区には主要道路や1本の通りを構成する橋が多く、かつ大名などの武家屋敷が多いため、公儀によって架け換えを行わなければ維持管理が難しいと判断された[7]。

一方、深川地区では、町方向合橋、すなわち一本の通りを構成するものではなく、隣の町のみを連絡する橋や、場末や木場の入口に当たる橋などがかなりある。当面は架け換えの必要は認められないが、近い将来に架け換えの要請が出てきたときは、所向合橋(近隣町連絡の橋)として町管理の橋に切り替える。また場末の橋は町橋扱いとするか、または船渡しにするように申し渡すとしている。こうして享保7年の段階では公儀橋は25橋に限定されることになった。さらに、この時点で公儀橋とされた橋ものちに見直され、横川の大榮橋が享保8年に、仙台堀の亀久橋と永代寺に近い永居橋が享保11年に所橋、すなわち町管理の橋にする旨、奉行所から申し渡されている[8]。

その後、宝暦2年(1752)に幕府によって公儀橋から町橋に転換された橋に関する調査が行われているが、享保3年の調査で、所向合橋と表現されていた23の橋は、町方もやい橋、すなわち近隣の町々が管理する橋に変更されていたことが確認されている[9]。

これらの経緯も踏まえて享保後期における本所、深川の橋の位置を図示したのが図3-1である。『東京市史稿橋梁篇第一』にある享保3年ころの本所、深川橋梁の調査報告［参考文献5)］に挙げられた町方橋の中にに位置が特定できないものがあって不完全ではあるが、御入用橋の位置の方は、それ以降もほとんど変化がないことからほぼ特定できたと考える。

3．江戸方の橋の民間移譲

本所、深川の橋以外の江戸方の橋でも民間の組合橋となったものがいくつか報告されている。日本橋川の最下流、大川との合流点に架けられた豊海橋が南新堀

二丁目からの申請によって享保7年(1722)に町橋になっている[9]。豊海橋は永代橋の直近にあり、永代橋と同様、幕府の撤去通告に伴って町管理に移されたものと考えられる。

　神田川に架かる(柳原)新し橋と和泉橋、日本橋川の一石橋が組合橋になったのは、少し複雑な事情がある。享保3年(1718)4月に小伝馬町より出火した火事によって神田川の左岸地域もかなりの範囲で類焼したため、町奉行所では神田川両岸一帯に火除地を設定して、そこにあった神田佐久間町四丁目、神田久右衛門町一丁目、二丁目及び富松町に対して、神田川から離れた元誓願寺前や柳原土手内の武家屋敷の跡地を代地として与えて、元地を召し上げた。しかし、その代地は立地が悪く、河岸から離れていて不便なため、元地での営業ができるように陳情した結果、一部で認められたが、狭い上に火を使うことが一切禁じられたため、不自由を強いられた。10年にわたる陳情の結果、享保15年(1730)に建物の間隔を9尺(2.7m)空けることを条件に元地の使用が認められた。その見返りに一石橋の掛け直しと修復を行うことを誓約した[10]。また、新し橋は同年、神田紺屋町二丁目、同横町、本銀町会所屋敷、神田佐柄木町が管理することになった。

　同様の理由で、神田堀沿いにあった神田佐久間町一丁目、二丁目が神田川の和泉橋の管理を行うことになった。その後の火災の際に同町が類焼して大火につながったため、寛政5年(1793)の火災の後、再び元地が召し上げられた。この時、和泉橋は御入用橋にもどされている[11]。

　浅草御門を出て奥州街道が最初に渡る鳥越橋も、享保13年に周辺の町人町から隣接地の拝借願が出されたが、その認可条件としてそれらの町が管理する組合橋になっている[9]。

　東海道に当たる新橋の一つ西側に架かる芝口難波橋は、宝永7年(1710)に幕府によって架け換えられたが、享保9年(1724)に類焼したのをきっかけにして、元の9カ町の組合橋に戻されることになった[9]。

4．公役金の橋工事費への適用

　享保17年(1732)には江戸の橋の管理行政が町奉行に一本化されるように制度が変更された。両町奉行より老中に対して、御入用橋の維持管理費を御蔵金から出していたのを公役金からの出費に切り替えることと、同時にその差配を勘定奉行から町奉行に移すことが提案され、認められている。

それまでは橋の架け換えや修理工事に際しては、町奉行所で入札を行うが、その内容を勘定所でも吟味するため、日数がかかり、往来に支障が出たり、安価にすることを優先するために木材の品質が悪く、すぐに補修が必要となるなどの弊害があったとしている。そして両国橋、新大橋の新規の架け換えを除いて、その修理分とその他の御入用橋の架け換え、修復に年間1500両を限度にして公役金を当てることを提案した[12]。

　公役とは幕府が江戸の町人町に課した人足役のことで、家持町人がその間口に応じてさまざまな専門職の人足を提供するものであった。享保7年(1722)には公役制度が改正され、間口に応じて役銀が徴収される銀納が義務付けられた。市中の町を三等級に分類して上中下それぞれに5間、7間、10間ごとに15人分ずつ1人銀2匁を徴収することとされた。これによって年間およそ3500両の安定的な収入が期待できることになった[13]。そして享保17年(1732)には公役金の蓄積は、9870両余に達していたとされ[12]、その一部を流用することになったものと考えられる。

　橋の普請があったときには、その清帳(勘定帳)を両町奉行が相改めることにし、勘定奉行には差し出さなくてもよいことになった[14]。そして実際享保18年(1733)の公役金の収支は、この年に5カ所の橋の架け換えとその他の修復、その他石町鐘撞堂の修復などに355両余を支出したが、800両の納入があって、その年末の蓄積額は10323両に達したと報告されている[15]。

　公役金の流用により、橋普請の意志決定が迅速になり、安定的な財源の確保が可能になった。この政策は大岡忠相の発言力の大きさが成せる業であったと言えよう。

　同年、公役金は組合橋の架け換え事業に対しても貸し出しが行われている。享保7年(1722)から深川扇町、茂森町、吉長町が管理することになった5カ所の橋のうち、要橋が大破して架け換えが必要になっていたが、場末の町々にて架け換えをするのは難しいとして御入用橋に戻してもらうように願い出た。しかし町奉行は、深川一円が町支配になっていることから、それは難しいとした。すると、公役金を5年間半分にしてほしいと要望した。奉行はこれも否定した上で、場末の町が要橋の架け換え費用35両を一度に支出するのは負担が大きいから、20両を10年賦で貸し付けると返答している[16]。

5. 御入用橋管理の民間委託

『東京市史稿橋梁篇第一』には享保4年から17年の間に行われた本所、深川の御入用橋の架け換え、修理の内容が収録されている[17]。その内容から以下の点が指摘できる。

享保4年から10年の7年間に本所、深川の橋には年平均約524両の費用が注ぎ込まれているが、享保11年(1726)以降は、年平均百数十両の修復工事しか行われていない。

その要因として、幕府の出費を見直すために前者の年代に詳細な調査が行われ、その記録が残されたが、後者の年代には工事記録の保存が不十分になった可能性がないではない。しかし享保前期には、本所奉行を廃止したことやその直後に多くの橋を民間管理へ移したことなどから、当地域の住民への配慮を具体的に示す必要があったことが、投資を大きくした主な理由であると考えられる。享保6年の亀久橋、享保10年の永居橋の修復工事は民間への移譲を前提としたものであった。付け加えるならば、本所、深川地区の開発期に架けられた橋が、メンテナンスが行き届かないためにかなり老朽化が進んでいたことも重なってこの時期に工事が集中したことも要因の一つとなったのであろう。

さらに、この時期に本格的な架け換え工事が行われた橋を見ると、小名木川の高橋(享保4年)、新高橋(同9年)、竪川の一ノ橋(同4年)、二ノ橋、三ノ橋(同5年)、新辻橋(同9年)などがあり、その一つ新辻橋の工事内容を見ると、相当の嵩上げを行っており、舟運のための航路整備が目的で順次橋の改造を行ったことも指摘できる。

享保後期に本所、深川の橋の修復工事が少なくなったのは、享保13年に発生した洪水により、上流の千住大橋をはじめ、両国橋、新大橋などが大きな被害を受け、緊急の復旧工事を行う必要が生じ、両国、新大橋の二橋で五千数百両の出費があったことが要因となった可能性が高い。そのときの工事ではとりあえず壊れた箇所の修復のみを行っており、その後も橋板や欄干などの補修工事を続けて行う必要があった。

これら御入用橋の修復工事は、そのつど入札を行って、請負者を決めており、南町奉行大岡忠相のときに調査した結果によると、享保4年から13年の10年間に年平均1220両余の費用を必要としていた。そのような状況の中で、享保11年(1726)に、各町々から間口に応じて毎月一定額を徴収し、江戸城廻りの橋約20カ

所をはじめ、江戸中の公儀橋及び組合橋220カ所余の維持管理を請け負うとする申請が二人の商人から町奉行所に出されたこともあったが、採用には至らなかった[18]。

そして享保19年(1734)には白子屋勘七、菱木屋喜兵衞の二人が一カ年1200両で、両国橋、新大橋を除く御入用橋86カ所の維持管理を行うとする申請を出した。幕府では吟味の結果、800両で請け負わせることにしたが、両人からの申し出によって、この時点では大破していた橋も多くあることから、当初に大きな出費が見込まれるため、最初に800両を貸し付け、10年賦で返納するという条件が認められた[19),20)]。この一括請負の提案は橋の維持管理に手を焼いていた幕府側から、御入用橋の工事を多く落札している二人を選んで持ちかけたと考えることもできる。

そして、この800両の支出は、享保7年(1722)から銀納になっていた公役金の一部が当てられた。このとき維持管理の対象となった86橋は、江戸向では日本橋、江戸橋、京橋など38橋、本所深川方では本所の25橋と深川の23橋で、橋名は参考文献5)とほとんどが一致している。これら主要橋梁に加えて、本所の割下水（わりげすい）などに架かる橋40カ所の小橋も対象にして、合計126橋の維持管理を一括請負することが決められた。ただし、江戸城周辺に架けられた、いわゆる御門橋や隅田川に架かる両国橋、新大橋の長大橋は対象にはなっていない。

割下水などに架かる40橋は、『重宝録』による天保13年(1843)の記録にその位置と規模が上げられている[21)]が、そのほとんどが長さ1間(1.8m)以下の石橋で、あまり手間は掛からなかったはずである。

その3年後の元文2年(1737)には前年の金銀改鋳により諸物価や銭相場が高騰したため、その費用が千両に引き上げられ、江戸の御入用橋は俗に「千両橋」と呼ばれるようになった。そして、翌元文3年(1738)から定請負の橋に1橋が加えられ、127橋となり[22)]、のち50年以上にわたってこの制度が続くことになる。この間、宝永年間(1750年代)に二人とも代替わり相続が認められている[23)]。

一括請負の条件は、
- 複数の橋の損傷があった場合でも、できるだけ早く着手し、現状の寸法を維持し、牛馬車力などの往来に差し支えのないように保つ。
- 万一橋の近所で出火したときは、早速人数を派遣し、類焼しないように努力する。
- 火事によって焼失した場合や橋上を越える大水によって橋が流失した場合

は、材木一式を幕府から提供してもらう。

などとなっていた[20]。

以上のような御入用橋に関する政策の転換は、いわゆる享保の改革の一環であったと考えられる。将軍吉宗の時代に米価対策を基本にした経済政策、江戸を中心にした都市政策、司法の整備や幕府の組織の改変など、各方面にわたる改革が実施された[24]。

幕府の財政改善のために歳入増加を意図した年貢の増収のための改革が積極的に行われたことは、すでに詳細に論じられてきたが、歳出抑制のための政策とその効果についてはあまり詳しくは検討されていない。御入用橋の削減と維持管理の一括請負への移行は、幕府の歳出抑制策の一つであったといえる。その政策は、対象地域への一定の配慮を払いながら地区特性をも考慮したゆるやかなものであった。

当時の幕府財政は、米方分も金に換算して合計するとおよそ百数十万両の規模を持っていた（8章5．参照）。その中で橋に関する支出は2～3千両にすぎず、大きな比率を占めていたわけではない。しかし隅田川の橋をはじめ多くの橋を民営化することによって大幅な経費削減を行い、御入用橋の一括請負によって支出を定額化し、かつ新たな財源を導入したことは幕府の財政改革の方向性を示すものとして一定の成果があったと評価されるものである。

享保年間に実施された江戸の橋に関するいくつかの改革は、幕府が目指していた歳出の圧縮と平準化を実現する施策の一環であったと考えることができる。将軍吉宗は、幕政改革にとって予算の明確化とそれにのっとった歳出の健全化が必要であると考えていたはずである。そのために年貢の徴収が年によって変動しない定免法(じょうめんほう)を導入し、支出もできるだけ年度による変動を少なくして平準化する施策がとられた。

享保期における橋の民営化の促進と管理費の平準化を実施したプロセスと手法は応用範囲の広いものであったと考えられ、まさに将軍吉宗を頂点とする幕政改革の象徴となりうるものであったと結論付けることができる。

しかしその後の経過を見ると、社会資本の運営の民営化は、管理水準の劣化という矛盾を内包していたことは否めない。このような民営化の手法の検討と内在した課題の正当な評価を深めることは、便益に対する適切な負担がいかにあるべきかという社会資本に対する今日的な課題とも共通するものである。

参考文献

1) 『東京市史稿産業篇第九』pp. 135〜143、昭和39年10月
2) 『東京市史稿橋梁篇第一』pp. 563〜565
3) 『東京市史稿産業篇第一二』pp. 602〜606、昭和43年3月
4) 『東京市史稿産業篇第二八』pp. 59〜63、昭和59年3月
5) 『東京市史稿橋梁篇第一』pp. 552〜557、この資料は享保3年ころの調査とされるが、享保4年に民営になった永代橋が所向合橋になっていることや深川の亀久橋と永居橋が享保11年に「所橋」になったとする註があり、少なくとも享保3年の状況を表したものではない。
6) 『東京市史稿橋梁篇第一』pp. 559〜562、この資料では、本所・深川内の小橋も含めた88橋が破損したときは、地元の町から勘定所へ訴書を提出し、勘定と普請役、本所方が立会見分し、仕様積算を勘定方で行って樋橋棟梁に引き受けさせる方針になったとされるが、88という橋数は享保19年に御入用橋が一括請負された橋の数と同じで、のちの記録が混入した可能性が高い。
7) 『東京市史稿橋梁篇第一』pp. 604〜606
8) 『東京市史稿橋梁篇第一』pp. 646〜647, 708〜710
9) 『東京市史稿市街篇第二五』pp. 862〜869、昭和10年10月
10) 『東京市史稿橋梁篇第一』pp. 812〜819
11) 『東京市史稿橋梁篇第一』pp. 678〜679
12) 『東京市史稿橋梁篇第一』pp. 849〜850
13) 松平太郎著、進士慶幹校訂『江戸時代制度の研究』pp. 522〜523、1971年5月
14) 『東京市史稿産業篇第一四』p. 89
15) 『東京市史稿産業篇第一四』pp. 97〜98
16) 『東京市史稿産業篇第一四』pp. 7〜8
17) 『東京市史稿橋梁篇第一』pp. 586〜590, 595〜603, 620〜637, 642〜695, 714〜727, 732〜742, 774〜789, 802〜812, 819〜831, 836〜845, 851〜861
18) 『東京市史稿橋梁篇第一』pp. 710〜712
19) 『東京市史稿産業篇第二三』pp. 230〜233、昭和54年3月
20) 『東京市史稿橋梁篇第二』pp. 1〜10
21) 『東京市史稿市街篇第四〇』pp. 31〜49、昭和28年3月
22) 『東京市史稿橋梁篇第二』pp. 106〜109
23) 「橋定請負人元極證文写」『安永三午年より同六酉年至　御入用橋一件』(三橋以下橋々書類　809-1-86)
24) 大石学『吉宗と享保の改革』2001年9月

4章　両国橋の構造と建設

1．橋の規模

　両国橋は江戸幕府が最も重視して綿密に維持管理を行ってきた橋である。明暦の大火以降、江戸の市街地の拡大を促進するため寛文元年(1661) 7月に初めて架けられて以来、一貫して幕府直轄で管理されてきた。『東京市史稿』や『旧幕引継書』の両国橋関連の資料などから両国橋の工事記録の概略を拾い出したのが**表4-1**である。これらの史料には濃淡があり、というより幕府関連の史料に失われているものが多いため、一定の流れが把握しにくいが、おおよその構造、工事の経緯、現場施工の様子、幕府組織の役割、周辺住民の関与などさまざまな側面を読み取ることができる。

　江戸期の両国橋の位置は、現在の橋とほぼ同じ位置、江戸方の吉川町と本所元町の間に架けられていた。橋の規模は長さが田舎間94間(約171m)で、幅員は約4間(約7.3m)が一般的であったが、時代によって異なり、元禄9年(1696)の架け換えでは3間半(約6.4m)となり[1]、享保14年(1729)には3間2尺(約6.1m)[2]、宝暦5年(1755)では幅4間6寸、高欄内法橋幅3間2尺5寸とされ[3]、宝暦9年(1759)でも3間半[4]となっている。全幅員と有効幅員が区別されていないことが多く、敷板の寸法から推定せざるをえない。後述のように享保14年と寛保2年(1742)の工事仕様では長さ約2間の板を半分に切って敷板として千鳥に並べるとされているから約3間が全幅員であったと判断される。

　安永2年(1773)の仕様⑥[5] (**表4-2**)では4間8寸となっており、それ以降の仕様も同じ寸法であることからこの間の両国橋の規模は、ほとんど変化はなかったとしてもよい。また架け換えや大規模な補修工事のときには仮橋が架けられたが、仮橋は幅員が2間(約3.6m)で、途中に幅1径間分の馬除け(駒寄せ)が3～4カ所設けられるのが通常であった。

　両国橋は創架以来、幕末までの約200年間に『市史稿』に上げられているだけでも、大火による類焼が4回、洪水による流失が10回という被害を受けており、

表4-1　両国橋略年表(『東京市史稿』『旧幕引継書』より作成)

年　月	項　目	関連事項
寛文元年(1661) 7月	創架、長田舎間94間幅4間、橋番所3カ所、水防火防を役船の者が請負	奉行：大番組坪内公定、芝山好和 請負：町大工棟梁助左衞門、伝左衞門
同　6年(1666) 5月	杭柱流失	
同　8年(1668) 2月	中ほど20間類焼、舟渡し	
同　12年(1672)10月	修理、橋杭梁行桁敷板高一式、日用人足、仮橋、奉行小屋損料それぞれ入札	奉行：伊奈忠常
延宝5年(1677) 4月	修理、一式入札	奉行：伊奈忠常
同　7年(1679)	仮橋普請、一式入札	奉行：伊奈忠常
同　8年(1680) 8月	洪水により破損、往来止まる	
同　8年(1680) 8月	架け換え開始―仮橋架設	奉行：寄合船越為景、松平忠勝
天和元年(1681)11月	木材不足で中断、御手伝沼田藩主眞田信利除封、奉行2名閉門	
天和2年(1682)12月	江戸大火、一部焼け落ちる	
天和3年(1683) 2月	仮橋復旧、職人へ褒美100両	
貞享元年(1684)12月	仮橋架け換え	奉行：代官大久保平兵衞
貞享4年(1687)	両国広小路明地設定	
元禄9年(1696) 9月	本橋に架け換え、長94間、幅3間半、工費2893両余、材木は御蔵木	奉行：江戸町奉行川口宗恒、能勢頼相
元禄16年(1703)10月	橋板など修復	奉行：本所奉行坪内定常、酒井重春
元禄16年(1703)11月	大地震―大火―両国橋3分の1焼落、橋にて死者600～700人	
宝永元年(1704) 5月	修復、御蔵木使用、御入用金1500両、工事中渡船、武士を除き2銭徴収	奉行：本所奉行坪内定常、朽木定盛 請負：米澤町名主喜左衞門など
宝永元年(1704) 7月	洪水、橋の上水乗り―石垣崩落、晩まで通行止め	
宝永7年(1710)12月	修復、行桁より上残らず新規、総御入用金1479両	奉行：本所奉行小笠原長之、大久保忠宗
正徳5年(1715)	1月：火災時に付近の大名防火出動、前年12月：少々焼失、修復銀1貫400匁	
享保2年(1717) 5月	橋西下に将軍の上り場造成、管理本所奉行(4年より町奉行)へ引継	奉行：小普請奉行 上の上り場―奉行：伊奈忠逵
享保3年(1718) 3月	杭修復、銀2貫50匁	奉行：本所奉行
享保4年(1719) 4月	本所奉行廃止、両国橋新大橋町奉行の支配	

4章　両国橋の構造と建設

年月	内容	奉行・請負
享保4年(1719)12月	両国橋西広小路の髪結床、商人の庭銭で橋番を請負わせる	
享保5年(1720)10月	杭梁桁など修復、工事中渡船1人1銭	奉行：作事奉行
享保12年(1727)1月	橋板朽損、修復、入用金20両強	奉行：町奉行
享保13年(1728)9月	洪水、中ほど約30間落橋	
享保13年(1728)10月	仮橋完成、1人2文、荷物背負い3文、馬駕籠4文	
享保14年(1729)3月	本橋修復完成、橋長94間、幅3間2尺、工事費2475両、内材木費1722両	奉行：町奉行大岡忠相、諏訪頼篤 請負：白子屋勘七、菱木屋喜兵衛
享保14年(1729)7月	満水時水防(重り石設置、人足出動)を広小路使用の商人に命じる	
享保15年(1730)6月	敷板飛々朽損、切込繕い	
享保15年(1730)8月	風雨満水橋破損につき修復、36両余で12月完成	請負：白子屋勘七
享保15年(1730)5月、9月	船衝突、杭破損、繕い費用を請求	
享保17年(1732)7月	新大橋共橋板、杭根包補修、30両	請負：白子屋勘七
享保19年(1734)3月	床板など修復工事入札、317両	請負：白子屋四郎兵衛
享保19年(1734)5月	仮橋完成、1人2文、6月出水により仮橋一部流失	請負：両国橋役船六十人
享保19年(1734)7月	本橋高欄廻り追加工事、95両余	
享保19年(1734)8月	大川満水仮橋流落、取り払いを命じ、渡船許可1人1銭、本橋橋杭など追加工事、693両	渡船請負：下柳原同朋町平兵衛、長次郎 請負：白子屋四郎兵衛
享保19年(1734)10月	本橋修復完工、16日往来開始	奉行：町奉行大岡忠相、稲生正武
寛保2年(1742)3月	朽損多く、修復。本橋普請仮橋とも作事奉行本多正康に命じられる	請負：霊岸島町伊勢屋平六
寛保2年(1742)4月	往来締切、渡船に切替、武士を除き1銭	請負：役船六十人
寛保2年(1742)5月	渡船利用者調査、2〜3万人/日、船賃2銭に変更	
寛保2年(1742)6月	仮橋完成直後、洪水により一部流失 仮橋を町奉行など見分、不丈夫につき取払を老中から命じられる 普請奉行を町奉行に変更	奉行：町奉行石河政朝、嶋正祥 請負：白子屋勘七、菱木屋喜兵衛
寛保2年(1742)8月	橋撤去中洪水により橋杭など、入荷の新材も流失	
寛保4年(1744)2月	着木延引により勘定奉行と北町奉行を普請掛解任	奉行：小普請奉行曲淵英元
延享元年(1744)5月	普請完成、渡り初め	

年月	内容	奉行・請負
寛延3年(1750)8月	2年：出水により芥留杭8組流失。1組勘定奉行、5組小普請奉行、2組町奉行の担当で修復。代金16両余	
宝暦5年(1755)12月	本所奉行掛り、床板、高欄、杭根包など補修。830両、長94間、全幅4間6寸(有効幅3間2尺5寸)	請負：菱木屋喜平
宝暦9年(1759)	架け換え見積：人件費及び金物類1405両余。幅3間半	奉行：小普請奉行牧野成賢
宝暦9年(1759)6月	仮橋工事中は船渡、武士以外2銭	請負：水防請負人
宝暦9年(1759)7月	仮橋、武士以外2銭、140日運上金116両余	請負：水防請負人
宝暦9年(1759)10月	架け換え完成、関係者褒賞	
安永3年(1774)8月	仮橋完成、武士以外2銭、265日運上金490両	請負：本所横網町庄兵衛店惣助他
安永4年(1775)6月	架け換え完成、関係者褒賞	奉行：小普請奉行松平定得以下
安永9年(1780)8月	6月に水災により破損、修理、関係者褒賞	奉行：町奉行牧野成賢
天明6年(1786)7月	出水にて28間程落込み、仮橋一2銭、請負：白子屋勘七	奉行：町奉行曲渕景漸
天明7年(1787)	掛け継ぎ修復	奉行：町奉行山村良旺
寛政5年(1793)	修復	奉行：町奉行小田切直年
寛政8年(1796)	掛け直し修復	奉行：町奉行小田切直年
文化6年(1809)2月	改架修復	奉行：町奉行小田切直年
文政6年(1823)12月	修復80日で完成、総御入用金3700両、仮橋27日で完成、長94間、幅4間8寸、反り1丈5寸、八丁堀萬助店長右衛門(91歳)以下3代夫婦渡り初め	奉行：町奉行榊原忠之以下
天保10年(1839)4月	改架修復、工事費3638両、前年12月新初式(手斧式)、老夫婦以下渡り初め	奉行：町奉行大草高好 請負：霊岸島川口町川嶋屋伝吉
弘化4年(1847)4月	前年6月：出水で破損、橋杭、芥留杭など修復、268両余	奉行：町奉行遠山景元 請負：伝吉
安政2年(1855)11月	掛直修復、3250両、南茅場町彌左衛門3代夫婦以下一族200人渡り初め	奉行：町奉行井戸覚弘 請負：伝吉
元治2年(1865)5月	朽腐した杭などを修復、328両	奉行：町奉行根岸衛奮 請負：霊岸島川口町源五郎

表 4-2 両国橋工事仕様

	年代	仕様	文献
①	享保14年(1729)	両国橋継足御修復御入用請帳	『東京市史稿橋梁篇第一』pp.752～768
②	享保19年(1734)	御請負申証文之事	『東京市史稿橋梁篇第二』pp.61～65
③	寛保2年(1742)	両国橋御修復掛直し御普請仕様注文	『東京市史稿橋梁篇第二』pp.136～147*
④	寛保3年(1743)	両国橋新規御普請仕様注文	『東京市史稿橋梁篇第二』pp.327～338**
⑤	宝暦9年(1759)	両国橋布板御修復仕様注文	『東京市史稿橋梁篇第二』pp.605～625
⑥	安永2年(1773)	両国橋掛直御修復御入用内訳帳	『両国橋目論見書上』 (三橋以下橋々書類 809-1-20)
⑦	天保10年(1839)	両国橋掛直御修復仕様	『両国橋掛直御修復書留十四』(806-67-7)
⑧	弘化4年(1847)	両国橋損所御修復御入用内訳帳	『両国橋并三橋御修復書留三』(806-67-13)
⑨	安政元年(1854)	両国橋掛直御修復仕様	『両国橋掛直御修復書留目録三』(808-40-3)
⑩	元治2年(1865)	両国橋損所御修復仕様	『両国橋損所御修復書留』(806-67-31)
〔仮橋仕様〕			
⑪	享保19年(1734)	両国橋仮橋仕様帳など	『東京市史稿橋梁篇第二』pp.40～44
⑫	宝暦9年(1759)	両国橋仮橋仕様注文	『東京市史稿橋梁篇第二』pp.644～653
⑬	安永4年(1775)	両国橋仮橋木寄帳面	『東京市史稿市街篇第二八』pp.576～581

(注) *:参考文献21)より。 **:参考文献22)より。 ( )内は国会図書館分類番号

架け換え工事も10回行われている。さらに橋杭や桁、床板などの木材の朽損などにより、満足な状態を保っていた時期は少なく、記録に残されていない小補修はかなりの頻度で行われていたと推測される。そしてこの間仮橋で渡していた期間もかなり長い。

大まかに言うと約20年に1回の架け換えとその間に1～2度の補修工事が行われたことになるが、架け換えといってもすべての部材が取り替えられたのではなく、古材をできるだけ利用しており、橋の各部の寿命を一律に算定するのは難しい。

両国橋は当時の典型的な木桁橋構造を持つ橋であった。その詳細な構造は、江戸東京博物館において復元されている。そのとき参考にされた資料は安永9年(1780)と明治元年(1868)の工事用の図面であるとされるが[6]、この図はいずれも主桁レベルでの平面図[7],[8]で、橋全体の構造はわからない。また安永9年の図に書き込まれた桁の寸法は左右で異なり、合計も合わない。

『旧幕引継書』(国立国会図書館蔵)の中には両国橋に関するいくつかの工事仕様が残されており、その構造を推定することができる。さらに天保10年(1839)の

改築時に作られたと考えられる「両国橋掛直御修復出来形絵図」[9]（国立国会図書館蔵）という詳しい構造図からは木組みの様子が確認できる（**図 4-1、4-2** 参照）。

　橋の反り、すなわち橋の最高点と橋端との高低差は、安永9年のものでは1丈5寸（約3.2m）となっているが、寛保2年（1742）の工事仕様（**表 4-2③** 参照）によると、「従来の橋の反りは8尺8寸（約2.7m）で、この度の橋の反りは9尺7寸（約2.9m）とする」とある。寛保3年（1743）に作られた工事仕様④によると幅員は4間、反りは1丈2尺（約3.6m）とされている。安永2年の仕様⑥では1丈5寸（約3.2m）となっているが、これを勾配にすると3.7％、端部の最急勾配は7％強になる。また、宝暦9年（1759）の本橋架け換え工事中に架けられた仮橋⑫においても、反りは9尺ほど（約2.7m）とされ、両国橋では3m前後の反りが付けられたことがわかる。

　両国橋の橋長は94間（約171m）で、ずっと同じであったようだ。そのスパン割は、まず寛保2年（1742）の仕様③では橋脚数が26側となっており、径間数は27となる。寛保3年（1743）の仕様④では24側、すなわち25径間となっているが、これは異例である。安永9年（1780）[7]及び天保10年（1839）[9]の絵図では、橋脚は26側（27径間）であった。のちの絵図や仕様ではほとんどが27径間となっており、両国橋は江戸期を通じてほぼ同じスパン構成であったと考えられる。27径間とすると、平均径間長は約3.5間（約6.3m）となる。しかし箇所によってスパンには長短があり、橋の中央付近では船が頻繁に通るため、10mほどのスパンが確保され、部分的には国内の桁橋では最長のスパンがとられていたが、端に近付くほど短くなるように配置されていた。

　最長径間のスパンを御通船の間とか風烈の間といった。前者は将軍家の船が通るところ、後者は洪水時にとくに水流が速くなるところを意味していると考えられるが、ここは水深も深く、大型船の通行に支障が少ないと認識されていたのであろう。天保10年の「出来形絵図」[9]（**図 4-1**）では西から14径間目に「御通船間」とあり、16径間目に「風烈間」と書き入れがあり、それぞれは5間間とされているが、各々の桁上に長さ5間4尺8寸（10.5m）と5間2尺（9.7m）の書き込みがある。この図にある27径間の数値を合計するとほぼ橋長の94間になり、これらの数値がスパン長を示しているものと判断される。

　寛保3年（1743）の仕様④を作る段階で、幕府の担当者から「何カ所かに7間という広いスパンを採るよりも5間〜5間半程度の、平均して広いスパンをとる方が、流れ物が懸かりにくいのではないか」という意見も出された。これに対して

4章 両国橋の構造と建設　45

図 4-1 「両国橋掛直(御修復出来形絵図)」(部分)

工事の提案者は「7間というスパンは満水のときの水筋を考慮してその位置を設定しており、5間程度では水筋に橋脚を立てることになり、よくない。また大スパンの横に3～4間の小スパンを採る方が、橋が安定して、震れも少なくなる」と回答している[10]。こうして寛保3年の仕様では、西から8、14、18径間目に7間前後のスパンを設定し、その前後は4間ほどの比較的短いスパンを配して、川の流れによってメリハリを付けたスパン設定にしている。ただ寛保3年の仕様は、その後の経緯から実現しなかった可能性が高い。したがって7間(12.7m)というスパンも適用されなかったのであろう。他の仕様などから判断すると、両国橋の最大スパンは10m程度であったと考えられる。

2．杭の寸法と施工

(1) 杭径と継手

　幅員約4間を支える杭本数は、安永2年(1773)の仕様⑥では26側のうち「西より6側目迄3本立、7側目より18側目迄4本立、19側目より26側目迄3本立」とある。天保10年の『出来形絵図』[9]及び仕様⑦と安政元年(1854)の仕様⑨及び安政3年の「両国橋掛直御修復御入用勘定目録」[11]などでは26側のうち「西6側3本建、中12側4本建、東8側3本建、杭数90本」とされ、その構成は変わらなかった。

　寛保3年(1743)の仕様④において最も大きな材料を用いて最大スパンが形成されているのが西から14番目の径間である。それを支える13番目の橋脚には長さ9間半(約17.3m)、末口2尺7寸～2尺5寸(82～76cm)の通し杭1本と継杭3本が使われることになっていた。

　この仕様に基づいて見積もられたのが**表4-3**の(1)の見積であると考えられるが、この前提は、取り替える部材はすべて檜の新木としており、建設費は3万両を超えることになった。結果的にはこの仕様どおりには、施工されなかったはずで、コストを抑えるために**表4-3**の(2)(3)(4)の見積が提案され、このうち(2)では4本立の杭の1本は通し杭、他は継杭、また1本は末口2尺3寸(70cm)、他の3本は末口2尺～1尺8寸(61～55cm)とし、(1)の約半額に抑えている。これらのうち、どの案が採用されたかはわからないが、(2)に基づいて主要断面を推定したのが**図8-2(a)**である。

　また安永2年(1773)の仕様⑥では中央付近の杭は末口2尺、端に近くなるほど

表 4-3　両国橋工事費見積(寛保三年「両国橋材木之覚」* より)

	(1)	(2)	(3)	(4)
杭など	全て檜新材 (末口2尺7寸 ～2尺5寸) 18360両	檜新材 1本は通し杭(末口2.3尺) 他は継杭(末口2～1.8尺) 7601両	槻継杭古木交り 5904両	両国橋の古木20本を用い 8900両 (内借あれば　7800両)
桁など	檜新材 9179両	檜新材　4916両	槻古木交り　4818両	
床板、高欄など		1524両	赤松など　1685両	
金物及び 人件費など	(3960両)	2850両	2535両	(2100両)
合計	31499両	16891両	14942両	11000両 (内借あれば　9800両)

(注)　＊：『東京市史稿橋梁篇第二』pp. 351～357

1尺8、9寸、1尺7、8寸としだいに細くなっている。弘化4年(1847)の仕様⑧や安政元年(1854)の仕様⑨では、槻十六角物末口1尺7、8寸(52～55cm)とあり、時代が下がるとやや細くなる傾向がうかがえる。

江戸時代後期の両国橋の橋杭は長さ10～17m、径60cm程度で、ほとんどに欅(けやき)の丸太が使われた。一本物(通し杭)はその確保も難しく、高くついたため、継杭が使われることが多く、継杭の下杭には旧橋の杭がそのまま利用されることも多かった。表面は杣削りまたは鹿の子打ち、すなわち手斧(ちょうな)ではつって仕上げられた。

杭の継手は大きな曲げが伝達できるように丈夫なものでなければならない。享保14年(1729)の仕様①では、「金輪(かなわ)しゃち継」と表現され、1カ所に大鎹(かすがい)(鎹)6本を打ち、銅巻金物を2通り巻き、鋲を5寸の間に2本ずつ打って固定するとある。のちの工事仕様でもほぼ同じような表現が見られるが、寛保3年の仕様④では、もう少し具体的に「継手長6尺しゃち継、大栓を2本ずつ別方向から打抜き、鋲を裏表8挺掛け、3通の巻かな物を巻き、鋲で止める」とあり、6尺(約1.8m)という長い竿が作り出され、はめ込まれたのち、側面に2本の車知栓(しゃちせん)が打込まれた形が推定できる。そして天保10年の「出来形図」には、金輪継の構造が詳細に描かれている(図 4-2)。

杭の下端は享保19年(1734)の仕様②に「ばい尻鉄物打」とあるように、巻貝のような円錐形に加工し、鉄板で補強されていた。

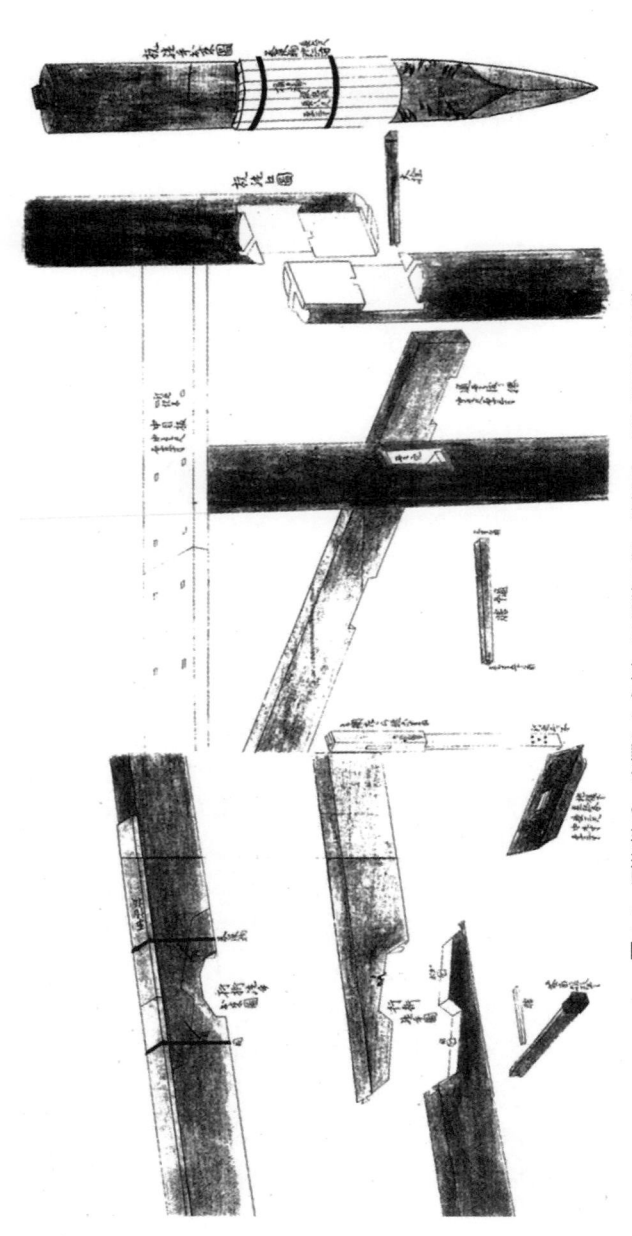

図 4-2　目桁継手、高欄たたら短、通貫渡り腮、杭継手、桶ヶ輪根包の図[9]

(2) 震込（ゆりこみ）工法

　杭は震込工法によって施工された。享保14年(1729)の仕様①には、「俵をかけ、根入れ随分丈夫に震込む」とあり、寛保3年のものでは「杭の先削りとがし、土俵を掛け、根入れ随分丈夫にゆり込み」と表現されており、他の仕様でも同じような記述がある。

　「俵をかけ」という表現をそのまま解釈すると、杭の頂部などに土俵を綱で吊り下げて杭頭に多くの綱を掛け、大勢の人が左右に揺すって徐々に杭をめり込ませていった様子が想像される。しかし、長さ9間半、末口2尺5寸もある丸太杭は、自重が6トンを超え、平均2尺径としても約4トンとなり、たとえ、杭の回りに多くの土俵をぶら下げたとしても1袋当たりの重さと個数に限度があるから十分な負荷とはならない。

　震込工法が具体的にわかる資料として首都大学東京所蔵の水野家文書の中に『矢作橋杭震込図』という絵があり、杭頂に大きな架台を組み、多くの土俵を乗せ、杭の上の方に20本ばかりの綱を結びつけて、多くの人が取り付いて掛け声に合わせて左右に揺すって杭を押し下げている様子が画かれている[12]。両国橋でも同様の工法が用いられたものと考えられるが、これについてはのちに詳しく検討する（10章2．参照）。

　根入れについては享保19年(1734)の仕様②では、最長の杭は13側目の中杭に適用された9間半(17.3m)、末口2尺1寸(64cm)のもので、根入は3間半(約6.4m)が目標とされている。また同じ耳杭には9間のものが使われ、根入は3間程(5.5m)となっている。そして9間半杭の但し書きには「古杭継木長6間4尺6寸(12.3m)、内根入5尺7寸(1.7m)」、9間杭には「古杭長6間4尺、通し杭根入6尺」とあり、以前の杭はかなり短く、根入も2m弱であったことになる。さらに享保14年(1729)の修復時の仕様①でも、新規の最長杭には槻長9間半、末口2尺3寸(70cm)のものが用いられることになっており、享保年間には根入を重視して長い杭が用いられるようになったことになる。

　そして安政2年(1855)の「仮橋本橋杭根入見届帳」[13]では、13側目の4本の杭のうち、出水で抜け出した南耳杭、長さ4丈8尺(14.5m)、末口1尺7、8寸(52〜55cm)の杭に対して根入は8尺5寸(2.6m)、北中杭は同じ長さで根入は7尺8寸(2.4m)とある。元治2年(1865)の「杭根入見届帳」[14]では16側目の北中杭(末口1尺7寸5分(53cm))の根入は6尺5寸(2m)、同じ中杭は7尺2寸(2.2m)、19側目の北中杭では根入7尺(2.1m)などとなっている。このように両国橋

の径50数cmの杭に対する根入は2〜2.5mほどが確保されていたことになる。

3. 橋脚の構造

(1) 水貫

橋中央の杭4本建のところでは2段、両岸に近いところでは1段の水貫を通し、杭どうしを連結する。杭は所定の深さまで根入れされるとは限らないので、現場合わせが可能なように少し大きめの孔、いわゆるバカ穴が空けられ、そこに一本物の水貫を通して両側から楔を打込んで固定されたと考えられるが、根入れにばらつきが大きかったし、下がるにしたがって多少回転することもあったはずであるから、貫穴は現場合わせで開けられた可能性が高い。寛保3年(1743)の仕様④では、上下に長さ4間(7.3m)および4間半(8.2m)、幅1尺2寸(36cm)、厚4寸(12cm)の槻板が入れられることになっており、安永9年(1780)の修復[15]では長4間、幅1尺5分(32cm)、厚3寸5分(11cm)の板が使われ、天保10年(1839)の仕様⑦では「水貫長2丈8尺(8.5m)、幅1尺、厚3寸」「上貫長2丈6尺(7.9m)、幅厚同断」とあり、安政元年(1854)の仕様⑨でも同様の寸法になっている。

貫が杭を貫通する所は下端を少し切り込んで、つまり渡り腮を仕懸けて落とし込み、上に轡を打ち込んでしっかりと固定された。

(2) 筋違

筋違はできるだけ下の位置が有効であるから、一般的には2段貫のところでは下の段に入れられたと考えられる。筋違材は寛保3年(1743)の仕様④では、赤松、枹長2間半(4.5m)、幅1尺(30cm)、厚3寸(9cm)の板が使われ、安永9年(1780)の修復では枹長2間、幅1尺、厚3寸の板が用いられており[15]、安政元年(1854)の仕様⑨では、枹長15尺、幅1尺、厚3寸とほぼ同じ材料、寸法になっている。

筋違が入れられた位置については史料によって違いがある。**表4-2**の仕様のうち筋違の位置について述べられているものがある。寛保2年(1742)の仕様③では「筋違は小間ごとに十文字に相欠き、梁下端へ仕込み、上下欠折釘、組手の所小鎹打堅め」とあり、杭間に十文字に組み合わせて交差部は互いに削り込んではめ込み、梁下端や杭にも一部を貫入させて皆(貝)折釘や鎹で固定したと解釈できる。図8-2(a)では筋違材の長さなどを考慮して、梁下端に組み込まれたものと

4章 両国橋の構造と建設　51

図 4-3　鶴岡蘆水『隅田川両岸一覧』

図 4-4　葛飾北斎『絵本隅田川両岸一覧（両国納涼）』[16)]

仮定した。

安政元年（1854）の仕様⑨では、「上の方を梁下端や杭木へ仕込むとともに水貫へも切り合わせて貝折釘を6本ずつ打付け、十文字の所は長6寸爪2寸5分の手違 鎹4挺で堅める」とあり、仕様③と同じような表現になっている。これは天保10年の「出来形絵図」[9]の筋違の入れ方を言葉で表現したものと考えられ、梁下端と下段の水貫を結び、上段の水貫のところで交差し、そこでも釘や鎹で留める形になっている。この「絵図」と仕様⑦をもとに橋脚の形を復元してみたのが図 8-2(e) である。

これと同じような筋違の姿を表現した絵画資料として天明元年（1780）に発刊された『隅田川両岸一覧』（鶴岡蘆水画）（図 4-3）の両国橋や歌川広重の錦絵『東都名所・両国之宵月』などがある。ただ広重の絵では水貫が3本描かれており、多くの文献史料とは一致しない。

これらに対して筋違が2段の水貫を結んで入れられたように描かれているものに、葛飾北斎の『絵本隅田川両岸一覧』[16]（享和元年（1801）ころ刊行）（図 4-4）や『江戸八景・両国暮雪』などがあり、時期によって筋違の入れ方が違っていた可能性もあるが、画家の理解に違いがあった可能性が高い。

(3) 水際の防護

杭では乾湿が繰り返される水際が弱点となる。物理的に腐食を防止するためには、その部分に根巻きを施すのが効果的であった。橋の管理に関わっていた道役から寛保2年（1742）に提出された報告によると、享保5年（1720）に作事奉行によって架け換えられたとき、「新木には根包はなされていなかったが、杭木が細くなったため、新木に根包をすることになった」とされ、このときからそれまでより細い杭が用いられるようになったため新しい杭に根包を設置することになったと解される。そして寛保2年の時点での橋杭は「末口が2尺4、5寸より2尺6、7寸（70～80cm）と見え、47年前の元禄9年（1696）の橋に比べ、7、8寸（20数cm）細くなった」とされている[17]。

享保14年（1729）の仕様①では、打ち直す杭すべてに根包を行うとし、水際の虫喰いの箇所はすべて削り取り、継木をしてその上に桶ヶ輪包板（根包板）を取り付けるとしており、板1枚につき大釘2本ずつ5通りに打ち、上から鉄巻物を3通りずつ巻くと細かく指示されている。

また道役から寛保2年（1742）に提出された報告では、潮交じりの川水では虫喰の被害が発生し易く、江戸が繁昌するにしたがって廻船が増加すると船について

きた川虫が増加したことが要因であると説明されている[18]が、真偽のほどはわからない。また、それを防ぐために新木にはチャン[19]を塗れば、虫喰はなくなると提案されている。しかしその後の仕様では実行された形跡は見当たらない。

寛保2年の仕様③では杭根包の材料として長さ7、8尺より1丈まで、幅4寸(約12cm)、厚さ2寸5分の板936枚が計上されているが、寛保3年の仕様④ではそのような材料は上げられておらず、杭の太さを大きくして腐食に対処しようとしたと考えられる。

また宝暦9年(1759)の仕様⑤では桶ヶ輪包として「板の長さ9尺(約2.7m)、幅5寸(15cm)、厚さ2寸5分(8cm)、板の数は16枚で、7寸釘を1枚につき2列、7通り打ち、銅巻物3ヶ所または4ヶ所ずつ鋲打ちにする」と具体的に記述されている。そしてその後の仕様でも桶ヶ輪包工が施されることになっている。

(4) 梁鼻の防護

杭が建て込まれると、両端の杭を内側に少し倒すように引き寄せ、中央部は2段、端部では1段の貫が入れられた。杭の頂上には枘加工がなされ、上に枘穴を持つ梁が乗せられる。梁は寛保3年(1744)の仕様④では、「槻長4間、末口2尺〜1尺8寸」とあり、安政元年(1854)の仕様⑦では、「槻一六角物 長2丈4尺 末口1尺7寸」が用いられることになっており、杭の太さに比べて大きな違いはない。

梁の先端には小口を防護するために野球のホームベース形の5角形の板、梁鼻隠(涎板)が打ち付けられ、その上には屋根上の雨覆板と上棟木が取り付けられた。仕様④では渋墨塗りが提案されており、柿渋から作られた防腐剤が塗られることがあったかもしれない。

安永9年(1780)の「出来形書付」[15]では、梁鼻隠に枘長3尺5寸(106cm)、幅1尺8寸(55cm)、厚1寸6分(4.8cm)、屋根板(雨覆板)に枘長1尺7寸(52cm)、幅1尺5寸(45cm)、厚1寸8分(5.5cm)の板が一カ所に2枚、上棟枘長1尺7寸(52cm)、せい3寸5分(10.6cm)、下端3寸(9.1cm)、猿頭枘長1尺4寸(42cm)、せい2寸5分(7.6cm)、下端2寸(6.1cm)の棒が一カ所に4本ずつ用いられており、屋根上の雨覆板の頂上部に上棟木が釘で留められ、屋根勾配に沿って猿頭と呼ばれる桟が2本ずつ入れられたことが復元できる。

安政元年(1854)の仕様⑨では、梁鼻包涎板として長2尺6寸(79cm)、幅1尺7寸(52cm)、厚1寸5分(4.5cm)の板が古い槻材を挽き割り、鉋削りして元と同じ形に作って、長さ4寸の皆(貝)折釘を5本ずつ打ち付けることになってい

る。
　これらの梁鼻隠や雨覆板などは梁小口の防護という実用的な目的もさることながら、これが橋側面に規則的に並ぶ姿は、当時の木橋のデザイン上の重要なポイントになっていた[20]。

4．上部工の構造

(1)　主桁

　梁の上に5本の主桁が乗せられたが、外桁（耳桁）は、雨覆板などを取り付けるスペースを控えて置かれた。したがって橋上の有効幅員は梁長よりかなり狭くなる。桁の寸法は最大スパン長によって決められたと考えられる。寛保3年(1744)の仕様④では、最大スパンの耳桁には長7間半(13.6m)、高さ2尺(61cm)、幅1尺1寸(33cm)の角材、中桁には末口2尺の丸太材が用いられることになっていたが、実現した可能性は低い。この仕様ではスパンが短くなると断面は少し小さくなり、最小スパンでは幅1尺8寸(55cm)、厚9寸(27cm)の角材、中桁には末口1尺7、8寸の丸太材が使われることになっているが、スパンによってそれほど大きな差はない。

　耳桁に整形材が使われたのは、外側からの見え方に配慮されたためであろう。人目につきにくい中桁は手斧の削り跡が残る鹿之子打とされた。

　天保10年(1839)の「出来形絵図」[9]には桁の継手の形が詳細に示されている（図4-2）。また図4-1には御通船間の所に5間4尺8寸(10.5m)、風烈間の所に5間2尺(9.7m)の書き込みがあるのは、スパン長を示したものと考えられる。そして天保10年の仕様⑦に耳桁として「長5間余より5間半余迄、幅2尺、厚1尺2寸」の部材が上げられている。そして長さが「4間余より4間半迄」「3間半余」と短くなっても同じ断面になっており、スパンによる逓減は見られない。中桁には長さにかかわらず末口1尺7寸の部材が使われることになっている。

　安政元年(1854)の仕様⑨では、このとき取り替えられた最大の桁材は、耳桁に用いられた長6間、幅2尺、厚1尺2寸（削立幅1尺8寸、厚1尺1寸）の角材で、スパン約5間半(10m)に適用されたと考えられるが、長さ3間の桁も同じ断面の部材が使われることになっている。また中桁には槻十六角物末口1尺7寸が用いられたが、桁長による変化はない。

　各部材の仕上げについては仕様③④に詳しい。仕様③は寛保2年に、損傷が大

きく通行止めにした両国橋を大規模に補修する前提で作られた工事仕様で、仕様④はその後の洪水被害などによって全面架け換えを決定したときのものであると考えられる。いずれも『旧幕引継書』の中の『三橋以下橋々書類』（国立国会図書館蔵）に含まれるもの[21],[22]である。

　杭頭に帶（枘）を付け、梁に仕込まれた枘穴に組み合わされ、長い鎹（かすがい）で固定された。その上に桁が乗せられるが、直接桁が乗る部分は、固定しやすいようにあごを付け、梁と桁には長い手違い鎹が打たれる。耳桁の外側の人目につく部分は「鉇削」とある。『三橋以下橋々書類』では鉇の字が使われており、鉇は通常は「やりがんな」を意味するが、『東京市史稿』では「鉋（かんな）」を当てている。江戸時代中期には木を平滑に削る道具として台鉋が普及していたから、鉇に鉋の字をあてるのは適切であると考えられるが、細かい作業には鉇（やりがんな）が使用された可能性がある。

　桁はろくろなどを使って端から順次引き出して架設されていったと考えられるが、桁どうしは梁上で、台持継で継ぎ合わされ、横から大栓が打込まれた。杭と梁、梁と桁、また桁どうしの継ぎ手には4挺ずつの鎹が打ち込まれて固定された。御通船の間は6挺の鎹でしっかりと固められた。

(2)　平均板、敷板

　主桁の上には敷板の勾配が滑らかに変化するよう、調整のために平均板（ならし）が置かれたが、現場で1枚ずつ鉇（鉋）で削って加工されたのち、皆折（貝折）釘（くぎ）で桁上面に打ち付けられた。

　幅員約4間に対する敷板は、長さ約2間の板が突合せで並べられたが、寛保3年（1744）の仕様④では、檜長2間1尺、1尺角2枚割とあり、天保10年の仕様⑦では「鋪板檜長2間8寸（3.9m）、幅5寸より9寸（15〜27cm）、厚5寸（15cm）」とあり、安政元年（1854）の仕様⑨でも同じ寸法になっており、勾配を滑らかにするため比較的幅の狭い板が並べられた。敷板は一枚ずつ桁ごとに手違い鎹を打って固定されていった。寛保2年の仕様③では幅員3間2尺に対して、「千鳥継板」と表現され、長2間2尺の板を半分に切って継手が交互にくるように並べられることになっているが、この場合全幅員は3間3尺となる。享保14年（1729）の仕様①でも幅員3間2尺に対して槻長2間、幅1尺、厚5寸の板が用意され、「千鳥継」とされているが、全幅員は3間となる。

　中央の継ぎ目は中布板（中目板、間伏せ板）をかぶせて隠され、階折（皆折）釘で固定された。安政元年の仕様⑨では、檜長2間、削立幅8寸、厚3寸の板が用い

られ、継手長3寸の蟻継にし、敷板の突合わせ部に水が入らないように入念に削り合わせるよう指示されている。

寛保2、3年の仕様③、④では、敷板は鉇(『市史稿』では鉋)で角を削り、表面は釿(手斧？)で削り、裏は鹿之子打、犬走りは鉇削りとするよう指示されている。板の表を鉋削りとせず釿で仕上げるのは滑り止めを考慮したためとも思われるが、おそらく記述の誤りであろう。

そして御通船の間の板裏は鉇削り(仕様③では釿削り)とし、板の合わせ目は「刷目鋸大小三遍すり合」(仕様③では「鋸念を入さいへんすり合」)とあり、「三遍」「さいへん」の意味がよくわからないが、合わせ目に鋸を入れて面を荒らすことによって面どうしのなじみをよくして水密性を高める手法と考えられ、船大工のテクニック[23]が使われているのは注目される(9章3．4．参照)。安政元年の仕様⑨では、「惣体鉇削裏之方斧削、御通船之間風烈之間裏之方鉇削し」と表現されており、以前から表も鉋で削られていた可能性が高い。

5．その他の構造

(1) 高欄、男柱

高欄の敷板面からの高さは、寛保2年(1742)の仕様③では3尺5寸、寛保3年(1744)の仕様④では3尺7寸5分(1.1m)、天保10年の仕様⑦、安政元年(1854)の仕様⑨では3尺8寸とあり、ずいぶん高い。高欄を支えるたたら短(短楯、たたら束、束柱)は、下半分を少し細くして、敷板(床板)、地覆、下付物(水繰板、足駄木)を貫通させて耳桁の外側に直接、皆折釘などで打ち付けて固定された。

たたら短はほぼ1間ごとに建てられたが、頭に蒂(枘)を造り、笠木の枘穴に仕込み、帯鉄物を掛けて釘で固定された。笠木は幅1尺ほどの大きなもので、上面は山型に加工される。その下には柱を連結するために貫が1段入れられる。地覆にもかなり大きな角材が使われ、鎌継で連続された。地覆の下には橋面の排水のために水繰板が入れられた。

高欄各部の部材寸法は、天保10年の仕様⑦では「たたら短檜長6尺(1.8m)、大8寸(24cm)角、通貫同長1丈2尺余(3.6m)、幅7寸(21cm)、厚2寸(6cm)、笠木同長同断、幅1尺(30cm)、厚7寸、地覆槻長2間余(3.6m)、大1尺1寸(33cm)角」とあり(図4-1参照)、安政元年(1854)の仕様⑨では「短楯檜長6尺、削立6寸5分角、笠木は檜長2間、削立幅8寸5分、口縁4寸、小返り1寸5

分、地覆は槻長2間、幅9寸、口縁7寸5分小返り1寸5分、貫は槻長2間、幅5寸、厚1寸5分」などとなっている。

　橋端部には石垣が築かれ、橋台が整えられたが、その上には袖高欄が建てられた。男柱、袖柱には1尺を超える太い断面の角材が用いられ、地中に深く埋め込まれ、根元は根包板で保護された。側面には隠し帯を設け、笠木、地覆が差し込まれ、帯鉄で固定された。

　寛保2年の仕様③では、男柱、袖柱に槻長1丈(3m)、1尺2寸(36cm)角の木材が使われることになっており、安永9年には、袖柱に槻長1丈、削立1尺1寸角、男柱に槻長1丈、削立1尺2寸角の部材が用いられた[15]。安政元年の仕様⑨でも同寸の部材が上げられ、その頂部は兜巾銅で防護されるようになっており、四角錐状に加工されたと考えられる。

(2) 芥留杭（捨杭、芥除け杭）

　安永9年(1780)の絵図では橋脚線上の上流側に芥留杭が設けられることになっている[7]。この施設は創架時から作られていたのではない。享保19年(1734)の修復時に捨杭、すなわち芥留杭を設置するかどうかが検討された。出水のとき、橋杭に流物が引っ掛らないように、大坂の大橋には捨杭が打たれており、有効であるとされる。両国橋と新大橋においても捨杭を設けるのが有効かどうかを地元の町人にも尋ねてみたが、「両国橋の澪筋2、3ヶ所では杭の根入れが浅くしか取れないため捨杭が持たずに流失すれば橋杭が破損する危険がある」との返答があった。また以前にも捨杭を打つようにとの申し出もあったが、御船手奉行が船の通行に支障が出ると反対した。さらに大坂町奉行に相談したところ、「大坂は水勢も弱く、水深も浅いが、浅草川(隅田川)は水勢も強く、水深も深いため、大坂の通りにはいかないだろう」との返事であった。そして捨杭を設けるには、1380両余の費用が掛かるため、今回は見送ると町奉行が結論付けている[24]。

　延享2年(1745)に芥留杭が補修されており[25]、これ以前から設置されていたことになる。そして同4年には2基の取り替えが検討されている。その構造については、芥留杭は杭木2本よりなり、松長さ6間半より7間(約12m)、末口1尺より1尺1寸(30cm強)、下端を削り、ばい尻金物を打つ。震込杭の末より5尺ほど上に枷を取り付ける。足場を組み、土俵を置き、震込む。川下から寄りかけ杭を固定するが、鋸を掛けて巻金物を2カ所ずつ取り付ける。橋の梁鼻より芥留杭の頭へ5寸角の張木を仕掛け、釘鋸で堅める。芥留杭の頂部を掘り込んで張木を納め、釘や手違鋸で固定する[26]と説明されている。

寛延3年(1750)には、小普請奉行と町奉行がそれぞれ5組と2組の芥留杭を立て直す工事を行い、15両余で落札されたとあるが、古杭の建直しや朽ちた部分を新木で継杭にする作業も含まれている[27]。このように芥留杭は頻繁に補修されている。

天保10年の「出来形絵図」[9]には9側目から18側目の橋脚の上流側に10基の芥留杭の具体的な形が描かれている(図4-1参照)。このように江戸時代中期以降は芥留杭が常設されるようになっていたと考えられる。

6．施工上の問題点

(1) 足代

杭を建て込む必要があるような本格的な工事を行うときには作業用足場が造られた。宝暦9年(1759)の仕様⑤によると、一部の杭の建直しと上部工の大規模な修復が行われるのに先立って、長さ92間(167m)、幅7間(12.7m)とほぼ橋の全面をおおうような足場を造るようになっていたが、全面にわたって造ると当然通船に支障が出るので、橋脚工事を行う部分のみに順次造られていったと考えられる。構造は、水深によって杭の長さを変え、深いところでは長さ7間から6間半の杉丸太杭を根入れ9尺を目安に1スパンの間に8本立てる。筋違を縄で結びつけて安定を良くして長さ2間の松丸太の梁を枘で固めて杭上に置き、鎹で固定する。その上には根太丸太を並べ、唐竹製のスノコを置いた上に歩み板を渡して鎹などで固定して完成する。

寛保2年の工事仕様③にも足代の仕様がある。大間の部分では基礎杭に長さ9間、末口5、6寸の杉丸太を用い、梁に長5間、桁に長3間の丸太を並べることとし、スノコ、歩み板で表面を整えることになっており、宝暦9年のものより部材が大きくなっている。

しかし工事用の足場の安全性は低く、危険なものもあったと想像される。実際、延享元年(1744)の架け換え工事において足代が落ち、多くの死者を出したとされる。日雇山大怪我院澤山寺による「両州足代郡落合村開帳」という戯れ書きが残されている[28]。

(2) 杭の撤去

架け換え工事ではまず旧橋の撤去を行わねばならないが、最も手間の掛かるのが杭の撤去である。粘着性の高い地盤に建て込まれた杭は、ぐらぐらと動く状態

になってもなかなか引き抜けなかったはずである。
　杭が水面上に出ている場合は、宝暦9年(1759)の工事仕様⑤にあるように、2本の太い梁で挟み込み、鋑と大綱で固定してそれを両側に配した大修羅船2艘に乗せて、上げ潮を利用してアップリフトを掛け、さらにろくろなどによって巻き上げて引き抜いた[29]。
　厄介なのは水に隠れている折れ杭である。寛保3年(1743)に新橋工事に先立って残杭の調査をしたところ、大潮の低い水面より4尺(約1.2m)ほど下に計4本の折れ杭が残っていた。将軍の船をはじめ、通船が乗り上げる危険があり、取り除いた方がよいと判断された。撤去するためには、水練の者を潜らせて海鼠鋑(なまこ)(?)を打ち付け、それに綱を掛けて引っ張る方法が提案されたが、水練の者の賃金も高く、撤去費に一本当たり2、3両もかかると見積もられた。本所見廻り方の担当者で検討した結果、1本は引き抜くが、他は杭を施工するときに支障となればそのときに請負人に撤去させる[30]として、問題が先送りされた。

参考文献
1) 『東京市史稿橋梁篇第一』pp.405〜409
2) 『東京市史稿橋梁篇第一』pp.752〜768
3) 『東京市史稿橋梁篇第二』pp.586〜595
4) 『東京市史稿橋梁篇第二』pp.605〜625、『宝暦八寅年　両国橋掛直御修復書留』(三橋以下橋々書類 809-1-8)
5) 「両国橋掛直御修復御入用内訳書」「両国橋掛直目論見書上」『安永三午年より同八亥年至両国橋掛直御修復書留』(三橋以下橋々書類 809-1-20)
6) 波多野純『復原・江戸の町』pp.104〜106、1998年11月
7) 「両国橋杭梁行桁絵図」『安永九子年　両国橋掛直御修復書留』(三橋以下橋々書類 809-1-28)
8) 『明治元年辰九月両国橋御修復絵図面　壹』(819-72)
9) 『両国橋掛直御修復出来形絵図』天保十亥年四月(国立国会図書館蔵　寄別 8-2-1-3)
10) 『東京市史稿橋梁篇第二』pp.325〜326、『寛保三亥年　両国橋掛直御修復書留』(三橋以下橋々書類 809-1-7)
11) 「両国橋掛直御修復御入用勘定目録」『安政三辰年三月　両国橋掛直御修復書留十九』(808-40-19)
12) 松村博「近世における橋脚杭の施工法について」『土木史研究第18号』pp.387〜394、1998年5月
13) 「仮橋本橋杭根入見届帳」『安政二卯年　両国橋掛直御修復書留　拾八』(808-40-18)
14) 「杭根入見届帳」『元治二丑年　両国橋損所御修復書留』(806-67-31)
15) 「両国橋掛直御修復出来形書付」『安永九子年　両国橋掛直御修復書留』(三橋以下橋々書類 809-1-26)
16) 葛飾北斎画『隅田川両岸一覧』風俗絵巻図画刊行会、1917年

17) 『東京市史稿橋梁篇第一』p. 590
18) 『東京市史稿橋梁篇第二』pp. 309~311、『寛保二戌年　両国橋掛直御修復書留下』(三橋以下橋々書類　809-1-6)
19) 　小沢詠美子『災害都市江戸と地下室』pp. 95~99 (1998年12月)によると、チャンは松脂、地の粉 (粘土と生漆を混ぜたもの)、荏ゴマ油などを混合したもので、木材間の水密性を高めるために用いられたとされる。
20) 　松村博「日本の木造橋の構造とデザイン」『土木史研究第23号』pp. 75~82、2003年6月
21) 　「両国橋御修復掛直し御普請仕様注文」『寛保二戌年　両国橋掛直御修復書留上』(三橋以下橋々書類　809-1-5)
22) 　「両国橋新規御普請仕様注文」『寛保三亥年　両国橋掛直御修復書留』(三橋以下橋々書類　809-1-7)
23) 　なにわの海の時空館編『復元された菱垣廻船「浪華丸」』pp. 45~78、平成13年3月
24) 『東京市史稿橋梁篇第二』pp. 70~71
25) 『東京市史稿橋梁篇第二』pp. 474~475
26) 『東京市史稿橋梁篇第二』pp. 498~499
27) 『東京市史稿市街篇第二五』pp. 631~632
28) 『東京市史稿橋梁篇第二』pp. 394~395
29) 『東京市史稿橋梁篇第二』p. 605
30) 『東京市史稿橋梁篇第二』pp. 340~342

5章　両国橋の管理と運営

1. 工事の運営

(1) 工事奉行

両国橋の日常の管理は江戸町奉行の役割であった。本所奉行が設けられていた間は本所奉行が担当したが、廃止されてからは、町奉行配下の本所見廻り方が橋掛り方と連携して日常の監視や工事中の諸事務を行うようになった。ただし定橋掛与力という職が設けられたのは寛政2年(1790)以降のことである。そして、大規模な補修や架け換え工事になると、老中の差配によって事業が行われ、工事を担当する奉行はそのつど決められている。

表4-1に示したように幕府のさまざまな役職から奉行が選ばれている。創架のときは旗本の組織である大番組から2名が特別に指名されており、小補修は関東郡代の伊奈氏が行っている。寛文元年(1661)に初めて架けられた橋の部材が朽損し、架け換えが必要になった延宝8年(1680)には、寄合衆の中から2名が指名され、上州沼田藩主の眞田信利に御手伝が命じられた。しかし木材の調達が思うにまかせず、工事が大幅に遅延したため2人の奉行は閉門に、眞田氏は改易という厳しい処分が科せられている。

元禄期から宝永期には、主として本所奉行が工事の奉行も務めている。享保4年(1719)に本所奉行が廃止されてからは主に町奉行に工事が任される場合が多かった。寛保2年(1742)に架け換えが決定されたときには、本橋の架け換えと仮橋の架設が作事奉行に命じられた。寛保2年の正月から町奉行のもとで修復のための調査が行われ、その仕様も出来上がって入札の町触まで出されたが、突然作事方へも工事費の見積が命じられ、「下直」すなわち安価な提案をしたということで作事奉行に担当が変更された。

このように建設を担当できる奉行はいくつかあったが、互いに競わせてより安価に仕上げさせようとするねらいがあったものと思われる。一方、各奉行のもとには専属に近い請負業者があって固定化しつつあったため、この関係に揺さぶり

をかける目的があったと考えることもできる。

　寛保2年5月に完成した仮橋は部材も細く、極めて脆弱で、満水のときに流失して新大橋に損傷を与える可能性が大きいと判断された。また大勢の人が橋を渡ると揺れが大きく、危ないという町奉行方からの指摘もあり、老中は仮橋の撤去を命じ、橋の奉行を町奉行に変更した。寛保2年に作られた本橋の仕様③では、杭長が最長でも6間半(11.8m)と短く、構造的に不十分と判断されたことも奉行更迭の要因となったかもしれない。

　その後、町奉行に橋の奉行が命じられたが、木材の調達が遅れて工事が大幅に遅延したため、小普請奉行に交代させられている。寛保3年に作られた本橋の仕様④は、非常に大きな部材を用いるようになっていたが、幕府の御用林でもそれらを整えることは至難であった。このため仕様の見直しがなされたと考えられる。

　木材の調達には、木材奉行や勘定奉行が関わっていたから町奉行のみの責任ではなかったと思われるが、町奉行側の責任体制が整っておらず、機敏な対応ができなかったことも遠因であったと推察される。結局、木材は江戸の業者から調達されることになり、奉行も交代させられた。おそらく小普請奉行の方が木材調達がうまくいくと判断されたためであろう。小普請奉行が架けた橋の仕様は伝えられていないが、仕様④よりはスパン、仕様材料ともに小さくなっていた可能性は高い。

　作事、町、小普請の各奉行には担当の役人組織があり、専属の技術集団を抱えていた。橋奉行の交代に立ち会っている役職がその担当役人と専属技術者であると考えられる。作事方で現場に出役したのは、調役、披官、小役、手代、定普請同心小頭、各1名、同心4名のほか、大棟梁、町棟梁、各1名の名前が上げられ、町方では、上役(与力)4名、下役(同心)6名のほか、道役3名と橋請負人2名が上げられている。また工事完成時に小普請方では奉行のほかに、小普請方、同改役、目付役、そして大工棟梁などが渡り初め後、老中から表彰を受けている。

　このうち、作事方では、大棟梁の高良匠五郎と町棟梁の石丸八右衛門、町方では道役の家城善兵衛ほか2名と御入用橋請負人の白子屋勘七と菱木屋喜兵衛、小普請方では大工棟梁の小林阿波が、現場工事の段取りと指示を行ったと考えられる。

　これ以降は町奉行と小普請奉行が入れ替わりで工事の奉行に任ぜられている

が、18世紀末以降はほぼ町奉行に固定されていったようである。

　公共構造物の維持管理はそれなりのノウハウが必要で、専門が固定化しやすい面がある。そうなると手堅い手法で安心ではあるが、業者も限定されて割高になる傾向は否めない。一方、思いきった競争は、安価、合理化につながる反面、不慣れな担当者によって安全性が低下するというマイナス面が生じる可能性が高くなる。専門性と競争性のバランスが難しいのはこの時代においても同じである。

(2)　木材の調達

　両国橋の架け換え工事に対する木材は、幕府から提供されるのが通例であった。調達に当たったのは木材石奉行で、江戸城の建物をはじめ、幕府が寄進した社寺の造営、そして御入用橋の材木を確保した。

　元禄9年(1696)の架け換えのときにも「御材木石共御蔵渡り」とあるように1710本の材木が御蔵木として木材石奉行から提供されている[1]。宝永元年(1704)の復旧工事でも御蔵木が使われた。

　しかし享保14年(1729)の復旧工事では材木も含めた材工一式で入札に掛けられ、長崎町の白子屋勘七が落札した。享保19年(1734)に実施された両国橋と新大橋の布板(床板)の補修工事でも材工一式の入札が行われた。仕様帳を町年寄の樽屋宅に置き、町触によってその旨を知らせ、町奉行番所において町年寄喜多村氏の立会いのもとで入札が行われた。このとき落札したのは、白子屋四郎兵衛であった[2]。落札後、洪水があって橋の損傷箇所が増え、請負金が増額された。請負人から見積が提示されたが、奉行所で吟味して見積から大幅に減額した上で、工事を申し付けている。

　寛保2年(1742)に架け換えが計画されたとき、既存の杭をできるだけ用い、不足の木や石の材料込みの見積と材木石を幕府が提供する場合の二つの見積をつくり、材工共の場合は6545両、材料支給の場合は1480両と積算されている。この仕様による工事は中止され、改めて寛保3年に仕様が作り直された。

　この仕様に合う材木を檜で調達する前提で、材木商に見積を取ったところ末口2～2.3尺で長さが8間～9間半の檜の杭材13本が最低で2340両、1本平均180両の提示があった。また、相模丹沢山で槻(欅)材の調査を行っているが、規格に合う太さのものは最長でも8間(14.5m)のものが1本で、絶対量も不足すると報告されている。その後、甲州雨畑山から赤松材は入荷したが、主要材を檜に切り替えて信州から切り出すために担当役人が出張するなど、材木確保のために奔走しているが、なかなか思うに任せなかったようである。御用林に適切な木材が少な

くなってきたことが大きな要因であろう。

　宝暦9年(1759)の補修工事の際に作られた仕様⑤では材工共で詳細に積み上げられており、これを元に入札に掛けられたと考えられる。これよりのちの工事の詳細はよくわからないが、材工共の一括請負でなされたものが多かったと推測される。

(3) 建設費用

　両国橋を新設した場合どれほどの費用が掛かったかは意外に摑みにくい。創架時の工事費はよくわからないが、大規模な補修が行われたときの工事費を見ると、まず元禄9年(1696)には橋長94間(171m)、幅員3間半(6.4m)としてほぼ全面的に架け換えられており、2893両余の費用がかかったとされる。宝永元年(1704)と宝永7年(1710)には約1500両を掛けて補修工事が行われているが、宝永元年のものは前年に地震による火災によって半分が焼失したのを修復したもので、宝永7年の工事は桁から上が全面的に取り換えられている。

　享保14年(1729)の修復工事は、全工費が2475両で、内材木費が1722両であったと報告されている。宝暦5年(1755)には床板、高欄、根包などを取り換えて830両の工費を要しているが、その4年後の宝暦9年(1759)には架け換えの人件費と金物類の制作費として1400両余の見積がなされている。さらに文政6年(1823)の修復工事では80日の日数を要し、3700両の幕府の支出があった。これはおそらく材料費込みの費用であろう。そして、元禄期から天保期あたりまでは物価が比較的安定しており、工事費は同一レベルで比較してもよいと思われる。

　上記の費用のうち、新設したときの費用の算定に参考になるのは元禄9年のものであるが、このときの木材はすべて幕府が提供しており、2893両は現場の工事費であると考えられる。ただし金物類の修理や不足分の制作費も含まれていたかもしれない。この金額を橋の面積で割ると、2893/(94×3.5)＝8.8、坪当り工事費は8.8両となる。

　寛保3年(1743)の全面架け換えに当たっての見積は4種類あり、一覧表にしたのが**表4-3**である。(1)は杭から高欄まですべて檜の新材にするというもので、木材だけで27540両を超え、合計では31500両となっており、幅員が4間であるから坪当り単価は84両となる。工事費と金物製作費は4000両弱と推定されるが、坪当りは10.6両とかなり高い。(2)は4本立の橋杭のうち1本は末口2尺3寸(70cm)の通し杭とし、ほかの3本は末口2～1.8尺(61～55cm)の継杭として経費を節減する。桁から上の材料費も大幅に少なくなっており、各部の寸法をかなり小さく

したと考えられるが、この案の坪当たり単価は45両である。(3)及び(4)では、主材に槻(欅)を用いるが、古木混じりでよいとし、高欄などには赤松を用いる条件で経費の節減を図って、各々の坪単価は約40両、29両となった。

木橋の建設費は杭の価格で決まると言っても過言ではない。そしてその使用木材の種類と寸法によって大きく異なるが、施工費の方は、(2)が2850両、(3)が2535両で、元禄9年のものと大きくは変わらない。

2. 交通量

両国橋が多額の費用を費やしても維持されてきたのは、費用対効果が大きかったためである。江戸の都市構造上不可欠な橋であったことは言うまでもないが、利用者の数を見ても重要な橋であったことがわかる。

橋の通行者の数を直接調査したデータは残されていないが、寛保2年(1742)に本格的な補修工事を始める前に仮橋を建設した間、渡船によって通行者を渡していたときに利用者数を調べたデータがある。5月12日と16日には時間ごとの人数が詳しく調べられており、12日には夜明け(明6ツ時)から日暮れまでの間に**表5-1**のような利用者があった。このうち、武士は原則として無料であったから、有料の町人から一人1銭を徴収して10貫800文の収入があった。これらの人を運ぶのに出動した船は1042艘で、平均1回20人を乗せたことになる。

このほかに役銭、つまり大名などが有料で利用した貸切の船の出動が120艘あり、1艘当り8銭を受け取っており、1貫文の収入があった。

16日には昼前(四ツ半)から昼すぎ(八ツ)までの通行者の調査をしており、ピーク時には10艘で250人以上を乗せ、合計7706人(うち町人4427人)を運んでいる。さらに、この前後に渡し場で受け取った賃銭と役船の収入の合計が**表5-2**のように報告されている[3]。

利用人数にばらつきがある理由はわからないが、催しや天候などによる影響があったのかもしれない。これらのデータから渡船利用者の数を判断すると、有料利用者である町人が2万人近くに達しており、武士を加えると1日4万人に達することがあったと考えられる。なおこの時点では、永代橋は民営化されて一人1文を徴収していたが、新大橋は無料で渡ることができていた。

さらにこのときの道役から上司への報告文書の中に「大川通の大橋三ヵ所の内、両国橋は特に往来が多く、大名、旗本、その他役人を除いて1日3万人ほど

の往来がある」[4]とされ、橋が正常であった場合は5～6万人の利用者があったことになる。

宝暦9年(1759)に架け換えられたとき、仮橋ができあがるまでは船渡しで、本橋架設中は仮橋で人々を渡したが、そのときの往来人数が調査されている。6月14日の明六ツから暮六ツまでに船渡しを利用した人は、武士が10103人、町人が10258人の計20361人であった。また7月3日の夜明けから暮までに仮橋を利用した人は、武士が15404人、町人が14640人の計30044人であった。武士の数には大名、旗本の御供、中間、出家、御用達町人など、無賃の人が含まれている。このほかにも鞍置馬156匹、武士方駕籠92挺、駄賃馬120匹、町辻駕籠46挺などが渡っている[5]。

表5-1 両国橋工事中、渡しの利用者[3]より作成
（寛保2年(1742)5月12日）

	武士	町人	合計
本所方	5279	5427	10706
江戸方	4785	4791	9576
計	10064	10218	20282

表5-2 両国橋渡船収入[3]より作成
（寛保2年）

5月14日	19800文
5月15日	20100文
5月16日	17860文
5月17日	15048文
5月18日	16100文
5月19日	16100文
5月20日	7371文
5月21日	14378文

1日のみの調査では実態を把握しにくいが、同じ料金としても橋の方が利用し易いのは当然で、馬や駕籠も船では渡りづらかったものと考えられる。以上の例から判断すると、渡船は、待ち時間もあり、天候に左右される上、料金抵抗もあったはずで、橋が健全で、無料であると利用者はもっと多くなった可能性があり、1日4～5万人ほどとしてもあながち過大な数ではないと思われる。

3．橋番所

両国橋には創架当初から橋中央と東西の橋詰に3カ所の番所が設けられ、24時間体制で橋の監視が行われていた。両詰の番所には番人が昼間4人、夜6人ずつ、中番所には夜のみ2人が常駐することになっていた。

番所の規模は、橋上の中番所は1間×3尺の小さなもので、両橋詰の番所は出水時の出役人の詰所が併設されており、10坪程度の建物であった。その番所の修復と常駐する番人の給与は、橋両側の広小路で営業が認められていた商人からの助成金でまかなわれていた。番人の役割は、両国橋が損傷しないように利用者の行動を監視することであった。

- 橋周辺で喧嘩、行倒れ、捨物、手負い人、急病人を発見したときは番所へ引き取り、奉行所へ通報すること。
- 夏には夕涼みの人などで往来が込み合うため、夜はたびたび見回りをすること。
- 雪が降ったときは往来に支障がないように片付けること。

また、番所請負人には、
- 番所に諸道具として突棒、さすまた、松明、堤燈などを備えておくこと。
- 将軍が船着場を利用するとき、夜になった場合は、堤燈などの明かりを用意すること。
- その船着場周辺の掃除をすること。
- 川が増水したときは綱引き人足80人を差出すこと。
- 橋の防火が必要なときには水防役、役船の者と相談をして、人足百人と諸道具を用意すること。

などが義務付けられていた[6]。

両国橋が架けられる前には船渡しがあったが、それを請負っていた作左衛門と嘉右衛門という2人に番所の運営が任された。当初の請負金は39両で、宅地も貸し与えられた。営業補償の意味があったかもしれない。しかし、元禄ころになると、辻番を請け負いたいと願い出る人が多くなり、元禄9年(1696)には給金が18両に減額された。また、橋詰で営業が許されていた髪結床と水茶屋の数も制限されることになった。

享保4年(1719)に本所奉行が廃止されて町奉行の管理になったとき、拝借地は召し上げられ、道役二人の預かりとなった。従来からの番所請負人二人は、東側の広小路で営業を許されていた髪結床6棟と辻商人の庭銭の助成をもって東側の番所を運営することになり、西側と中の番所は、吉川町の四郎兵衛が西側の広小路で営業していた髪結床17棟と辻商人の庭銭の助成をもって維持管理することになった。番所の維持費と番人の給金は年間20両ほどが必要であるとされている[7]。このように幕府の直接経費を減らし、民間からインフラの管理費を調達する方式は享保の財政改革の一手法であったとすることができよう。その後、請負者は変わったが、そのシステムは幕末まで変わらなかった。

両国橋の両詰には通行人に守らせるべき事柄を書いた高札が、元禄9年(1696)に初めて立てられた。高札は両橋詰に2本ずつ、橋中央に1本の計5本が立てられ、そこには2種類の文面が書かれていた。

- この橋を渡るものは昼夜とも立ち留まってはならない。もちろん商人その他、なに人もそこに居すわってはならない。火事のときには諸道具が滞ることのないようにすること。また、車は通行できない。以上のことを堅く守ること。もし違反したものは処罰する。
- この橋の上から船の中へつぶてを一切投げてはならない。もし違反したものは処罰する。

その後、正徳元年(1715)に立て替えられたが、文意はほぼ同じであったという[8]。

橋の上で商売をすることが禁じられていたにもかかわらず、番人の目を盗んで商売をする人が後を絶たなかったようである。寛政六年(1794)に両国橋の上や橋詰で商売をしていた人を下役同心が調査したところ、二十数人に上り、その内訳は、物貰い同心者8人、柿蜜柑売8人、きせる売3人、古銭、紙類火口、煙草入、櫛類売、とうがらし、ふきのとう売、はなしうなき売、各1人などで、はなしうなき売とあるのは放生のための鰻を売っていたと思われる。これらの違反者を十分取り締まるよう橋番請負人に厳重に注意している。これに対して請負人からは見廻りを徹底するよう誓約書が提出されている[9]。

4．水防、防火

大川が増水したときの防御や付近で火事があったときの類焼の防止など特別な危険に対する橋の防護は、二つの集団がことに当たることになっていた。

その一つは両国橋周辺の河岸で荷の上げ下ろしをしていた舟運業者の集団、すなわち茶船という小型の舟を持ち、艀下宿という簡易な宿を経営する商人の集団で、役船の者と呼ばれていた。

役船の者は60艘60人よりなり、両国橋創架のときから橋を防護する任務が与えられたが、その代わり橋周辺での営業が保障されることになった。享保4年(1719)に役船の小頭4人から奉行所へ差出された文書によると、役船に与えられた任務は次のようなものであった。

- 川が満水になったとき、船人を全員出動させて昼夜にかかわらず流下してくる船や木材を取り除く、そのために芋縄などの諸道具を準備しておくこと。
- 通常時でも潮の満ち干によって橋に流れ掛かるものがあれば取り払うこと。
- 近火の際は30艘を橋へ出動させて、御船手奉行や御火消の命に従うこと。

- 隅田川へ将軍が御成のときは役船5艘を出し、御用を勤めること。
- 橋上流側にある将軍の乗船場の掃き掃除や草刈をすること。

そして、実際に出動したときの働きぶりを記述している。例えば、寛文5年(1665)に両国橋の1間が類焼して通行留めになったとき、数日無銭で臨時の船渡しを務めた。貞享2年(1685)の洪水時に千住大橋の材木や売木、筏などが流れ掛かり、西の方の40間ほどが流れ落ちたとき、両国橋と千住大橋の橋材を品川方面で残らず収集したが、その褒美として古材木の一部が払い下げられ、かつ両橋詰での独占的な営業を認める書付が与えられた。また、元禄13年(1700)には本所奉行の命で、夏の遊山舟や花火舟が橋の40間以内に近付かないよう監視することを命じられ、それを続けてきた。

享保3年(1718)には将軍吉宗の発案によって水防用に鯨舟2艘が配備されたとき、役船のものに水主18人の手当を負担するように命じられている。また享保4年末には橋西側の米澤町の町人たちから申請があって町関係者の船を両国橋の近傍に留めることを求めたのに対して停泊を認めた上で、上り場の掃除が命じられ、それまで御用を行ってきた役船仲間は、その代わりに本所掛り下役の公務の乗船を引き受けるようになった。

その後の出水時にもたびたび出動しているが、寛延2年(1769)の出水では神田川の大高瀬舟が流れ出し、両国橋に流れ掛かったのを鯨舟と役船で出動して取り除いた。明和3年(1766)の出水では千住大橋が流れ落ち、橋の形のまま流れてきたのを鯨舟2艘と役船で乗り出し、大綱を付けて両国橋に流れ掛かる手前で浅草御蔵の脇へ引き寄せた。というような活躍が記録されている。

文化12年(1815)の文書によると、その後、茶舟の稼ぎ場所が拡大して、両国橋の役船の数がしだいに減り、60人の仲間が十数人になって御用を務めるのが難しくなったので、役船を差し出す地域を拡大して役船の仲間を増やすよう要請した。その結果、深川方面などの駁下宿営業の者が加えられることになり、71人になった[10]。

新大橋でも同様に、橋の東西河岸で営業していた船持18人に洪水時や近火時の橋の守護が義務付けられていた[11]。この制度は新大橋が民営化された延享元年(1744)まで続けられた。

もう一つは、洪水時に橋の流失を防ぐ手段を主として陸上から支援することが、享保14年(1729)に両国橋の西側の広小路で商売を許可された商人に命じられた。

広小路明地が造られたのは貞享4年(1687)であるとされる[12]。北側に立ち並んでいた町屋を取り払い、年はわからないが南側にあった武家屋敷を移転させて明地にした。目的は火災時の延焼を防ぐためや避難地の確保などであった。しかし時間の経過とともに防災意識が薄れてきたことと橋の利用者の多さに着目してここで商売をしたいと願い出る商人が増え、幕府も財政難を少しでも緩和するために、小屋掛けの臨時の商売を許可するようになった。その建物はいつでも撤去できる簡易なものに限られ、将軍の御成りの折などには片付けられることになっていた。

そこで小屋掛けの商売を許されたのは、主として広場に面した商家の数人で、享保14年にはその権利が確認される代わりに水防用具の用意とその手伝いが義務付けられた。その後少し変更はあったが、両国橋水防に一定の役割を果たしてきた。その内容は次のようなものである。

- 水防用具として、各種の綱、巻轆轤(ろくろ)、シャチ、鳶口(とび)、長柄鎌、梯子、堤燈(ちょうちん)、幟(のぼり)を常備すること。
- 出水の気配があれば、辻番所に詰め、川の様子を報告すること。
- 十貫目(37.5kg)以上の重り石千本を橋詰に準備し、満水時両国橋に震えが生じたときには、それを橋上に並べる人足を差し出すこと。
- 人足50人、内10人は川並鳶口人足を差し出すこと。
- 出水時、役船の者60人のうち、28人は鯨舟に乗ることになっているので、その人数分の水主(かこ)を補充するが、その賃金を差し出すこと。
- 鯨舟の収蔵庫の防火のために50人の人足を出動させること。

そのほか、将軍が川へ御成りの際、網などで取れた魚をお城まで運ぶこと、記録用具も用意すること、また広小路内に昼夜番人を置き、行倒れや拾い物があれば報告し、召し捕えられた者の役所への搬送を手伝うことなども義務付けられていた[13]。

5．道役の役割

江戸町奉行の末端組織に「道役」という役職があった。この道役は両国橋をはじめとする御入用橋の維持管理に重要な役割を果たしていたと考えられる。この役職がいつ設けられたのか、その幕府組織での位置付け、そして具体的な権限については必ずしも明確ではない。

現存している『旧幕引継書』の「三橋以下橋々書類」によると、両国橋の架け換え記録のかなりの部分が道役による記録によっていること、幕府の直轄管理であったときの新大橋や永代橋の維持管理にも一定の役割を果たしていたことや本所・深川の御入用橋の工事に関しても深く関与していたことがわかる。それは技術的な提案をはじめ、材料の調達や発注事務、そして現場での指導などの広い範囲に及んでいた。

道役の身分が明確に位置付けられたのは、安永8年(1779)のことである。本所見廻り与力から提出された願書に基づいて作られた、町奉行による「相談書」では、本所道役、清水八郎兵衞と家城善兵衞の二人は以前から本所、深川の御用を務めており、勤務金をもらい、町屋敷の拝借も許され、苗字も認められている。かつて本所奉行があった時代から本所の町行政の一部を担っているにもかかわらず、明確な職務も正式に申し渡さず、取り決めもないままほったらかしにしていたが、ここで身分と役割を明確にしておきたいと報告されている。

これまでは他の町人と同じように拝借屋敷のある町の町年寄の支配下にあり、御触事もそのルートで得ることになっており、重要な伝達があっても町年寄経由でしか伝えられず、詳細を知るには奉行所へ出向かねばならなかった。また宗旨改めも名主方に提出していたが、今後は本所方与力によって直接扱いとするように改めたいとしている[14]。

寛保2年(1742)の「道役」善兵衞による報告では、両国橋は寛文元年(1661)に初めて架けられ、橋長百間、幅四間で、両高欄擬宝珠付き、舗板と高欄は檜、杭梁桁には槇、槻、檜葉の丸太が用いられていたと、親の善兵衞から聞いているが、40年前の元禄16年(1703)の火災のときに類焼して帳面なども焼失したため詳細はわからないとしており、道役は両国橋の創架時から橋の建設に関わっていたことになる[15]。

同じ寛保2年の道役善兵衞の報告によると、両国橋の杭に槇を用いているが、千住大橋に比べて細くなっているのは、千住大橋の所は真水ばかりで海船の入港もないので船虫も付かない。また東海道の六郷橋は代官伊奈半十郎によって架けられたが、槇一式を使っている。この橋は千住大橋より新しく架けられたものだが、六郷川は砂ばかりの川で、杭の根掘れもあって保ちにくく、流失したため橋を廃止して船渡しにした。

そして六郷橋の残材を用いて小名木川の萬年橋の架橋が父の善兵衞に命じられた。その34年後の宝永6年(1708)に至り、杭はことごとく虫食いで細く危険にな

っていたため、本所奉行の命で道役善兵衛が杭に槻一式を御蔵から提供を受けて架け換えた。そのとき古木を古木屋に売ったが、材料は真木（槇）であったと記憶していると返答している[15]。

享保15年から17年（1730～32）にかけて、両国橋をはじめ、本所深川の御入用橋の架け換えや修復工事が数多く行われているが、そのほとんどに道役が関わっていた。工事費の見積を行い、現場監督を行う場合もあった。その費用は御入用金つまり勘定方の御蔵から支出されるもののほかに、本所や深川の御用屋敷地代金なるものが当てられる場合もかなりあった[16]。これから道役などが管理していた幕府用地の地代がいくつかの公共事業費に充当されていたことがうかがえる。

かなりのちの寛政元年（1789）のことではあるが、道役が引受けた本所尾上町新地は、借手が少なく、空地も多く、地代の上りが少ないため、上納金の手当にも難儀しているとして、家作が建てそろうまでは見世物小屋や水茶屋などの臨時の使用も認めてもらえるよう陳情している[17]。また、享保元年（1801）には本所で下水を整えて区画を改めたとき御入用附屋敷地の面積が増えたことを御用屋敷の家主や名主とともに道役の二人が確認書に署名しており[18]、屋敷地の管理の一端を担っていたことがわかる。

寛保2年（1742）に通行が危険になった両国橋の架け換え事業は、途中で洪水に見舞われたり、木材の調達が思うにまかせず、工事担当奉行が2回も更迭されるなど、いくつかの障害に合いながら3年がかりで延享元年（1744）に完成されている。この間、町奉行配下の道役が重要な役割を果たしていた。前述のように『旧幕引継書』の本所、深川に関わる御入用橋に関する記録には道役が記述した部分が多く残っているためでもあるが、技術的な面の貢献が大きかったことがうかがえる。

寛保2年からの架け換え事業は町奉行のもとで検討されていたが、突如作事奉行に命じられた。作事方の見積が安かったことがその理由であったと考えられる。しかし本橋工事に先立って架けられた仮橋は、橋脚杭が細く、根入も不十分であるため縦断曲線も不揃いで、揺れも大きいという理由から大勢の往来に耐え得ないと判断され、撤去が命じられた。

その後、担当が町奉行に変わったが、仕様にある太い木材の調達に手間取り、橋奉行が小普請奉行に変更になり、ようやく完成にこぎつけている[19]。

この間、3人の道役（善兵衛、八郎兵衛、善蔵）が果たした役割は以下のように多岐にわたっている。

- 破損箇所の見分と損傷程度の把握
- 過去の工事記録の提供
- 参考にする他の橋の調査と橋の構造などの提案
- 修復方法の提案と金額の見積
- 橋通行止めや仮橋、船渡しへの切替の判断と差配
- 木材の調査と検証
- 工事進捗の記録と町奉行所への報告
- 近隣地の把握と工事用地の確保
- 仮橋の出来形確認と強度の判断

これらの判断と決定は町奉行配下の下役や与力が行ったが、そのための情報提供と助言の役割は大きいものがあった。3人の道役の中でも家城善兵衞は、66歳の高齢にもかかわらず担当役人の信頼は厚かったようで、とくに技術上の判断は道役の助言を頼りにしていたことがうかがえる。

その報告書には「文字違いや落字は老眼のために御宥免願いたい」と記し、木材の現地見分の同行を求められたにもかかわらず、寛保3年(1743)の6月の相模丹沢山への同行を「酷暑の節、老年は難儀いたすため御容赦願いたい」と辞退し、同年12月の信濃雨畑山への木材調査についても「年寄りで、寒中、寒国への旅行は御容赦」を求めている。

このように道役は、事務官僚であった与力、同心たちを補佐し、道橋に関する技術官僚としての役割を担っていたとすることができる。

その後の経過の詳細はわからないが、木材の調達が遅延し、橋奉行が町奉行から小普請奉行に変更されているため、道役も現場工事への関与はなかったのであろう。そして工事は翌延享元年(1744)4月に足場が崩落して多数の死傷者を出す事故もあったが、5月初めにようやく完成した。

町奉行は立会、見分の上、引渡しを受け、渡り初めを行ったのち、諸人の通行を許可するよう指示している。その直後に船渡しが中止され、桟橋も撤去されたが、道役善兵衞はこの一連の作業に参加して見届け、記録を残している。

「道役」の権限は、享保19年(1734)に御入用橋の一括請負制が実施されてからはかなり制限されたが、寛政2年(1790)に一括請負制が廃止され、幕府の直轄事業になってからはその役割が復活したことが想像される。そしてその役職がいつまで存続し、何代にわたって相続されたかはよくわからないが、幕末まで伝えられた可能性はある。天保10年(1839)の両国橋の架け換えに当たって老中水野忠邦

から御用掛の指図があったが、両町奉行のほか、与力、同心以下、御徒目付、御小人目付の下に道役3名、家城善兵衞、清水八郎兵衞、家城善十郎の名が上げられており[20]、このときまでその役割は変わらなかったはずである。

　それ以前、文政6年(1832)に両国橋の修復が行われたが、工事完成後に勤務した与力3人に金7両ずつ、同心6人に2両ずつ、そして本所道役2人に金五百疋（1両1分）ずつが御役所金をもって下賜され、芥留杭建直を務めたことにより、与力に銀2枚、同心に金二百疋（2分）、道役にも同じ二百疋が下し置かれている[21]。

　これらの記録から、道役は武士ではないものの、同心に近い働きが認められていた。また道役職は相続が認められており、基本的には代々家城善兵衞と清水八郎兵衞を名乗り、2家が相続していたが、天保10年に見える道役善十郎や寛保年間の文書に見える善蔵は善兵衞の子か親族と想像され、臨時にその関係者が道役に任命されることもあったと考えられる。

6．橋の儀式

　橋ができ上がるまでにはいくつかの儀式が行われた。工事に取り掛かるにあたって釿（手斧）初めともいう儀式があった。途中では家の棟上げに当たる大間渡しがあった。そして完成時には渡り初めが盛大に行われた。『東京市史稿』からは両国橋の釿初めと渡り初めの様子を知ることができる。

　天保9年(1838)12月20日、工事に着手するのに先立って釿初め式が行われている。橋会所内に敷板を並べて臨時の祭壇を作り、幣、神酒、大備（？）、榊、熨斗、壽留女、餅、洗米、盛塩などを置き、請負人の一族郎党が麻裃を着て並び、請負人が祝詞を読み、曲尺と釿を打って式を終えた。このときの工事奉行を務めていた町奉行及び目付以下の関係者も参加し、それらの役人も神酒を少し飲んで工事の安全を祈願した。祭壇のものも少しずつ関係者に配られている[20]。このほかにも「手斧初」の言葉はいくつか見られるが、ほぼ同じような儀式が行われたのであろう。

　橋が完成すると管理責任を負う町奉行の関係者らが橋上や水上から入念な見分を行った。天保10年(1839)の工事は4月11日に完了したが、まず橋奉行を務めた町奉行（大草高好）がとりあえず見分した。13日に町奉行と目付が出来栄えを改めて見分、16日には勘定奉行配下の役人ほか、町奉行の関係者が橋上、船上から橋

の出来具合や芥留杭、通船への支障などをチェックした。

　そしてようやく18日に渡り初めが行われた。2人の橋奉行は仮橋を渡って東へ行き、東から西へ渡った。そして選ばれた夫が92歳の長寿の夫婦を先頭に東西最寄の町役人などが続いた。橋の中程に簡単な祭壇を設け、高欄に幣を結び、熨斗、するめ、御神酒などを供えて請負人が祝詞(のりと)を上げた。そこから老夫婦のみが西へ渡り切り、橋奉行に無事を報告して儀式を終了している。

　橋の渡り初めには三代夫婦が主役を務めるとされるが、天保10年のときは1組の老夫婦のみであったし、必ずしもそう決まっていたわけではない。両国橋の例では、元禄9年(1696)の渡り初めでは「東西の名主達は麻裃を着て、町人達は羽織袴で見分を済ませたのち、御城の方へ渡り初めをした」[22]とあり、とくに老夫婦のことすら述べられていない。

　両国橋の記録で三代夫婦が初めて渡り初めを行ったのは文政6年(1823)12月のことで、本八丁堀一丁目の長右衛門(91歳)夫婦、息子の久三郎(59歳)夫婦、孫の卯兵衛(31歳)夫婦、それにその3歳の子が主役を演じている[23]。

　幕末の安政2年(1855)11月に両国橋の架け換えが完成したとき、南茅場町の惣兵衛(45歳)夫婦、その父夫婦、その子夫婦以下が渡り初めに参加した。橋の中程に竜柱を建て、鏡餅などを供え、棟梁が式を行い、そこから老夫婦が西の方へ渡って引き返し、町奉行に挨拶して渡り初めが終了した。そこから、一門家族約200人が集まって、柳橋の料亭3軒を借り切り、芸者を総揚げして祝宴を開き、橋周辺の家々へも折り詰めを配ったとされる[24]。幕末にこのように派手な催しがあったのは驚きである。

参考文献
1) 『東京市史稿橋梁篇第一』p. 406
2) 『東京市史稿橋梁篇第二』pp. 24～25
3) 『東京市史稿橋梁篇第二』pp. 218～226
4) 『東京市史稿橋梁篇第二』p. 170
5) 『東京市史稿橋梁篇第二』pp. 664～665
6) 『東京市史稿橋梁篇第一』pp. 174～182
7) 『東京市史稿橋梁篇第一』pp. 579～586、『両国橋書上』(町方書上 803-1-149)
8) 『東京市史稿橋梁篇第一』pp. 410～412
9) 『東京市史稿産業篇第四〇』pp. 76～78
10) 『東京市史稿橋梁篇第一』pp. 182～195
11) 『東京市史稿橋梁篇第一』pp. 569～576
12) 『東京市史稿橋梁篇第一』p. 356

13) 『東京市史稿橋梁篇第一』pp. 789～800
14) 「東京市史稿産業篇第二六」pp. 614～617
15) 「東京市史稿橋梁篇第二」pp. 309～316
16) 「東京市史稿橋梁篇第一」pp. 819～861
17) 「東京市史稿市街篇第三〇」pp. 542～544
18) 「東京市史稿市街篇第三三」pp. 8～13
19) 「東京市史稿橋梁篇第二」pp. 120～217, 308～394
20) 「東京市史稿市街篇第三八」pp. 906～916
21) 「東京市史稿市街篇第三五」pp. 754～757
22) 『東京市史稿橋梁篇第一』p. 409
23) 『東京市史稿市街篇第三五』pp. 756～759
24) 『東京市史稿市街篇第四四』pp. 148～153

6章　組合橋(町橋)の維持管理

　江戸の橋の約半数は幕府が費用を負担して維持管理を行う御入用橋(公儀橋)であったが、そのほかは近傍の町、武家屋敷、寺社が組合を作って、費用を出し合って管理した。それぞれの橋で費用を負担する地域や負担率が定められており、組合橋(町橋)と呼ばれた。そのルールは長い歴史的経緯の中で決められていった。また一つの町や社寺、武家屋敷へ通じる専用の橋で、特定の主体が管理したものは一手持橋といわれた。

　組合橋がどのような動機で架けられ、費用負担の方法がどのように定められたのかは、それぞれの橋によって事情が異なり、かつその実態がわかる資料が少ないため、一定のルールを把握するのは難しい。『東京市史稿』に採られた資料などから、断片的ながら組合橋の多様な管理形態が把握できる。

1．親父橋の費用分担

　『東京市史稿』の資料からかつて東堀留川に架けられていた親父橋と浜町堀に架けられていた小川橋に関する維持管理費の分担の仕組みを知ることができる。

　親父橋があった東堀留川は、慶長8年(1603)から同17年(1612)にかけて開削されたもので、最初は六十間川と呼ばれたが、のちには一般的に入堀と呼ばれた。幅はおよそ20間(約36m)、日本橋川から分岐し、堀江町一丁目と新材木町の間で堀留めになっていた。

　親父橋は、親仁橋とも書かれ、堀江町三丁目と四丁目の間から堀江六軒町(芳町)へ渡る橋で、元吉原(のちの新和泉町、高砂町の辺り)を開いた庄司甚右衛門が架けたとされる。その甚右衛門が親父と呼ばれていたのにちなんで「おやじ橋」と呼ばれるようになったという。

　親父橋は、寛文2年(1662)に町並が整備されるのに合わせて場所を変えて架け換えられたときに出銀のルールや日常管理の分担も決められた。同時期に浜町堀に小川橋と入江橋が3人の町年寄が担当して架けられたが、これらの出銀のルー

ルも決められている。このときの架橋は、明暦の大火以降の市街地拡張策に伴って大川沿いに新しい武家町などを開発するための基盤作りの一環であったと考えられる。

　この架け換え工事に当たっては入札が行われており、町年寄の奈良屋役所へ行き、注文書を見て入札するように町触が出されている。

　費用負担のルールは、当時の町奉行、渡邊（大隈守）綱貞によって定められた。町人町21町（のちには25町）が四分、武家屋敷が六分の割合で持ち、各町へは町の間口に応じて割り付けられた。したがって各家にも家持の間口の広さによって負担が決められたと考えられる。武家屋敷には各邸の知行高に応じて負担額が決められた。また、小規模な補修については、橋の日常管理が義務付けられている堀江町三丁目、四丁目、堀江六軒町の3町が立て替えておき、大きな工事があるときに清算されることになっていた。

　その後、貞享4年(1687)、宝永2年(1705)、正徳3年(1713)に修復工事があり、当初のルールで出銀された。そして、享保17年(1732)には親父橋の老朽化が進み、架け換えを行う必要が生じた。

　橋の管理を行っている3町より架け換え工事の提案がなされたが、武家屋敷では、地所の入れ替わりもかなりあって新規の屋敷も多く、先規のルールもわからないというので、3町では詳細な記録や割付帳面などを見せて説明したが、町人方の記録だけでは証拠にならないとして出銀を断られた。そこで町人方では町奉行の大岡（越前守）忠相へ訴訟を起こした。

　奉行はその吟味を町年寄の1人、奈良屋市右衛門に命じ、たびたびの尋問の結果、翌年の1月13日に奉行所で町方の訴えどおりにするとの申し渡しがあった。そして普請の判断も管理責任を負う3町が行ってもよいとされた。

　しかし、武家方から、親父橋は町方管理の橋であるから今回の架け換えからは、武家方四分、町方六分とし、小補修の費用は負担しないという書付が出された。これに対して町方では近隣の橋の例や詳細な絵図などを提出して、再び町奉行に訴えた。その結果、享保18年4月28日に新規架け換え、修復も武家方六分、町方四分とする旨申し渡された。こうして武家屋敷の寄り合いの席において、町方に対してすべて前例のようにするとの返事があった。この騒動に懲りた町方では、仔細を記録した書類を作り、3人の町年寄が署名、奥印した上で、奉行所をはじめ、町年寄役所にも保存することになった[1],[2]。

　費用負担をした町は、範囲は変わらないが25町に増えていた。親父橋より都心

側は橋元の堀江町三丁目、四丁目の2町のみで、ほかはすべて橋より東側の町々であった。また、武家屋敷は、現在の日本橋浜町二、三丁目、日本橋蛎殻町二丁目辺りにあった大名や旗本の屋敷であった。それを地図上に表したのが図 6-1 である。地図は『江戸城下変遷絵図集第六巻』[4]にある享保年間の地図などを使って作成したが、大名、旗本の名前が一致しないものもあり、範囲を確定することはできなかった。武家屋敷の変遷はめまぐるしく、その変化を追うのは難しい。当時この地域に大規模な屋敷を構えていた主な大名は、美濃郡上藩などの青山氏、越前大野藩をはじめ3藩の土井氏、上野館林藩秋元氏、常陸麻生藩新庄氏、若狭小浜藩酒井氏、下総関宿藩牧野氏などで、旗本屋敷を加えると38軒が出銀の対象であった。

親父橋は江戸城や江戸中心部へ行く道筋に当たっており、橋があるためにより利益を受ける町や武家屋敷が負担したことは、合理的であった。ただ大坂の町橋の負担で見られるように橋に近い町ほど負担率が高くなるようにした傾斜負担の考え方は取り入れられていない。

親父橋は、享和元年(1801)にも架け換えが行われており、その記録がある[3]。この記録から、享保18年以降、寛延2年(1749)に架け換えがあり、有料の仮橋が架けられたこと、宝暦10年(1760)2月に類焼し、急きょ船渡とし、のちに有料の仮橋を架けて修復工事を行ったこと、天明6年(1786)にも類焼し、有料船渡が認可されたことなどがわかる。

享和元年の工事は、老朽化に伴うもので、橋の日常管理を任されていた堀江三丁目、四丁目と堀江六軒町の月行事が相談して、橋杭、高欄、敷板が朽損しているので掛け直しをしたい。同時に東西の橋台や石垣の修復を行うとして奉行所の許可を求めている。なお工事中の60日間は幅2間(3.6m)の仮橋を架け、渡賃は取らない。

当時の橋の規模は橋長14間(25.5m)、幅員3間1尺(5.8m)で、このときの工事落札額は207両余であったから坪単価は4.6両となり、かなり規模の大きな修復工事が行われたと考えられる。

そして工事費を武家方六分町方四分として、橋元行事方から集金することを武家屋敷の年番にも通知したが、なんらの異論も出ず、すんなり了承されている。このとき対象とされた大名、旗本は41名であったが、享保18年の件があったので、事前に十分相談して仕様注文を取り決め、入札に際しては武家方の年番と町方の月行事が立ち会って落札金を確かめるなど十分慎重に事を運んでいる。そし

図 6-1　親父橋普請入用出銀範囲(『江戸城下変遷絵図集第六巻』[4] より作成)

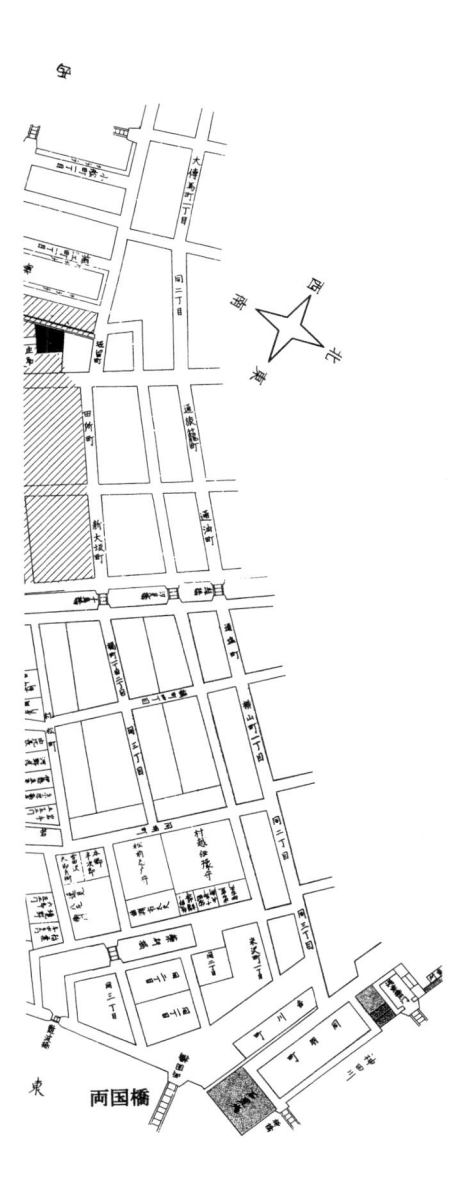

て本橋の通行止めが60日に及ぶためその間、近傍の商人の商売に差し支えるので仮橋を架けるが、その費用は商人負担として武家方には負担を求めないとしている。

5月14日に橋元三町の月行事から奉行所の担当与力に申請書が提出されているが、事前の根回しが行われていたはずである。翌日には奉行所担当者による見分があり、19日には武家方年番から支障のない旨の回答が寄せられている。

6月12日に仮橋が完成し、13日には担当役人の見分があり、杭の根入や舗板の傷みなどを検査して、14日には本橋を締め切って工事を開始している。

本橋工事は8月20日に完成し、翌日には奉行所の検査を受けたが、当初は釘や鎹(かすがい)(鐵)の締まりが進行するので、往来開始より30日間は御用の車以外の一般の車の通行を禁止する処置がとられている。

親父橋の普請に対する費用負担は、幕末まで変化はなかった。安政2年(1855)3月に小網町辺りから出火した火事で焼失したときにも同様の方法で修復工事を行っている。

明治になっても公共施設を直ちに国や地方庁が管理することにはならず、組合橋維持の基本的な制度は存続した。しかし、大名や旗本の身分がなくなり、費用を負担していたシステムの

一部が崩壊した。明治3年(1870)には橋が大破し、車馬の通行も覚束なくなって橋を管理する3町では急いで修復工事を行った[6]。

その分担については町方の四分は従来どおり各町(このときは23町)にその間口に応じて割り付けられた。武家屋敷の負担分六分については対象となっていた屋敷地を引き継いだ諸省、県庁藩邸官員の邸宅などに差別なく、坪数割で割り当てられることになった。このように明治の初期には組合橋の制度は存続されたが、負担システムは変更を余儀なくされた。

2．小川橋の費用分担

親父橋の通りをまっすぐ東行した所の浜町堀に架けられた小川橋も親父橋と同じ考え方で維持管理が行われていた。小川橋は寛文2年(1662)に新しく架けられ、架け換えや修復の判断や日常の管理は難波町(浪花町)が行い、工事費用の分担は橋の西側の11町に四分、浜町側の最寄の武家屋敷に六分で割り当てられることになっていた。そして町方への割り当ては間口に応じて行われ、武家方へは知行高に応じて割り当てられることになっていた。また、小規模な修理が行われたときは、その費用を難波町と住吉町が立て替えておき、大規模な工事が行われたときに合わせて回収された[6]。

明治初年の資料により江戸時代の組合の範囲を推定すると図6-2のようになる。明治になって町方の堀江六軒町と甚左衛門町が新葭町になり、堺町横町などが芳町になっているが、その時点で11町が対象であった。また、浜町(浜町が正式町名となるのは明治5年)の武家屋敷では、肥後熊本藩細川氏、常陸笠間藩牧野氏、陸奥弘前藩津軽氏、常陸麻生藩新庄氏、上野館林藩秋元氏など、18の大名や旗本屋敷が対象になっていた。

明治4年に小川橋は大破し、往来が危険になったので架け換えの申請がなされた。東京府はこれを許可し、費用を従来どおりの組合からの出金でまかなおうとしたが、武家地ではかなりの持主が変わり、石高による割付ができなくなっていたため面積割として、敷地を引き継いだ役所や会社、個人の区別なく一定の負担を求めた。このように公共施設としての橋を管理する新制度が定着するまでの間は、旧制度がそのまま残され、各橋の近傍の土地所有者などに負担を強いることになった。

この2橋の組合の範囲には浜町堀に高砂橋、組合橋などが架けられており、浜

6章 組合橋(町橋)の維持管理　83

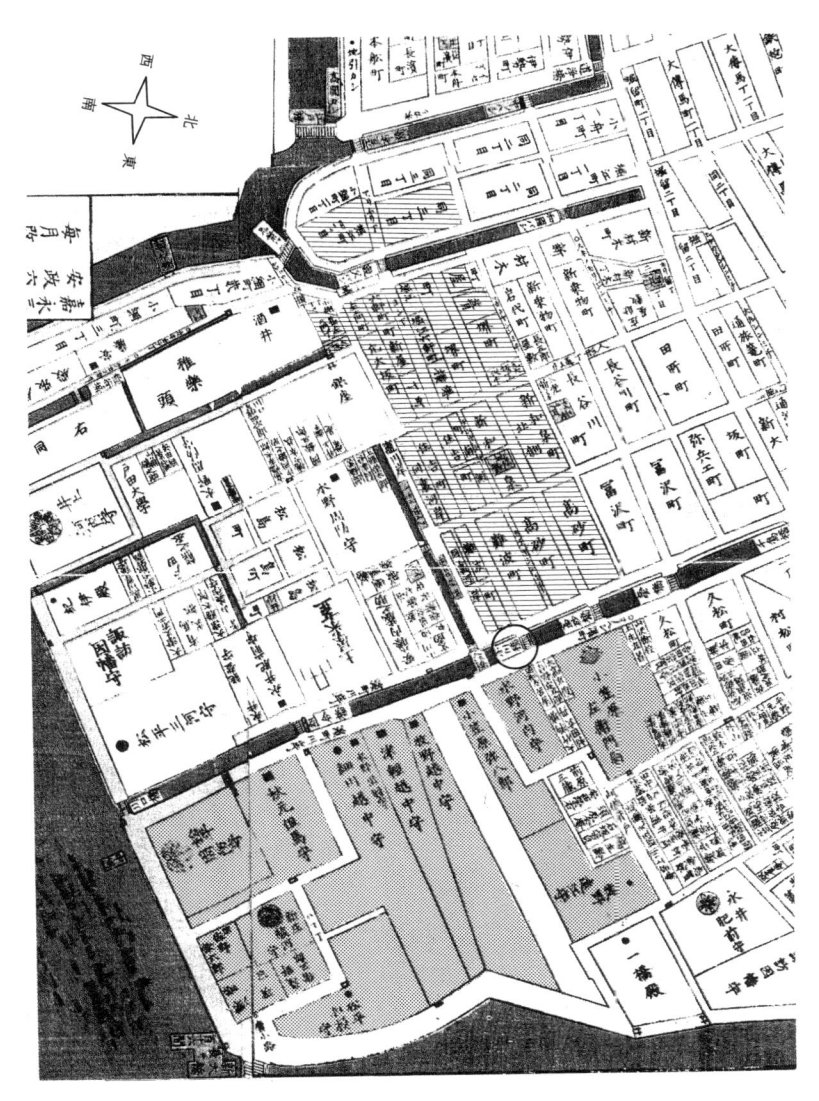

▨ ：出銀町々範囲

■ ：出銀武家屋敷範囲

図 6-2　小川橋普請入用出銀範囲（「切絵図「日本橋北神田浜町絵図」より作成）

町堀から分岐した入堀の口には小川橋と同時に架けられた入江橋があった。これらの橋は、その範囲は少し違っていたかもしれないが、橋近傍の町や武家屋敷が組合を作って管理していたはずで、上記二橋の組合町や武家屋敷が5～6橋の維持管理費を負担していたことは容易に想像がつく。

3．大鋸町下槇町間中橋の組合町

　日本橋を基点とした東海道が最初に渡った中橋は、江戸城外堀と楓川を結ぶ運河（紅葉川）に架けられていたが、江戸城の建設が一段落した正保年間（1640年代）に運河の西半分が埋め立てられ、中橋も撤去されて跡地は中橋広小路と呼ばれた火除地となった。残された東の堀に架かっていた橋は、橋長7間（12.6m）、幅2間（3.6m）の規模を持ち、南北の通りに沿った町々の出費によって維持されていた[9]。費用を負担した町は北側が10町と2屋敷、南側が5町と1屋敷で北の方が多い。この理由はわからないが、道筋にある次の橋の負担率との関連があったと想像される。

　享保2年（1717）に行われた修復工事の際に、橋の管理責任を分担する組合町にその費用を割り付けた記録があり[7]、組合町の範囲や分担方法がわかる。費用を負担した町の範囲を示したのが**図 6-3**である。このときの工事費は金56両2分・銀5匁、坪単価は4両ほどで、かなり規模の大きな補修工事が行われたのであろう。

　各町への割付方法については「大鋸町と下槇町は5割増、他の町へは5割引で勘定する」とあるが、内容は少し違っている。各町への割付計算を逆算してみると次のようになる。まず全工事金額を1.5倍して全町の間口比で橋元の大鋸町と下槇町へ割り付ける。その残りの額を他の町の間口比で割り付けている。それを数式で表すと、橋元両町へは、全工事費をA、橋元両町の間口の合計をa、他の町の間口計をbとすると、

　$1.5A \times a/(a+b)$ の金額が割り付けられ、間口当たりの額、すなわち小間銀は$1.5A/(a+b)$となる。そして他の町の小間銀は$A(1-1.5a/(a+b))/b$となる。

　この計算法で参考文献7）の割付を検証してみたのが**表 6-1**である。これを見ると3～4桁は正確に計算されており、正木町の値は表記ミスである可能性が高いことがわかる。

　この文書では、今後はこの度の取り決めの通り運用するとして各町の名主、月

6章　組合橋(町橋)の維持管理　85

図6-3　大鋸町下槇町間中橋入用金割付範囲図(『江戸城下変遷絵図集第六巻 p.143、第七巻 p.5』[4],[5] より作成)

表 6-1 大鋸町下横町間中橋 工事費用分担表：享保 2 年(1717)より作成
( )内は著者による詳細計算

	北ノ方				南ノ方		
町 名	間口幅	間当り単価	負担金額	町 名	間口幅	間当り単価	負担金額
下横町	80間	5匁1分2厘3毛 (5.1027匁)	6両3分・3匁1分9厘 (6両2分・3.22匁)	大鋸町	85間	5匁1分2厘3毛 (5.1027匁)	7両・13匁7分 (7両・13.73匁)
岩倉町	18間	3匁6厘2毛 (3.0649匁)	3分・10匁2分 (3分・10.17匁)	狩野永叔屋敷	16間	3匁6厘2毛 (3.14352匁)	3分・4匁5厘 (3分・4.04匁)
福嶋町	29間	以下同じ	1両1分・13匁9分 (1両1分・13.88匁)	正木町	24間4尺	以下同じ	1両3分・6分一 (注) (1両1分・0.60匁)
猫屋町	80間		4両・5匁2分 (4両・5.19匁)	南鞘町	86間半		4両1分・10匁1分5厘 (4両1分・10.11匁)
樽正町	92間2尺		4両2分・13匁 (4両3分・12.99匁)	南塗師町	86間半		4両1分・10匁1分5厘 (4両1分・10.11匁)
新右衛門町	78間半		4両・6分5厘 (4両・0.60匁)	松川町	51間		2両2分・6匁1分5厘 (2両2分・6.31匁)
小松町	30間		1両2分・1匁9分5厘 (1両2分・1.95匁)	(小計)	349間4尺		21両・14匁8分 (20両2分・14.90匁)
久志本屋敷	20間		1両・1匁3分 (1両・1.30匁)				
平松町	80間		4両・5匁2分 (4両・5.19匁)				
佐内町	94間		4両3分・3匁5分5厘 (4両3分・3.10匁)				
音羽町	26間半		1両1分・6匁2分5厘 (1両1分・6.22匁)				
樽屋敷	20間		1両・1匁3分 (1両・1.30匁)				
(小計)	648間2尺		35両3分・5匁6分9厘 (35両3分・5.10匁)	(合計)	998間		57両・5匁4分9厘 (56両2分・5匁)

(注) 正木町の値が1両1分・6分の誤記違いとすると、合計の誤差はほとんどなくなる。

行事が連判している。また「共外入用」は大鋸町と下槇町にて勤めること、つまり、日常の清掃や橋にまつわるトラブルなどの処理は両町で行うとし、小さな補修も両町の負担とされている。

　このルールはその後長く引き継がれたと考えられる。寛政2年(1790)5月付の「大鋸町中之橋新規掛立諸入用」[8]という文書があるが、これは南鞘町と南塗師町の両町内へ工事費負担を割り付けた取り決めで、各町への割付は享保2年と同じ計算方法で行われている。

　このときの全工事費は金68両2朱と銀2分4厘、銀換算では4貫87匁7分4厘で、これらを5割増して間口割で橋元両町に割り付けている。この時点では大鋸町は102間と広くなっていたと考えられ、割付金額は5桁まで正確に計算されていたことになる。

　南鞘町と南塗師町は縁が深かったためか、たまたま同じ間口であったからかはわからないが、共同で出金している。工事費の割付合計が銀629匁2厘8毛で、「普請中立合入用」の銭1貫824文を加えて銀換算にして647匁6分7厘8毛となった。このうち4分の1が四つ角の4軒に割り付けられ、1軒当り銀40匁4分8厘という比較的大きな負担をしている。残りは間口割で各家持に割り当てられたはずである。

　これらの資料からは、日常の維持管理は橋詰両町が責任を持ち、簡単な修復工事は両町の負担で行われていたこともわかる。大規模な工事の費用は大坂の町橋と同様に橋筋の町々が負担し、橋元町に大きな負担が義務づけられていたが、大坂の心斎橋や戎橋の割方帳で見られたように[10]橋からの距離に応じた逓減はされていない。また上記の両町では四つ角に大きな負担が課せられていたが、ほかの町でも同じようなルールがあったかもしれない。

　この中橋が架かる堀は安永年間(1775年ころ)に一部が埋め立てられたが、天保14年(1843)にはそのほとんどが埋め立てられ、地図上から姿を消すことになった。

　この橋のほかにも、楓川に架かる松幡橋も近隣の町々で維持されていたことがわかる[9]。組合橋の調査に対する報告には、この橋は橋長8間(14.4m)、幅9尺(2.7m)で、古来より松屋町、因幡町、鈴木町、そして南伝馬町二丁目と三丁目の角屋敷で維持してきたとある。橋名の由来は、松屋町と因幡町の間にあることによるとされるが、なぜか橋の西詰に当たる材木町七丁目が除かれている。この町には何か別の負担が課せられていたためであろう。

4．柳橋の管理の変遷

　神田川が隅田川に合流するすぐ手前に架かる柳橋は、主として橋北側の近傍の町々によって維持される町橋であった。この橋が初めて架けられたのは元禄11年(1698)12月27日であるとされる。元は渡船であったところに北側、すなわち浅草側の下平右衛門町から元禄10年(1697)11月に当時の南町奉行松平喜広に対して架橋の申請がなされた。そしてようやく翌11年の11月2日に町年寄に対して許可が下ろされた。11月18日に工事にかかり約40日で完成した。橋の規模は15間(約27.3m)、幅3間(5.5m)で、完成時には町奉行の見分があり、渡り初めが行われた。

　当初は川口橋などと呼ばれたが、神田川沿いの柳原堤にちなんで柳橋という名前が定着したと思われる。橋周辺には多くの船宿が立ち、新吉原や向島へ通う猪牙船や隅田川での舟遊びの船の基地となった。また花街が形成されるようになり、明治になっても繁栄した。

　架橋費用は下平右衛門町1町が負担したと考えられるが、当時その北側に屋敷を構えていた松平市正から材木代として金子が町内へ贈られ、享保元年(1716)の架け換えのときにも金子が贈られたとされる[11]。この松平氏は市正に叙された豊後杵築藩の藩主松平英親を指すと思われるが、元禄11年当時はすでに代が変わり、志摩守重栄が主であった。また享保元年時点では市正親純が藩主であった。

　享保3年(1718)12月の大火で神田川沿岸部も広く類焼し、橋も被害を受けた。この直後、神田川沿いに火除地が設定され、下平右衛門町は旧地を召し上げられ、その北にあった杵築藩松平氏上屋敷跡の一画に代地が与えられた。さらに浅草橋御門の北側を広小路にするため茅町一丁目の一部が召し上げられ、またそれに続く日光街道沿いの火除地を拡大するために御蔵前片町、森田町も同様に召し上げられて、それぞれに松平氏屋敷跡が代地として与えられた[12]。

　これによって柳橋は4町の組合橋とされ、架け換え、修復があったときは共同出費することになったが、金額の比率は下平右衛門町が60％、ほかの3町からは40％と決められた。また橋に関する要望などは下平右衛門町が引き受けるものとされた。そして、享保4年に新しい橋が完成したが、この橋は橋長14間、幅2間で、以前より一回り小さくなった。

　元文元年(1736)6月に架け換えが行われたとき、橋南側の下柳原同朋町などにも負担を求めたいとする訴えが当時の町奉行大岡忠相へ出された。同朋町側では

地代の上納金に加えて橋への出銀は迷惑であると反論したが、話し合いの結果、架け換えのときに限って工事金額にかかわらず計5両を出すことで合意された。その内訳は上納金の2両を割き、ほかに3両を加えて5両にするというものであった。これも大岡裁きの一つであろうか。

その後10数年の割合で架け換え、大修復が行われたが、天明6年(1786)に新たな問題が持ち上がった。7月の神田川出水のとき柳橋が危険になったので、茅町一丁目代地以下3町に水防人足の出動を要請したが、応じなかった。そのほか諸入用の負担を求めたが、3町は、その年の正月には下平右衛門町に元地の利用が認められて町の間口が広くなったにもかかわらず、負担率が従来の4：6では納得できない、2：8にすべきであると主張した。このため下平右衛門町の月行事は町奉行に訴え出たが、その後の4町による話し合いの結果、3：7にすることで合意ができ、吟味の訴えを取り下げた[11]。その後は幕末まで町の変化は少なく、この負担率にも変化はなかったと考えられる。柳橋周辺の町の変化を図 **6-4** に示した。

柳橋は天明8年(1788)に架け換えられたが、享和元年(1801)には朽損し、新規架け換えが必要になった。そして本橋普請中には仮橋を架けて有料としたいとする申請が、浅草平右衛門町の月行事から町奉行へ提出された。仮橋の規模は幅9尺、長18間1尺で、杭3本建7通とし、行桁は4通、鋪板高欄とも高く仕上げる。そして馬駕籠とも通し、武士方を除き一人1銭ずつ渡銭を取る。工事中は本橋前後で〆切矢来を設けて晴天時60日で仕上げるとしている。

町奉行根岸鎮衛は町年寄喜多村彦右衛門と樽与左衛門に対して有料仮橋の先例を問うたが、町年寄からは、寛政の改革時に仮橋から渡銭を取らないとする町触などがあったとする書留はない。寛政3年(1791)に今川橋の架け換えがあり、その時の町奉行初鹿野信興は、仮橋の渡銭徴収は認めるが、受取状況を担当同心に見回らせ、日々の渡銭高を書上げ、町々の月行事もチェックして、仮橋の入用高に達したら、それ以降は無料にするよう指示した。また、小船町より本船町へ渡る荒和布橋(あらめばし)が寛政10年(1798)に架け換えられたときには、先例によって100日間一人1銭ずつの渡銭徴収が認められた。町方が管理している町橋の中には仮橋を無料にしている町もあり、先例によっても判断が変わると回答があった。

これらの返答をもとにして町奉行は老中にも伺いを立てたのち、柳橋普請中の仮橋を有料にすることを60日に限って認める決定をしている[13]。

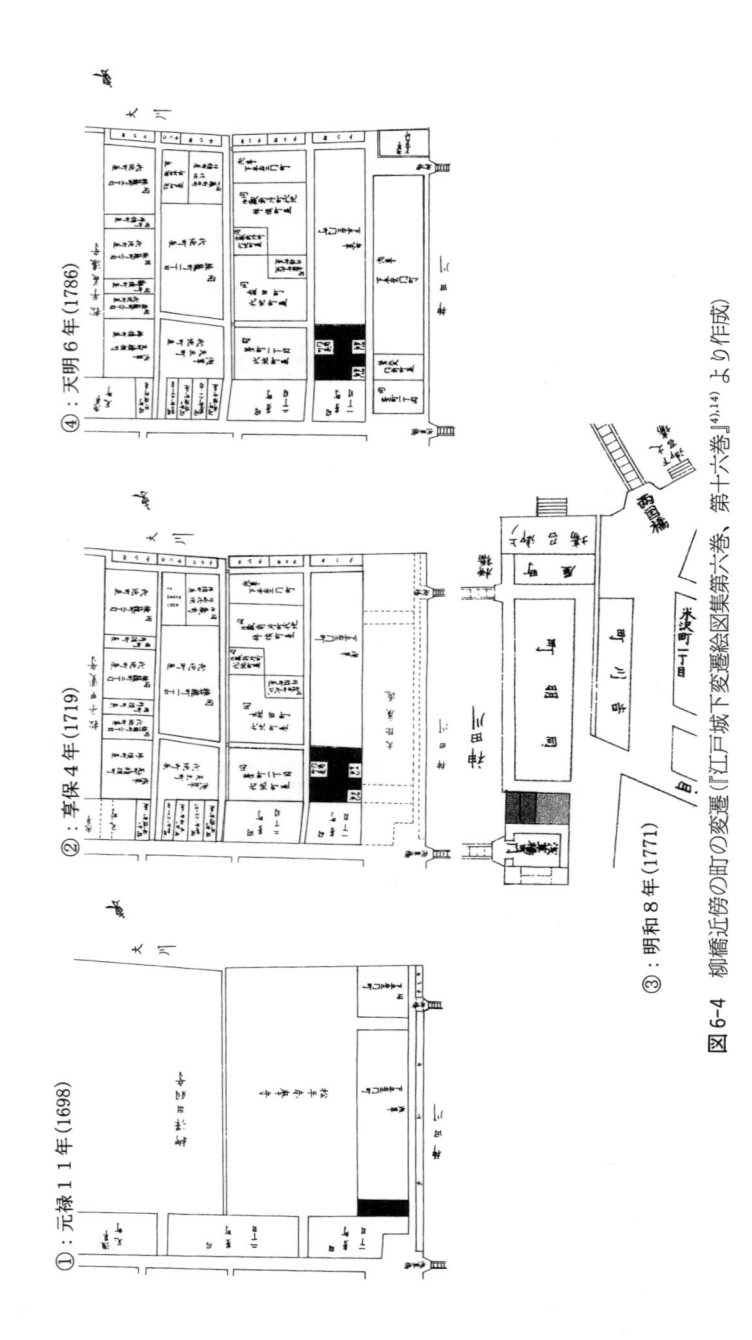

図 6-4 柳橋近傍の町の変遷(『江戸城下変遷絵図集第六巻、第十六巻』[4],[14] より作成)

5．その他の組合橋

　上記の橋のほかにも橋管理の組合町の範囲がわかる例として、東海道が江戸城外堀の南端部を渡る新橋の一つ西側の芝口難波橋、および江戸橋のすぐ下流から北へ掘られた伊勢町堀（のち西堀留川）に架かり、伊勢町と小船町を結ぶ中ノ橋の二つを取り上げる。

　芝口難波橋は元々、近傍の9町で管理する組合橋であったが、宝永7年(1710)には幕府によって橋普請が行われた。享保9年(1724)に類焼し、その修復を要望したところ、逆に町奉行から以前のように組合によって工事をするように申し付けられ、同年に工事が行われた。組合町は橋筋に限られ、北側は橋詰の山王町と南大坂町から彌左衛門町までの8町であったが、南側は芝口一丁目の1町のみで[16]、変則的であった。これはこの町より南側は武家屋敷が連なっており、武家町への負担要請を遠慮したためであると考えられる。

　参考文献17)において伊勢町と下船町の間に架かる橋とされている橋は、下船町という町が見当たらないことから小船町の誤りで、伊勢町堀の中ノ橋のことであると考えられる。

　この橋は橋長12間(21.8m)、幅2間(3.6m)の規模を持つ。橋の組合町として本両替町、北鞘町、品川町、同裏河岸、室町一丁目、同二丁目、駿河町、安針町、本小田原町一丁目、同二丁目、瀬戸物町、伊勢町の12町が上げられている[17,18]。これらは東北を伊勢町堀、西南を日本橋川によって区切られた地域に限定されており、また、武家屋敷の負担は求められていなかった。組合町のうち、伊勢町と瀬戸物町はそれぞれが一つずつほかの橋を管理しているため、中ノ橋に対する負担はほかの町の半額にすると決められていた。

　伊勢町は道浄橋という橋長4間の橋を管理しており[17]、瀬戸物町は地図上から判断して雲母橋を管理していたと考えられる（図6-5、図6-6 参照）。そして、通常なら費用負担をすべき東橋詰の小船町や西側の町でも橋に比較的近い本船町や長濱町が入っていない。これらの町は、ほかの橋、例えば伊勢町堀の分岐点に架けられた荒布橋などの管理義務を負っていたために中ノ橋の費用を負担しなくてもよいことになっていたとの推定が成り立つ。

○ : 中ノ橋　△ : 道浄橋　□ : 雲母橋

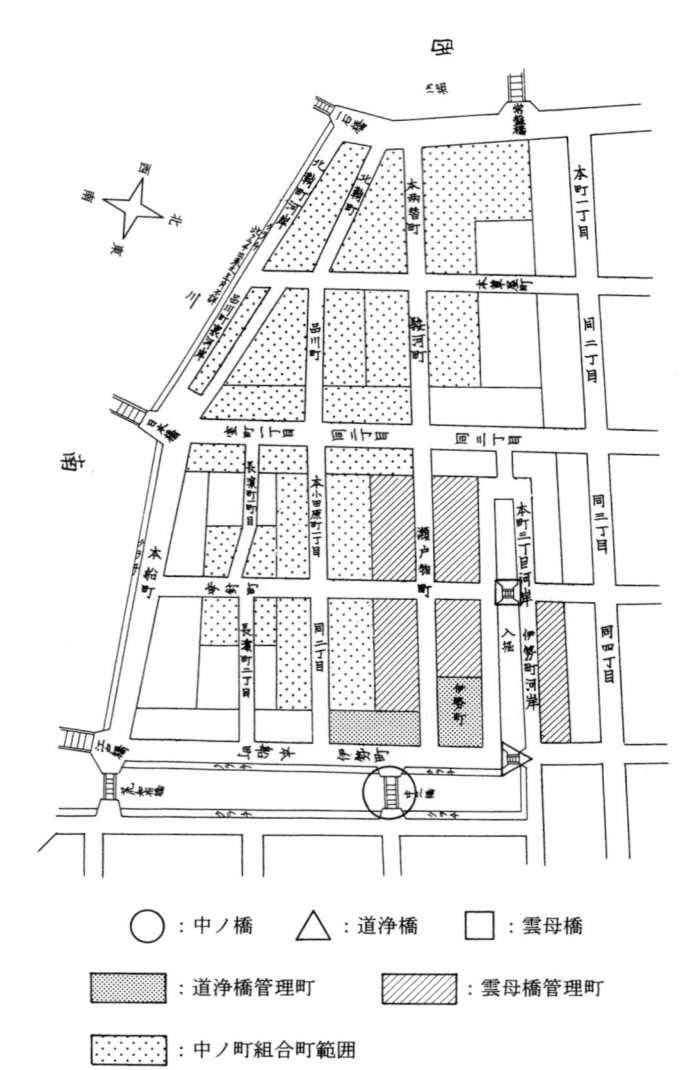

▨ : 道浄橋管理町　▨ : 雲母橋管理町

⋯ : 中ノ町組合町範囲

図6-5　伊勢町堀の橋の組合町々範囲(『江戸城下変遷絵図集第六巻』[15]より作成)

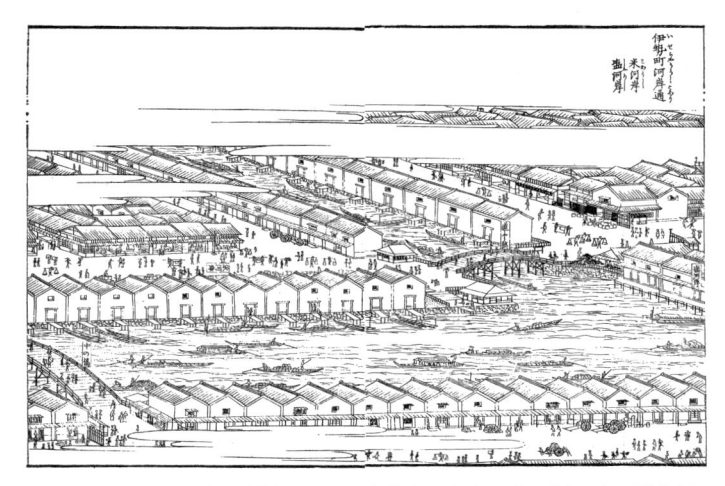

図6-6　伊勢町河岸通(『江戸名所図会巻之一』) 左:中の橋、右:道浄橋

6．江戸時代の組合橋

　以上のように組合橋の運営に関しては、橋の立地や架橋の経緯、周辺の町々の性格によって組合の範囲や管理費の負担方法や分担率などが大きく異なっており、江戸時代を通じての一定のルールを見つけることは難しい。総じて言えば、橋元町に日常管理義務や工事費の比較的大きな負担など、橋があることによって利益を受ける程度の大きい町や大名屋敷の負担が大きくなるのは当然で、その傾向は読み取れる。

　親父橋や小川橋の例から、浜町周辺の運河の橋では、町の開発の経緯から武家屋敷への分担率が高くなったと考えられるが、特異である。一般的には、武家屋敷の多い地域では、江戸城周辺や本所地区のように幕府が工事費を負担する公儀橋が多い。また、武家町と町人町が近接した地域では武家の負担は除かれ、町人町の負担となる場合が多かったし、幕府の財政状況からかつて公儀橋であった橋もかなりの橋が町管理に切り替えられた。ただ地域によって武家屋敷の分担の差がどうして生じたのか、その理由を明らかにはできなかった。

　各町から組合への工事分担金の出銀が滞ることがあったらしく、天明9年(1789)に老中牧野貞長から町奉行へ、さらに町年寄から年番名主へ、そして対象の武家屋敷へ組合による道造り、橋普請、上水樋枡修復などの組合への出銀が遅

滞することのないようにし、また組合辻番所への費用負担も等閑にしないよう通達が出されている[19]。

　組合町の範囲は架橋の経緯によって異なり、30町に及ぶ場合もあったが、一般的にはそれほど広くはなく、10町ほどの場合が多かったようで、架け換え時の町の負担はかなり大きかった。このため管理の橋ができるだけ重複しないように、町奉行所などで調整されていたと推測される。ただ、その実例を示すことはできていない。

　組合橋への費用分担は、町の間口の広さによって決められる場合が多かったが、大坂の町橋で見られるように、橋に近い町ほど負担率を高くしたという例は見られない。橋詰の町の負担が大きかった例もあり、道の交差部に面した四つ角屋敷が大きな負担をした例も見られ、商売に有利な立地が考慮されていたのは注目される。

　各町への負担は町々の話し合いによって自主的に決められた例も多かったと思われる。しかし自由にまかされると町人町、武家町混在地域では、町人の負担が大きくなりがちで、そのような場合には、町奉行によるいわゆる行政指導が強く働いたと考えられる。親父橋の例のように武家屋敷側からの負担軽減の要求に対しても町奉行は既得権の保護を明確に示しており、町人側を保護している。また、各地域の町年寄は町橋の点検、工事の入札、問題点の調整など町奉行の代行として、果たす役割は大きかった。

　柳橋のように幕府の町づくりの方針の変化や周辺の町の発展に伴って橋を利用する町の範囲が変化すると、橋を管理する町では受益者に対して応分の負担を求めた。しかしその決着には時間がかかり、奉行所など町政担当者の裁定が必要となる場合も多かったようである。

　そして明治に入ると、武家が身分を失い、負担する対象者がいなくなっているにもかかわらず地方の財政上の変革が間に合わず、組合橋の制度はしばらくの間存続された。

7．目黒の太鼓橋

　江戸にも石造アーチ橋があった。庭園橋では寛文年間（1670年ころ）に水戸藩・後楽園の円月橋が架けられたと考えられているが、一般の道に架けられた橋としては、現在の目黒区下目黒にある行人坂下の目黒川を渡る橋が最初で、唯一のも

図 6-7 太鼓橋（『江戸名所図会巻之三』）

のである。

　この橋は本名を一円相唐橋といい、『江戸名所図会巻之三』（図 6-7）では「柱を用いず、両岸から石を畳み出して橋を作っている。横から眺めると太鼓の胴に似ている」と説明されている。『名所図会』の挿絵や広重が画いた『名所江戸百景』のうちの「目黒太鼓橋夕日の図」から見ても石造アーチ橋に間違いない。

　目黒は当時、御府内の外であったし、幕府が費用を持つ御入用橋ではなかったから、当然民間人が費用を持って架け、維持管理が行われていた。したがって記録も十分ではなく、この橋の創架年代や架設者についてはいろいろな説があって定めにくい。

　『再校江戸砂子』（明和9年(1772)刊）では「享保の末、木食某が願主となって架けた」とあり、1730年代の創架とされる。『新編武蔵風土記稿』（文政11年(1828)刊）では「延享年中(1744～48)、回国の僧が九州でこの形式の橋を見て、その制作法にならって作ったのであろう。欄干が出来ていなかったので後の人が引き継いで作り、宝暦14年(1764)から明和6年(1769)に至ってやっと完成した。それに参加した人々の名が刻まれた碑が橋下に立っている」とある。

　そして幕末に編まれた『府内備考』では「長8間3尺、幅2間。宝永年□(1704～11)にいずれの僧か不明だが、西蓮という者がこの橋を建立したと伝えられる。橋際に石碑が1基あるが、橋供養仏で、そこには北八丁堀岡崎町の施主森田屋茂兵衛、鉄炮洲屋敷御詠歌講万人講中、但し碑の裏に宝暦14年(1764)5月よ

り明和6年(1769)納と彫り込まれている。また碑の三方に法名の多数の彫印がある。橋が全て完成した時の碑かどうかは不明である。この橋は一般に太鼓橋と呼ばれているが、本名は一円相唐橋という」と説明されている[20]。

　このように創架年や架設者の名はそれぞれの書物で違っているが、これらから類推してみると、この橋は僧の勧進活動で、長年掛かって架けられたと考えられ、高欄などの仕上げも八丁堀在住の商人や寺院の講の寄進によって成就したのであろう。多くの人の信仰の力がこの橋を架ける原動力になっていたと考えられる。行人坂から太鼓橋を渡る道は、目黒不動への参詣道でもあったから、その信仰活動の一環として架設された可能性は高い。

　江戸時代に架けられた石造アーチ橋は九州一円に限られ、四国、本州ではほとんど架けられなかった。このため石造アーチの技術は秘伝とされ、限られた石工やそれにかかわった藩が外に拡がることを妨げてきたとする説が流布されてきたが、その説には根拠がなく、石橋の技術は広く開かれたものであった[21),22)]。ただ経験がなければ技術の適用は難しかったはずで、技術者が九州から呼び寄せられたと考えられるが、石工をはじめ、支保工を造る大工など大勢の人が来たとは考えにくく、江戸の石工や大工を指導して事に当たったのであろう。

　本州においては社寺の参道や庭園ではいくつかの石造アーチ橋が見られるものの、一般の人が利用できる橋に石造アーチが適用された例はほとんどなく、目黒の太鼓橋が最も早い適用例である。江戸においては長崎に次ぐ早い段階で、石造アーチの後楽園・円月橋が架けられており、江戸の石工の中にもそのような技術の記憶が残存していたのではないかと想像される。

　小規模とはいえ、技術的な背景のない地においてしっかりとした石造アーチが造られたのは、アーチ技術を理解していた指導者と現場作業をこなした職人、そしてその活動を財政的に支えた人々がいて、はじめて可能になった事業であったと言える。

　太鼓橋は、明治9年の『東京市統計書』では長6間5尺(12.4m)、幅2間2尺(4.2m)とあり、上記の文献の数字とはかなり違っているが、長さがどの寸法を指しているのかはよくわからない。この珍しい石橋は、大正9年(1920)9月の洪水で流されてしまい、現在では見ることができない。

参考文献
1)　『東京市史稿橋梁編第一』p.235

2) 『東京市史稿産業編第十四』pp.8〜17、昭和45年3月
3) 『東京市史稿産業編第四四』pp.446〜461、平成13年3月
4) 朝倉治彦監修『江戸城下変遷絵図集第六巻』p.61,79,81,97,121、1985年12月
5) 『同　第七巻』p.5、1986年1月
6) 『東京市史稿市街編第五一』pp.743〜758、昭和36年11月
7) 『東京市史稿橋梁篇第一』pp.541〜545
8) 『東京市史稿市街編第三〇』pp.716〜718、昭和13年3月
9) 『東京市史稿産業篇第一八』pp.362〜364、昭和49年3月
10) 松村博『大阪の橋』pp220〜224,249〜255、1987年5月
11) 林陸朗編『浅草町方書上－浅草(上)』pp.49〜53、昭和62年9月
12) 『東京都の地名』pp.589〜590、平成12年7月
13) 『東京市史稿産業篇第四四』pp.515〜523
14) 朝倉治彦監修『江戸城下変遷絵図集第十六巻』p.85,91,99、1986年10月
15) 『同第六巻』p.49、1985年12月
16) 『東京市史稿橋梁編第一』p.659
17) 『東京市史稿橋梁編第一』p.558
18) 石川悌二『東京の橋』p.139、昭和52年6月：ただし、この文献では橋の位置を誤っている。
19) 『東京市史稿産業篇第三二』pp.621〜622
20) 『東京市史稿橋梁篇第一』pp.485〜486
21) 松村博「橋の日本史試論」『土木史研究第19号』1999年6月
22) 松村博「民間人が架けた石造アーチ」『CE建設業界 vol.54』2005年4月

7章　御入用橋管理の推移

1．御入用橋の日常監視

　江戸の御入用橋の日常管理は町奉行の所管であったが、後述のように橋の管理を専門に所掌する与力のポスト、定橋掛が作られたのは寛政2～3年(1790～1791)のことである。それ以前にはどの分野の役人が担当していたのか詳しいことはわからない。

　御入用橋の日常の監視と清掃は、基本的には近傍の町々に命じられていた。しかしその実務は、橋詰で営業を許された髪結床が行う場合が多かった。火災の際、橋への延焼を防ぐために橋詰での小屋掛けは原則的に禁止されていたが、場所によっては髪結床番屋の設置が認められ、日頃の監視が可能な髪結床の営業が許可され、橋の掃除を行うことも義務付けられていた。しかしその監視体制がどのように組織化されていたのか十分に見えないところがある。

　そのような髪結職の者に対して、寛永17年(1640)に当時の町奉行神尾元勝、朝倉在重から営業を保障する焼印札が手渡されたとされている。明暦の大火後、髪結職の稼ぎ場所が制限されて混乱もあったが、万治2年(1659)には奉行所に願い出て再び鑑札を受けている[1]。このように古くから髪結床が橋を監視する役割を果たしていた。

　床番屋の設置許可は橋近傍の町に認められる場合が多かったが、その場を借りて髪結床を開いていた職人にも奉行所からお墨付きが与えられていたと考えられる。そして実際の清掃、監視はそれらの髪結職人が行っていたが、別に番人を雇って行っていた場合もあったかもしれない。少なくとも日常は現場の髪結職人が目を光らせていたのであろう。この髪結の小屋を髪結番所(番屋)といった。ただ地形的にそのような番所の設置が難しい場所もあったはずで、そのような橋に対しては兼任の番人が見回っていたと考えられる。

　宝永2年(1705)には各町に対して、橋詰や広小路で営業していた髪結番所を町ごとに把握し、登録制にするよう調査が命じられている[2]。また正徳6年(1716)

には、町の名主や月行事に対して公有地(幕府管理地)で営業している髪結床及び物売小屋の調査が命じられている。それに対して中橋広小路では60年前の万治2年(1659)に髪結床番所が1カ所認められ、水路、橋が埋め立てられてなくなったのちも広小路の掃除や昼夜番を勤めてきたと報告されている。中橋はすでになくなっていたが、明地の監視のために番屋の設置が継続されていたのであろう。また京橋の北側橋詰では、東側で1カ所、西側で2カ所の髪結床番所が認められ、橋の掃除を行い、火事のときには橋際に物を置かないように監視してきたと報告されている[3]。

　それより160年後の文政7年(1824)に京橋が架け換えられたときの現場配置図から北詰で1カ所ずつ、南詰で東側1カ所、西側2カ所の計5軒の髪結床が営業していたことがわかる(図9-1 参照)。

　享保6年(1721)には北八丁堀の三右衛門という商人が、江戸側の橋に関して火事の際御公儀橋の防火のために、橋台近傍で営業している髪結床や商床から地代を請け取って橋火消を組織して事に当たることを願い出て、いったんは認められた。これに対して髪結職たちは、従来から務めてきたように自分たちが橋火消役を続けたいと願い出た。そして今後は高欄の笠木や桁の朽ちた部分に作られた雀や鳩の巣や板裏のこうもりや蜘蛛の巣を取り払うほか、従来は橋杭の朽ち目に火の粉が落ちてそこから燃え出すこともあったが、防火用具を準備してすばやく消火するようにしたい。防火用具として長柄の杓、はしご、水鉄砲、鳶口などをそろえるほか、橋詰に四斗樽を置き、水を汲んで置くことを約束している。そして、危険がせまった橋に対しては、その橋詰の髪結床だけではなく、仲間一同も応援に駆け付け、加勢して防火に努めると訴え、翌享保7年(1722)には髪結床に橋防火の役割が引き続き認められている[4],[5]。

　そして、公儀橋の橋火消の仕組みを提案した三右衛門には、その案が良かったとして時の町奉行大岡忠相から、神田川の柳原和泉橋と新し橋の両側の橋台に9尺四方の商床場所5カ所の利用が認められている[4],[5]。当然両橋の清掃や防火の義務も課せられたはずである。

　享保11年(1726)には町奉行大岡忠相は本所、深川の橋番人を呼び出し、4年前にも申し付けたが橋番人の中に橋の掃除をおろそかにしている者がある、そのようなことがないように証文を差し出すよう命じている。その中で橋の掃除は雨の直後に橋上や地覆の下まで土が溜まらないようにし、毎月2回は洗い掃除をすること、車や臼のような重量物を通させないこと、橋台部に不陸が生じたときは修

繕することなどを改めて確約させている。もし修復間もない橋が損じることがあったときには、その橋を町管理に移したり、番床(髪結及び商床)の権利を取り上げるとしている。このとき証文を提出したのは町の月行事68人と本所方の橋番人33人、深川方の橋番人12人である[6]。本所・深川地区には堀川に架かる御入用橋が本所方25橋、深川方23橋、計48橋、そのほかに割下水(わりげすい)などの小橋40橋が御入用橋であったが、割下水の橋は短い石橋がほとんどで、それほど手間は掛からなかったはずで、単純に割るとおおよそ橋番人一人当り通常の橋1橋の清掃を受け持っていたことになる。

これらの橋番人は実際に橋詰で髪結床など、何らかの商売をしていた人であった可能性は高いが、いくつかの橋をまとめて清掃を専門に請け負っていた人もあったかもしれない。またその権利は橋詰の町々に与えられ、町からその権利を借りて営業していた場合が多かったが、中には奉行所から直接認められることがあったかもしれない。

享保14年(1729)には、町奉行から町年寄を通じて御触が出され、各町の名主に対して町にある御入用橋は町々が世話をするのが原則で、日頃入念に掃除をしておくべきなのにもかかわらず、近頃は清掃などが橋番人任せになっておろそかになっている。ちりほこりがたまると朽損を早めることになるので、名主町人はたびたび橋を見廻り、橋番人に十分申し付けて入念に掃除をするように命じられている[7]。このような町触(まちぶれ)がたびたび出されているのは、この命令がなかなか徹底しなかったことを意味している。

享保19年(1734)になって御入用橋の維持管理が白子屋勘七と菱木屋喜兵衛の二人に一括請負されたことにより、橋火消の業務も請負人の責任になったため、髪結床などの業務が免じられることになった。このため橋台付近で営業していた商人たちは、出火のときには奉行所へ駆け付け、奉行の指示に従って行動することにしたいとする願い書を提出して認められている。その商人の人数は江戸橋で22人、京橋で12人など、計74人となっており、さらに2、3の橋の橋台商人の営業も正式に認められて、仲間に加わっている[8]。

御入用橋の一括請負制が停止された寛政2年(1790)以降は、御入用橋の日常監視や橋防火の業務は元に戻され、橋台付近で営業する髪結床などの義務になったと考えられる。

文政期(1818〜30)の『町方書上』によると、神田川の和泉橋や新し橋では神田側の橋詰に2カ所ずつの床番屋があり[9]、それぞれの橋の監視、清掃を行ってい

たと考えられる。和泉橋と新し橋は享保13年(1728)には近傍の町々の管理になり、和泉橋の方は寛政5年(1793)に御入用橋に復されたと考えられるが(3章3．参照)、新し橋の方は組合橋のままで、組合橋であっても監視のための施設が残されたのであろう。これから類推すると、町々で管理する組合橋でも人通りの多い所では橋監視のために髪結床の営業が認められていた可能性がある。

髪結床番屋は橋詰ばかりではなく、広小路や明地の管理や火消役を果たすために営業権を公認されたものもあり、必ずしも現地の町や商人だけではなく、離れた場所の町人にその権利が与えられたものもあった。時代が下がると、床番屋の営業が利権化していき、それを他人に賃貸して、その賃銭を町費用に充当するのが一般化していったと考えられる。また鑑札を得た商床の人々の権利が他人に譲られる場合もあったはずである。

2．日本橋の構造と管理

(1) 火災による被害

江戸の町がたびたび大火災に見舞われたことは周知のとおりである。その町の中心に位置する日本橋は何度もその被害を被ってきた。**表 7-1** は東京市史稿に収録された記事から拾い上げた日本橋の略年表である。記載のあるものだけでも10回類焼し、その詳しい被害の程度はわからないが、ほとんどの場合焼け落ちて、通行不能におちいっている。

とくに焼失範囲が広かった明暦3年(1657)、天和2年(1682)、明和9年(1772)、文化3年(1806)、文政12年(1829)などの火災時には50～100カ所の橋が類焼しており、江戸の交通に大きな障害を生じさせた。いずれも日本橋が類焼している。そのほか宝暦10年(1760)にも約50橋が類焼した大火があったが[10]、日本橋が焼けた記録はない。ただ、その年に日本橋が修復されており、何らかの被害を受けたのかもしれない。

安政2年(1855)3月には「朝7時頃日本橋の欄干の左側擬宝珠下より出火、すぐに鎮火したが、放火であったという」(『藤岡屋日記』)[11]、幕末になるとこのような奇妙な事件も起こっている。

明暦3年(1657)以降、安政5年(1858)までの間で、正徳6年(1716)から明和9年(1772)の間を除くと、十数年ごとに焼け落ちて、そのつど規模の大きな修復、架け換えが行われており、通常の20年の架け換え周期を上回るペースで修復工事

表7-1 江戸・日本橋略年表

年　代	事　項	文　献
慶長8年(1603)	創架か？	橋梁1-pp.70～71
慶長9年(1604)	日本橋：街道の起点に	橋梁1-p.72
元和4年(1618)	架け換え、長37間4尺、幅4間2尺5寸	橋梁1-p.99
明暦3年(1657)1月	江戸大火、日本橋他焼け落ちる	変災4-p.149
万治元年(1658)9月	架け換え、擬宝珠銘「鋳物御大工　椎名兵庫頭」	橋梁1-p.196
天和2年(1682)12月	江戸大火、日本橋他焼け落ちる。仮橋架設	変災4-pp.369,403 橋梁1-pp.338～342
貞享2年(1685)5月	架け換え入札	橋梁1-pp.352～353
元禄11年(1698)12月	焼失	橋梁1-pp.436～437
元禄12年(1699)7月	架け換え入札。完成は13年、擬宝珠1基作り替え	橋梁1-pp.436～437
正徳元年(1711)12月	焼け落ちる	橋梁1-p.489
正徳2年(1712)7月	修復完成。擬宝珠1基作り替え	＊-p.48
正徳6年(1716)1月	半焼。橋板2～3間、柱4本、高欄5間ほど焼失。馬車通行禁止。焼け残りの橋より2人川へ転落。2月：修復入札、6月：完成	変災4-p.593 橋梁1-pp.517～518
享保8年(1723)3月	架け換え、両川岸築出し、橋少し短くなる	橋梁1-p.643
享保12年(1727)8月	修復開始、10月完成。仮橋、武士を除き1人1銭徴収。	橋梁1-p.739 ＊-pp.49～50
享保17年(1732)9月	修復開始	橋梁1-pp.857～858
元文2年(1737)3月	仮橋完成、往来開始、牛馬は通さず	橋梁2-p.110
延享5年(1748)1月	日本橋朽損、修復につき仮橋架設	橋梁2-p.502
宝暦10年(1760)6月	取繕修復完成	橋梁2-p.677
宝暦12年(1762)7月	架け換え完成、長寿の老人、名主家主等渡り初め	＊-pp.51～52
明和9年(1772)2月	焼け落ちる	橋梁2-pp.744～746
安永3年(1774)2月	新規架け換え、材木一式入札：定雇負人2人が1100両で落札。大工釘その他一式、請負人入用にて仕上げ、工事中は仮橋	＊-pp.52～53
天明4年(1784)7月	架け直し修復	市街29-p.740
寛政8年(1796)	架け換え	＊-p.53
文化3年(1806)3月	焼け落ちる。10月架け換え。長28間、幅4間2尺、橋杭3本8側	変災5-p.210 ＊-p.53
文政5年(1822)6月	架け換え、渡り初め	＊-p.53
文政12年(1829)3月	焼け落ちる。4月3日仮橋完成、長46間、幅2間、費用360両	変災5-pp.429,435
弘化3年(1846)1月	焼け落ちる、12月普請	変災5-p.652 市街42-p.100
安政5年(1858)11月	半焼	変災5-p.839
安政6年(1859)4月	架け換え完成	＊-p.53

(参考)＊：鷹見安二郎『東京市史稿外編　日本橋』昭和63年2月
　　＊＊：西山松之助「火災都市江戸の実体」『江戸町人の研究第五巻』pp.53～61、1978年11月
　　橋梁、変災：『東京市史稿橋梁篇、変災篇』数字は巻番号

が行われていたことになる。後述のように擬宝珠の銘に刻まれた万治元年(1858)、正徳2年(1712)、元禄12年(1699)には架け換えや修復が行われている。

(2) 橋の規模と構造

日本橋は江戸のメインストリートに当たっていたため、幅は当時の橋では最も広く、元和4年(1618)の時点では「大河であるため、川中へ両方から石垣を突き出して架けられた。敷板の上三十七間四尺、広さ四間二尺五寸」(『慶長見聞集』)[12]という規模を持っていたが、幅員4間2尺5寸(8m)が全幅員なのか、有効幅員なのかはわからない。文化3年(1806)の架け換え資料[13]でも4間2尺(7.9m)となっており、ほぼこの幅員が維持されていたものと考えられる。京橋が同じ4間2寸の幅員を持ち、これは全幅員で、有効幅員は3間4尺5寸(6.8m)であったこと[14]や両国橋も約4間の幅員を持っていたが、これも全幅員であったことから判断すると、日本橋の場合も全幅員であった可能性は高い。

橋長は、元和4年では37間4尺(68.5m)となっていたが、文化3年には28間(50.9m)と、かなり短くなっている。そして享和8年(1723)の架け換え時に「両川岸を築出し、橋は少し短くなる」[16]とされ、いずれも橋台石垣を川側に大きく突き出して木造橋部分をできるだけ短くしたものと考えられる。このとき一気に短くなったかどうかはわからないが、時代が下がると橋は短くなった。おそらく河岸の倉庫用地や荷捌き場を確保するために川幅が縮められたのであろう。

また川側に橋台石垣を突き出した理由としては木造部分を短くして河岸の宅地から距離をとって類焼の確率をできるだけ少なくすることや維持費の掛かる部分をできるだけ短くする意図があったことなどが考えられる。

日本橋の構造詳細がわかる図や文書は見付かっていない。江戸東京博物館には江戸後期の日本橋が実物大(橋長は半分)で復元されているが、この復元の参考にされた資料は、文化3年の『日本橋　京橋　芝金杉橋　木挽五丁目橋　和泉橋五橋焼失御普請一件』収録の「日本橋懸方御普請出来方帳」[16]と文政12年(1829)の『江戸向本所深川橋々箇所付寸間帳』[17]であるとされる[18]。

それらから橋長28間(50.9m)、幅員4間2尺(7.9m)、橋杭3本建8側、杭本数5通、敷板から上の高欄高3尺7寸(1.12m)、両袖2間ずつの規模を持っていたことがわかる。そして参考文献16)から各部の材料など、参考文献17)からは各部材の断面寸法などを知ることができる。

二つの資料からわかる情報を一覧表にしたのが**表7-2**である。しかしこれだけでは橋を復原するのには不十分で、全体形状では反り(縦断勾配)、スパン配置、

表 7-2　日本橋の木材寸法と樹種[16],[17]より作成

部　材		寸　法	材　料
下部工	杭	径1尺3寸(39cm)	槻(欅)
	梁	径1尺4寸(42cm)	槻(欅)
	水貫	高1尺(30cm)×幅3寸(9cm)	槻(欅)
	筋違貫	高8寸(24cm)×幅2寸5分(8cm)	槻(欅)
上部工	耳桁	高1尺7寸(52cm)×幅9寸(27cm)	槻(欅)
	桁	高1尺7寸(52cm)×幅9寸(27cm)	槻(欅)
	中桁	径1尺4寸(42cm)	槻(欅)
	平均板		檜
	敷板	厚5寸(15cm)	檜
高欄	水繰板		檜
	地覆	9寸(27cm)角	檜
	平桁	幅9寸(27cm)×高6寸(18cm)	檜
	ほこ(架木)	径6寸(18cm)	檜
	短(たたら短)	7寸5分(23cm)角	檜
	中柱		檜
その他	男柱	径1尺5寸(45cm)×長8尺5寸(258cm) 桁上5尺5寸(167cm)	槻(欅)
	袖柱	径1尺4寸(42cm) 根包上高4尺6寸(139cm)	槻(欅)
	通貫	高9寸(27cm)×幅6寸(18cm)	
	梁鼻包板など		槻(欅)

橋面横断勾配などを推定して、決めなければならない。またディテールを復原するには各部材の長さや固定方法も決める必要があるが、それらもほかの橋を参考にして仮定しなければならない。

　まず反りについては、この時代の絵画資料には反りがかなり大きく描かれているものが多いが、実際はそれほど大きくは採られていたわけではない。かなり大きな船が行き来する隅田川下流部に位置する両国橋の場合は、反りは約1丈(3m)、勾配にすると全体で3.5％強、端部の最急勾配は7％強とかなり大きくなる。下流の新大橋や永代橋でも反りは1丈1尺～1丈2尺で、勾配は両国橋とほぼ同じになっている(8章3．参照)。また上流の大川橋でも勾配はほぼ同じであるが、千住大橋では2％強で(2章6．参照)、大きな船がさかのぼらない所では

図 7-1　日本橋(『江戸名所図会巻之一』)

大きな勾配を採る必要はなかった。

　日本橋のデータを見付けていないが、同じ東海道筋の京橋では反りは、文政7年(1824)の「京橋掛直御普請御入用仕上帳」によると2尺8寸(85cm)とされ[14]、平均勾配は7％弱、最急勾配は13％ほどになり、部分的にはかなりきつい。これらの例から日本橋の勾配を類推すると、平均勾配が約5％、最急勾配は約10％となる。橋が長くなるほど勾配は小さくなる傾向になるが、急な勾配が長く続くと車などの通行に支障になったから橋の反りは舟運と陸上交通の利便性のバランスを考慮して決められていたはずである。また『江戸名所図会』(図 7-1)や歌川広重の『江戸名所』や『東海道五十三次』シリーズでの日本橋の絵からは、人の背丈ほどの反りが採られていたように見え、上の数字は妥当であるように思える。

　日本橋の橋長は28間、9径間であったから平均スパンは3間強となるが、中央付近のスパンは当然広く採られていたはずである。大間すなわち中央の最大スパンがどれほどであったかを推定しなければならない。当時の最大級の橋である両国橋では、御通船の間すなわち将軍家の船が通るスパンは5間強になっている。日本橋川では隅田川ほど大きな船が入らないとしても、前述の『寸間帳』[17]によるとここは御通船のルートとされており、中央の1径間だけは5間(約9m)ほどになっていた可能性はある。そして中央に隣接するスパンを4間とすると残りの6径間は平均2間半となる。

ディテールでは、水貫が1段しか入れられていなかったのか、2段入れられていたのかも決め手がない。それによって筋違貫の配置が違ってくるが、材料の寸法や数量がわからない以上、推定の域を出ない。また江戸後期に描かれた日本橋の画の中で『江戸名所図会』や広重画『絵本江戸土産・日本橋の朝市』や『名所江戸百景・日本橋雪晴』では下段に1段入れられているだにであるが、同じ広重の『東都八景・日本橋曙』では筋違の交差部にも水貫が入れられているように同じ画家でも表現が違っている。当時の絵画は有力な歴史資料ではあるが、100％の信は置きがたい。

さらに江戸後期の絵では梁鼻隠しや雨覆板として屋根状の形のものが付けられているが、その寸法や取り付けの詳細は梁断面やのちの資料を参考にして推定するしかない。そこで資料として最も頼りになるのが幕末か明治初年に撮られた写真である。日本橋に関してはそのような写真が残されており、有力な復元資料となる。

(3) 擬宝珠

日本橋では高欄の柱の上に擬宝珠が付けられていた。江戸城外にあって町人も利用できる橋で擬宝珠が付けられていたのは、日本橋と京橋、新橋（芝口橋）の3橋だけであったとされ、この道路の重要度を示す証となるものであった。ただし、芝口橋の擬宝珠は享保20年(1735)に架け換えに当たって、取り外すように命じられており[19]、江戸後期には付けられていなかった可能性が高い。日本橋の擬宝珠は明治5年の架け換えのときまで付けられていたようである。

『享保撰要類集』には、享保19年(1734)に町々にある擬宝珠付の橋とその擬宝珠の年号と作者を調査した報告がまとめられているが、日本橋のものとして、

男柱之分三ツ　　万治元戊戌年九月吉日　　鋳物御大工　椎名兵庫頭
男柱之分一ツ　　正徳二壬辰年七月　　：但し作者名なし
中柱之分一ツ　　万治元戊戌年九月吉日　　鋳物御大工　椎名兵庫頭
同断一ツ　　　　元禄十二卯年七月日　　：但し作者名なし
袖柱之分四ツ　　年号なし：鋳物御大工　椎名兵庫頭

以上の合計10基があると報告されている[20]。『東京市史稿橋梁篇第一』では、編集当時、弁慶橋に付けられていた「御大工　椎名兵庫吉綱」という銘のある擬宝珠がその一つに当たるとしており[21]、また『東京市史稿市街篇第七』では「御大工　椎名兵庫」とのみ刻まれた個人蔵の擬宝珠が万治元年のものと推定している[22]が、いずれも年代銘がないため確証は持てない。ほかの橋の可能性もある。

図7-2 寛永期の日本橋周辺の賑わい(「江戸図屏風」国立歴史民俗博物館蔵)

　現在三井記念美術館に所蔵されている擬宝珠には「万治元戊戌年　九月吉日　日本橋　鋳物　御大工　椎名兵庫」の銘があり[23]、また日本橋の南西詰で営業している(株)黒江屋所蔵の擬宝珠にも文字の位置などが少し違っているもののほぼ同じ銘が刻まれており、この２基が往時のものとしてもよいのであろう。『享保撰要類集』の表現は、擬宝珠の銘をそのまま引き写したものではないため、表現は少し異なるが、年号、作者とも一致している。
　万治元年の擬宝珠の製作者は幕府お抱えの鋳物師椎名兵庫であると考えられる。この人物は椎名兵庫頭吉綱と同じと考えられ、寛永18年(1641)日光東照宮造営に当たって諸大名が奉納した銅塔や唐門上の獅子像、そして芝・増上寺の梵鐘などの鋳造を手掛けている。
　万治元年(1658)の架け換えは明暦３年(1657)の大火で焼け落ちた橋を復元するものであったが、擬宝珠はこのときに初めて取り付けられたとも考えられる。ただ明暦３年の大火以前の町が描かれた可能性が指摘されている旧秋元家蔵「東海道絵巻」[24]では日本橋の高欄柱のすべての頭部に擬宝珠が付けられ、また国立歴史民俗博物館蔵「江戸図屏風」[25](図7-2)では日本橋や京橋の男柱と袖柱の頂部に擬宝珠が描かれており、それ以前から擬宝珠が付けられていた可能性もある。もしそうだとすると、明暦３年の大火によって日本橋は、以前の擬宝珠が使用で

7章　御入用橋管理の推移　109

きないほど、激しく燃えたことになる。
(4)　橋の管理

　日本橋の管理は幕府の費用で行われていた。いわゆる御入用橋であった。享保19年(1734)には、御入用橋126橋の維持管理を二人の商人が一括請負することになり、当初は年間800両であったが、のちに1000両に増額され、これらの橋は俗に千両橋と呼ばれた(3章5．参照)。この制度は寛政2年(1790)に廃止され、その後の工事は幕府が直接発注することに切り替えられた。ただ御入用橋の数もほぼそのまま固定され、1年間の発注総額も950両(文化9年より760両)に限定され、発注方法が変わったものの、その枠組に変化があったわけではない。このため千両橋という表現は幕末まで続くことになった。

　明和9年(1772)に焼け落ちた橋の復旧が、安永3年(1774)に行われたが、このとき必要な材木一式を幕府が提供した。この材木の調達は町奉行の手配で行われ、1100両で工事の定請負人が落札している。この材料をもって仕上げ費用は一切自分たちが手配をして120日以内で仕上げることを約束している[26]。

　文化3年(1806)の復旧工事では、幕府が直接発注をして請負業者を決めているが、このときの工事に要した全日数は88日で、雨天休日11日を除くと、実質77日であった。要した費用は約410両で、木材は別途支給されている[27]。

　上記の例から推測すると、日本橋を本格的に架け換えるには1500両を超える費用を必要としたことになり、坪当たり単価は12両強となるが、これは本所、深川地区の橋などに比べるとかなり高額であり、その分仕様が高かったことになる。

　多くの人が行き交う橋詰や交差点は為政者から民衆へのメッセージを伝える格好の場であった。民衆に守らせるべき道徳規範、犯罪の禁止や輸送料金などが書かれた高札が掲げられた。江戸では日本橋の橋詰がその重要な場所であったが、京の三條大橋や大坂の高麗橋の橋詰も高札場として利用されている。

　江戸には多くの高札場があったが、基本的な高札すべてが建てられた大高札場は日本橋南詰をはじめ、常盤橋門外、筋違橋門内、浅草橋門内などの6カ所であった。日本橋には慶長11年(1606)に建てられた永楽銭の使用停止を通告したものが最初であるとされる。初期には法令発布のとき、改元、老中交代時にも新調されたが、5代将軍のときからは将軍の代替わり直後の改元に合わせて書き直されるルールになった。しかし6代将軍家宣のときの正徳元年(1711)に更新されて以降は書き替えられなかったようで、この年代のものが後々まで長く掲げられていた。ただこのとき以降も定駄賃、放火犯の通報と火災時の行動、博打や三笠付の

110

図7-3 日本橋橋上（『熈代勝覧』（部分）ベルリン・アジア美術館蔵）
Kidai Shōran, hand scroll, ink and colours on paper, 43.7 x 1232.2 cm. Japan, Tokugawa period. Museum für Ostasiatische Kunst, Staatliche Museen zu Berlin. Former collection of Hans-Joachim and Inge Küster, gift of Manfred Bohms. Inv. No. 2002-17

禁止、新田開発などの高札は新設されている[28]。

　日本橋が描かれた江戸初期の絵では、杭の上に取り付けられた高札が簡易な柵で囲われているだけであったが、後期の絵では石垣を積んで一段高くし、柵も強固になり、屋根も架けられて整備された様子が描かれている。

3．新大橋の民営化

　第八代将軍吉宗引退の前年の延享元年 (1744) には新大橋も町人管理に移された。永代橋の場合と同じような理由と経緯があったと考えられる。その経緯を追ってみると、まず延享元年5月18日に北町奉行石河政朝は、橋の影響範囲と思われる町々の名主たちを呼び出し、新大橋を取り払う旨を申し渡した。奉行所に呼び出された町々は江戸方では大伝馬町や伊勢町より東南側30数町に及び、本所、深川方も30町ほどに達している。もし希望者があればその条件を示した上で、将来にわたって橋を長く存続させることを前提に下げ渡すが、即答は難しいだろうから23日までに申し出ることとされた[29]。

　幕府としては近傍の町から存続の提案があることを見越していたのであろう。さっそく、本所と深川の名主10名から下げ渡しの願い書が出されたが、往来銭を取ることを条件にしていた。その後、深川の名主3名と橋元の家持半七と惣兵衞ら5名が、往来銭は武士を除き、町人、百姓、医者、出家から1人2銭ずつを取ること、また東西の広小路の利用を認められていた商人たちから地代を集めて管理費に充当することを認めてもらえれば、以降長く橋を断絶しないように管理していくとする願い書が改めて提出された。もし不都合があれば、いつ橋を取り上げられても不服の申し立てはしないことが付記されている。

　一方、本所方の名主7名のグループからも下げ渡しの要望書が出された。それによると深川の名主どもから願い書が出されたのは得心しかねる。半七と惣兵衞を窓口にするのは、従来の請負橋を踏襲するもので町の者には迷惑であるので、ぜひ我々のグループにまかせてほしいと強調している。

　条件は深川グループとほぼ同じであるが、具体的に収入の見込みを試算しており、橋の有料往来人数を日に3000人とし、一年間におよそ2210貫文 (約550両) の収入が見込めるので年々の修復と新規架け直しも可能である。また10年後には一人1銭にするとしている。また東西広小路の商人からの借地料から年20両の上納金も差し出すほか、出火満水時の橋の防御など細かな提案を盛り込んでいる。

詳細な経緯、理由はわからないが、7月12日に北町奉行所において石河の後任の能勢頼一から深川の名主グループに新大橋を下げ渡すことが申し渡されている。おそらく以前から橋の工事にたずさわり、事情に精通している橋元の深川のグループを選んだのであろう。

橋請負人となった5人の商人たちは、橋杭のゆがみや敷板、高欄に損傷が目立っていた新大橋の補修を行った。前もって新大橋の通行が一人2銭の有料となることが町触れされ、そして工事は8月3日に始まり、9月27日から有料橋として営業が始められている。

民営化されたのちもたびたびの出水によって流失、また類焼してそのつど大規模な補修をしなければならなかった(**表 8-1** 参照)。そのたびに数百両の費用が必要となり、関係者が金策に苦労したことは想像に難くない。

まとまった金を低利で借り入れるために、寛政4年(1792)に設立された江戸町会所の積金が利用されている。寛政9年(1797)11月に橋の大半が焼け落ちたとき、新大橋の請負人から町奉行所に融資の申請が出され、架け換えの費用700両を10年賦で借り入れている。

その5年後の享和2年(1802)7月の出水時に仮橋の約30間が流失した。その修復に200両余が掛かるが、金策の手だてがないため会所金590両を拝借し、前回の借入金の残金490両をいったん返済し、渡銭の上がり高によって20年賦で返済したいと申し入れた。これが認められれば仮橋を復旧し、6、7年の間には本橋の架設にも取りかかりたいとしている。これに対して奉行所では町会所金は10カ年以上の返済は認めたことがないとして、10年賦なら貸し付けると返答し、これを請負人も了承している。

橋の両詰の広小路では、煮売屋9棟、髪結床6棟、土弓場1カ所、葭簀張物売23カ所が営業しており、8貫450文の地代(庭銭)を上納していたとされるが、これは月単位の額と推測され、1年にすると25両ほどの収入が見込まれたことになる。これによって番人の給与や番屋の維持費など橋周辺の点検管理に掛かる費用がまかなわれており、この運営は、民営化後は道役の監視下で橋の請負人が引き継いだものと考えられる。

4. 大川橋の新設と有料橋

安永3年(1774)、現在の吾妻橋とほぼ同じ位置、浅草花川戸六地蔵河岸と本所

中之郷河岸間に新しく大川橋が架けられた[30]。このころには本所方面の市街化が一段と進み、浅草方面との安定した往来の需要が高まっていたが、船渡では風雨が強くなると船も止り、出火の際にも避難ができないため、橋が必要であるとされた。

その3年前の明和8年(1771)4月に浅草花川戸の伊右衛門(のち本所竹町へ転居)と下谷竜泉寺の源八という二人の商人から架橋の申請が町奉行所に提出された。その内容を吟味した奉行所の担当与力は、さしあたって新橋の必要性は低いこと、願人二人の資金負担能力は低く、屋敷の担保価値も不足しており、二千両ほどと見積もられている架橋費用も低すぎ、橋の強度に問題が残ると判断する報告を提出しており、架橋はすぐには許可されなかった。

その後も申請者からたびたび願い出がなされた。その内容は、自分入用をもって橋を架け、武士を除く通行人から一人2銭ずつの橋銭を取り、それを基に将来にわたり橋の架け直しや修復を行うこと、架設後6年目からは年50両の冥加金を上納すること、出水時に橋が流失して下流の両国橋に損傷を与えた場合は損害額に応じて一定の補償金を支払うことなどを約束していた。このとき申請人は年間およそ250両の橋銭が徴収できると見込んでいた。これを逆算すると1日1400人ほどの有料通行者があると予測していたことになる。

町奉行では新橋の利便性は評価し、申請者を吟味、協議して橋の強度を高めるよう指導をする一方、架橋予定地を調べて河岸の利用や工事に対して大きな障害はないこと、大川筋の渡船営業者の意見を聞いてとくに影響はないこと、などを確かめ、また関連する普請奉行、勘定奉行をはじめ、御船手、鷹方などにも相談して支障がないことを確かめるなど細かい配慮をしたのち、老中の決済を経て、安永3年にようやく許可されることになった。

この間、担保能力が不十分であった二人の申請者のほかに、金主二人と差配人として普請に精通した人を加えて5人の連名で申請をやり直させている。同時に工事の仕様も新大橋の仕様などを参考にして作り直されたと考えられる。

新しい橋の仕様は以下のようであった。橋長が田舎間79間(142m)、幅員は京間3間(5.9m)、反りは7尺5寸(2.3m)、高欄高は3尺5寸(1.1m)で、2間(3.6m)の袖高欄が付けられることになっていた。橋の構造としては、橋脚が23基、うち4本柱が12基、3本柱が11基、橋杭には、長さ4間より7間半(7.3〜13.6m)以上、末口1尺より1尺2寸(30〜36cm)の槻(欅)を用い、5間以上の杭は継杭とし、継足分は松丸太とする。帯鉄を2通巻き、継ぎ目に大鎹(かすがい)を懸け、先端

はばい尻に尖らせて鉄物で補強する。ただし御通船の間などスパンが5間(9.1m)の所には通し杭を用いる。杭の根入れは1丈より1丈2尺(3〜3.6m)ほど震(ゆり)込み、地山が堅い所でも8、9尺(2.4〜2.7m)までは震込むこと、各杭間は栂材の水貫(みずぬき)、筋違(すじかい)を鎹、釘で堅める。

耳桁には、幅1尺4寸より1尺6寸(42〜48cm)、厚さ8、9寸(24〜27cm)の槻の角材、中桁には径1尺2寸〜1尺5寸(36〜45cm)の槻丸太を用いる。敷板には長さ1丈(3m)、8寸(24cm)角の栂材を二つ割りにして手違鎹で桁にしっかりと止める。橋中央の継ぎ目には上から幅9寸(27cm)、厚さ3寸(9cm)の布板を置き、皆折釘で打ち付ける。

橋の新設費用は、

材木費	1630両
手間賃及び仮設費	483両
鉄物類など	193両
橋台石垣	261両
その他	117両
合計	2684両

と見積もられ、新大橋の仕様と比べても手薄なところはないとされている。しかしこれほどの長大橋が約2700両で架けられたのはかなり安い。これを幕府直轄の両国橋と比べてみるとよくわかる。

寛保4年(1744)に完成した両国橋の工事見積では、両国橋の古材をできるだけ用いるという最も安い見積でも1万1千両、坪当たり29両となっている(**表4-3**参照)が、大川橋の場合は10.5両/坪でおよそ1/3になる。構造を比較すると、橋脚杭の寸法が大きく異なる。木橋の工事費は木杭の寸法によって決まると言っても過言ではない。両国橋では最大の杭が長さ9間半、末口2尺ほどの太い物であったが、大川橋では最大で長さ7間半、末口1尺2寸の継杭が用いられることになっており、橋杭の材料費が大きく異なる。また桁材料も断面積比で1/2以下となっている。仕様に示された杭の材料寸法でも径1尺のものを使うのと、1尺2寸のものでは断面積にして1.4倍となり、価格は大きく違ったはずで、安価にするためにできるだけ径の小さいものが選ばれたと思われる。

両国橋は一貫して幕府直轄の橋で、架橋位置が神田川合流点のすぐ下流に当たり、水流が複雑で洪水被害を受けやすい場所であったという特別の理由があったと考えられるが、大川橋がこれほど安くできたのは申請者が建設事情に詳しく、

図7-4 大江戸鳥瞰図(部分)。鍬形蕙斎画(津山郷土博物館蔵)

安価にできる工夫がなされた結果であるかもしれない。また大川橋の仕様は民営化後の新大橋、永代橋と同じ水準にするとされており、民営で橋を架ける場合は当然通行料収入に見合った工事費で橋を架けるため、材料の寸法や施工費などは低く抑えられたと考えられる。そして、この坪当り単価は、文化5年(1808)に架け換えられた永代橋、新大橋のすべて新材にした場合の見積額よりも2割ほど安くなっている(8章2．参照)。

安永3年4月に北町奉行から請負人と金主證人をはじめ、架橋を願い出ていた地元の代表者、そして車力仲間や舟渡請負人など利害関係者にも架橋許可が通達された。架橋工事は安永3年10月14日に完成し、17日から往来が開始された。橋名は請負人からの願いのとおり大川橋とされた。そして橋銭の規定をはじめ、橋利用の際の禁令などを書いた高札が奉行所から下付されて、架橋事業は完了した[30](図7-4 参照)。

その後の大川橋の経営は必ずしも順調ではなかった。架橋後6年目から年50両を上納していたが、当初の見込みとは違って往来者が少ないこと、出水時の臨時入用が多く掛かること、近々に大修復に取り掛からねばならないことなどから当初の借入金の利息の支払いにも苦労しており、また銭相場が下がって金高となって差損も生じている。このため天明3年(1783)から15年間は上納を免除してほしい旨の申請がなされた。幕府も一定の対応をせざるをえず、5年間の免除が認められた[31]。

天明6年(1786)の洪水によって大川橋は大破したが、その復旧に当たって架橋

申請人や金主が身上不如意のため修復資金が捻出できないとして、番所金(奉行所経費?)610両の拝借を申し出て、認められている。その借金は橋銭収入によって約3年で順調に返済できたが、すぐに橋板の張替えをする必要が生じており、約200両余の建設費が必要となった。

そこで天明8年(1788)から納入すべき冥加金を延期してもらえるように再度申し入れた。これに対して幕府は、5年間の延期を認めたが、その間の250両を10年賦として25両ずつを50両に上積みして納入するよう命じている[32]。

こうして安永3年(1774)以降、隅田川の下流部には4橋が架けられていたことになるが、後述のように文化5年(1808)までの間は両国橋を除く3橋が民営で、有料橋として運営されていたことになる。

5．永代橋の管理と運営

永代橋の管理は深川惣町の出費によって行われていたが、その運営は橋近傍の有力な町々の名主たちに任されていたと考えられる。安永期から寛政期の文書では8名の名主の名が上げられているが、寛政5年(1793)に渡銭の取り扱いが不明朗であったとして7名が罷免され、残りの1名に2名を加えた3名が改めて任命されている[33]。

また2～3名の橋請負人という役職が見えるが、おそらく橋の監視や補修、架け換えなど、橋に関する金銭上の実務を任されていたと考えられる。その選出方法や権限の範囲などはよくわからないが、文化4年(1807)の落橋事故直後の関係者の処分では、最も重い遠島を申し付けられていることから判断すると、橋を安全に管理する義務を負い、それなりの報酬を得ていたのであろう。

永代橋の管理運営には幕府が強く関与していた。橋掛りの町々は管理費の一部に充てるために橋銭を徴収する許可を求めてきたが、享保21年(1736)から武士を除き一人1銭の徴収が認められ、寛延3年(1750)には神田川の常浚えが義務付けられたことから無期限で1銭の徴収が認められている。そして規模の大きな工事があったときには借入金返済のために2銭の徴収が認められた。具体的には宝暦14年(1764)からの7年間、天明2年(1782)からの10年間などである[34]。この間安永2年(1773)にも2銭への値上げが申請されたが、元々深川の町人たちが願い出て下しおかれた橋であるから、認めることはできないと却下されている[35]。

永代橋の日常点検のために橋番人が置かれていたが、その費用を捻出するため

に東西の広小路での商売が認められ、その地代を集めて番人を雇い、橋の監視、掃除、高札見守、番屋の補修などが行われていた。そこでの商店の数は、寛政期には西詰で髪結床5ヵ所、商床7ヵ所、土弓場1ヵ所、東詰では髪結床2ヵ所、商床1ヵ所、合計16ヵ所であった。これらは時々の町奉行に申請してその数がしだいに増やされていったもので、橋の工事のときには木材の加工場となるため、一時撤去されることになっていた。また簡易な葭簀張の水茶屋なども店を出していたが、これらは夜間には撤去することになっていた[36]。

表7-3 永代橋の収支[38]より作成

年	収入(渡銭) 両	支出(借用返金、修復など) 両
天明2年(1782)	654	591
天明3	641	611
天明4	615	729
天明5	576	591
天明6	372	764
天明7	642	581
天明8	577	629
寛政元年(1789)	686	691
寛政2	502	1749
寛政3	501	534
計	5766 平均 577	7390 差引不足 1624

天明6年(1786)7月の出水で53間半(約97m)が流失し、仮橋で通行していたが、寛政2年(1790)12月にようやく修復が完成した。おそらく流された部分だけに仮橋を架けたと思われる。本橋の工事の完成が近付き、仮橋を取り払う際に渡船に切り替えられたとき渡船賃として一人2銭が徴収されている[37]。

上述のように天明2年(1782)から10年間、橋の渡銭は2銭となっており、その間の収支記録によると[38]（**表7-3**）、天明6年(1786)には流失のため、年間収入が大幅に減少し、寛政2年には修復工事のために大きな出費があったことがわかる。

出費の内容は、借用金の返済が大きかったが、防火水防のための諸費用、橋普請時の手斧初めなどの祝儀や神事費、行き倒れや身投げなどの処理、橋番屋の定備品、神田川浚え定金などとなっている。

永代橋は隅田川の最下流に架かり、廻船などの大型船の碇泊場に近かったため、通過船舶の接触による破損も多かったが、暴風雨時に船が流されて橋に突き当たって橋を損傷させる事故がたびたび起こっている。寛政3年(1791)9月には都合5艘の廻船が押し流されて橋に衝突し、通行不能になって渡船に切り替えられた。

過去にも3度の廻船による損傷事故があり、廻船問屋に修復の補償をさせており、今回も5艘の問屋に補償させるよう命じてほしいとする願い書が橋請負人と

掛り名主から町奉行所の担当者に提出されている。しかし問屋との補償金の交渉はなかなかまとまらなかったようで、修復工事の着手が遅れ、ようやく年末に完成した[39]。

　大風時にたびたび廻船の衝突事故があったため、寛政6年(1794)には業を煮やした橋請負人から町奉行所に対して、これまでは3、40間(50〜70m)離れた場所に繋留していたものを、今後は7〜9月の台風期には200間(180m)ほど離れた所に繋留するように命じてほしいと訴えた。町奉行所ではこれを認めてほぼ同じ内容のことを廻船問屋に命じている[40]。

　寛政2年(1786)に復旧されたにもかかわらず、寛政4年にはあちこちに朽損が目立つようになり、大規模な補修を必要とするほどになった。町奉行と勘定奉行配下の担当者が詳しく調査、協議をして仕様注文書を作成した。工事の入札は町触で知らせ、町年寄奈良屋市右衛門宅で行われた。応札は9通あり、一番札は528両を入れた本所亀沢町の平次郎、二番札は530両余の深川御船蔵町の善四郎で、平次郎が落札した。

　工事を任せるに当たって身元調べが行われ、平次郎は大工職で、所持屋敷はないが、その人物を居住地の名主と五人組が保証している。そして地証人は2番札の善四郎が引き受け、その所有地、沽券(こけん)300両相当の土地を証拠地として差し出し、万一請負人が工事をできなくなったときは代わって工事を引き受け、それもできなくなったときには土地を取り上げられても異論を申し上げることはしないと約束している。

　修復工事の内容は両町奉行と3名の勘定奉行から老中松平定信に報告され、承認を得ており、入札に先立って勘定方では樋橋棟梁に見積を作らせ、672両を見込んでいたが、落札金額は20％以上も低かった。そして工事中は勘定方の普請役らが見回っている。

　深川の橋掛り名主たちから工事費を公儀からの取替金で支出してもらって橋渡銭の上り高で追々返納していくようにしてもらいたいとする願い書が提出されている。また工事請負人は着工前に前金200両、桁を掛渡したときに中間金200両、完成時に残金の支払いを求め、晴天時60日で完成することを約束している。

　工事請負人が工事中に詳しく調べていくと、朽腐が強く、新規取替えの必要な箇所が見付かり、その工事費は約54両と見積もられた。掛り与力立会の上で勘定方が見分吟味して確認した。この増工分は、当初一式で落札しているから認めるべきではないとも考えられるが、仕様帳にはなかったところでもあり、請負人の

申し出どおり設計変更を認めるとされた。そして現場工事は10月25日に始まり、風雨の日も入れて59日で、予定より早く12月24日に完成している[41]。

　寛政4年(1788)に大きな補修工事が行われたが、2、3年もすると敷板などに朽損箇所が目立ってきた。仮補修を施していたが、寛政8年(1792)には大規模な補修を行わざるをえなくなった。町方で見積もったところ本橋の方が981両ほどで、工事中の仮橋は180両ほどとなった。仕様帳と絵図面を作り、縦覧したのち橋請負人と掛り名主立会のもとで入札を行って工事請負人を決めている。本橋工事の1番札は霊岸島川口町庄左衛門店の(川嶋屋)伝吉で、金額は1052両と幕府方の見積よりも数％高かった。仮橋も伝吉が落札しており、金額は172両であった[42]。

　川嶋屋伝吉は船大工で、土蔵付きの自分の家作に住いし、茶舟20艘を所持しており、これまでは勘定方蔵田屋清右衛門のもとで橋や上水工事を手掛けてきたとされている[43]。

　寛政11年(1799)にも仮橋ともで千両強の費用をかけて補修工事が行われており、同じ伝吉が落札した。さらに享和2年(1802)にも洪水のために橋の一部が流失し、復旧工事を行っている。このときも入札の結果、仮橋を加えて約540両で、上記の伝吉が落札している。

　享和2年の伝吉の身元紹介では橋大工とされており、二人の掛り名主から、落札人伝吉は寛政8年(1796)及び寛政11年(1799)の両度の工事を行っており、現場に精通している上に人物も信頼できる、橋請負人3人とも相談したところ他の落札人になると工事がはかどらないため、伝吉に工事を命じるよう願い書が出されている[44]。

　このようにこの時期の永代橋では3、4年の周期で大きな規模の補修が繰り返されており、根本的な架け換えが必要であったにもかかわらず、費用不足のために先送りされ、橋の耐久性も不安なままで、工事のたびに仮橋が必要となるなど結果として多額の補修費が費やされることになった。さらに関係者の心理的負担も大きかったと考えられる。また民営化されていた永代橋の工事では入札制が取られた結果、伝吉のように独占的に受注する橋専門に近い業者も生まれていたことになる。

6．定請負制の停止

(1) 定請負の減額

　明和5年(1768)から数年にわたって全国的に凶作が続き、各地で一揆が頻発していたが、明和9年(1772)には江戸が大火、風水害にみまわれ、幕府は被災民救済のために建設部門などの支出を圧縮せざるを得なくなった。このため御入用橋の定請負の費用が1000両から半分の500両に減額されることになった。

　明和7年(1770)には老中から町奉行に対して橋定請負費の減額を検討するように指示があり、町奉行が定請負人の白子屋勘七と菱木屋喜兵衛を吟味して、享保19年(1734)から続けてきた年間1000両の請負費を200両減額して、800両なら管理水準をそれほど落とさずに維持することが可能であると報告している。また橋管理を町奉行からほかの役所に所管を変更する件については、橋や周辺の町の日常管理は一体として行うのが効率的で、所管を変えると差し支えが出ると反対している[45]。

　しかし、明和8年(1771)には、いっそう財政運営が厳しくなり、作事方小普請方の出費も大幅に減額せざるを得ず、橋定請負額を半減させることを前提に再検討することが指示された。ちょうどこのときに別の二人の商人から定請負橋127カ所の管理を従来どおりの仕様で、年間500両で請け負いたいとする申請が出された。町奉行では吟味の結果、二人は新規のことであるので従来どおりの管理ができるかどうか不安があること、また後見人も含めた3人が所有する不動産の担保価値が不十分であるとして、参入は認めがたいと結論付けて老中に報告している[46]。

　一方、従来の二人の請負人に命じて本所、深川地区の対象橋梁すべてを見分の上、その仕様を見直し、橋の規模や材料寸法で落とせるものを洗い出す作業を行っている。その結果、48橋について、

- 橋幅はそのままだが、杭、桁、高欄などの寸法を低くするもの
- 橋幅を2間から9尺に狭め、杭、桁、高欄などの寸法を落とすもの
- 橋幅を2間から9尺に狭め、杭、桁などの寸法を落とし、高欄を丸太作りとするもの
- 橋幅はそのままだが、杭、桁、などの寸法を落とし、高欄を丸太造りとするもの

に分類している。具体的には杭材として従来は末口1尺から1尺1、2寸であっ

たものを8、9寸に、8寸程度のものは6、7寸にする。桁では高さ1尺程度のものは8、9寸に、幅7、8寸のものを6、7寸ほどに小さくするなど、各部材の寸法をかなり大きく落とす案が作られている[47]。のちの架け換えに当たってはこの仕様が適用されたと考えられる。

さらに町奉行は請負費を半減させることを前提にして両請負人を再吟味したが、二人は定請負は継続してもらいたいとし、従来年間6、7橋を、多いときには8、9橋を架け換えてきたが、4橋程度に制限すること、類焼して当面架け換えが必要な8橋のうち5橋は自費で工事を行うが、5年の猶予がほしいこと、杭、桁をはじめ、高欄も十分丈夫に造るが、見た目が見苦しいのは用捨願いたいことなどの条件を出している。そしてこのような条件を幕府は認め、明和9年(1771)から年間500両で従前からの二人の請負人に定請負を続けさせることにした[48]。

定請負費の大幅な減額は、当然橋普請の数の減少と質の低下を招くことになったため、幕府は安永6年(1777)には定請負額を950両に引き上げた[49]。同時に定請負の橋数を3橋増やし、130橋にした。そして焼失、流失した橋の普請に当たっては材木代を支給する制度は継続されている。

(2) 直接発注への転換

寛政2年(1790)3月に老中松平定信からの命令で、御入用橋の定請負制が突如停止された。この命令は老中から勘定奉行久世広民と町奉行池田長恵へ直接伝えられ、定請負人の白子屋勘七と菱木屋喜兵衛に対して「普請が遅滞し、不行届があった」という理由で定請負を破棄することが申し渡された。

実際両人にどのような不行届があったのかはわからないが、5年前に流失した橋の修復ができていないなど普請が大幅に遅れたことが指摘されている。基本的には橋の管理を定請負人まかせにせず、一橋ずつ見積をした方が安価になると幕府が判断したためであると考えられる。そしてその根底には二人の定請負人が不当な利益を得ているのではないかという疑念を幕府の中枢部が持っていたためであろう。

御入用橋の修復、架け換えは、町奉行と勘定奉行の共管とされた。そして両奉行の間で、詳細に意見調整を行って運用方針を決めている[50]。基本的には町奉行配下の川定掛り(定川懸)が現場を見分して、勘定方の普請役が幕府の基準に基づいて目論見を立てる、すなわち工事方法を検討して金額を見積もるが、工事は樋橋棟梁の蔵田屋清右衛門と岡田次助の二人に任せて、入札は行わないとする勘定

方の方針で合意されている。このことは橋の架け換えに関する決定権が勘定方に移ったことを意味する。

そしてこれを契機に定川懸与力が橋の監視を担当することになった[51]。ただし翌年の橋関連の文書[52]には「定橋掛り」の名が見え、この間に橋専門のポストが作られたと考えられる。その構成は南北町奉行所の江戸向、本所方担当1名ずつ、計4名であった。

樋橋棟梁は関東樋橋切組方棟梁といい、勘定奉行に属し、河川施設や橋の建設を差配する大工棟梁で、このときの棟梁の一人、岡田次助の人となりは、この時点で勘定奉行であった根岸鎮衛の随筆『耳袋』に紹介されている。

御入用橋の運営は年間の予算枠を変えることなく、年間5橋の架け換えを見込んで、950両の範囲内で執行する。鉄物、工手間、鳶人足賃のほか、足場などの諸入用についての実務は、これまでは定請負人任せで、町奉行所においても詳しい工事の見積や積算などはしていなかったが、今後は一橋ずつ内容を確かめることになった。

焼失流失した橋に対しては材木代を別途支給することになっており、年平均300両の出費があったが、このルールは継続された。また定請負人に対してと同様に、950両を3度に分けて金蔵から樋橋棟梁に下げ渡されることになった。

この変更は時の老中松平定信が推進していた寛政の改革の一環と見るべきであろう。その目的は二つあったと考える。その一つは両奉行の共管とすることによって財政支出に監視の目が入ること、すなわち相互監視機能を導入することによって担当部局と請負業者との癒着を防止する効果があったと考えられる。さらに一橋ずつ吟味することによって工事費を低く抑えることができると判断されたことが大きな要因であろう。

実際、新しい制度のもとで樋橋棟梁が行った橋の架け換えにおいて、浅草今戸橋の例では、樋橋棟梁の見積によると全金額で86両2分(坪当り単価5両2分余)となったが、このうち、材木代は59両余で、定請負人がすでに落札していた金額より坪当り2両2分も安くなったと報告されている。また、新鳥越橋の全面架け換えにおいても町奉行所で見分、目論見を行い、樋橋棟梁が引き受けてチェックを行ったところ、全金額は67両2分余、坪当り単価は5両2分余となり、このうち材木代は45両1分余で、従前に定請負人が落札していた金額77両3分と比べると32両余も安くなった。さらに橋周辺の石垣を築き直すための定請負人の落札金額は16両3分余であったが、見積をやり直すと7両3分余となり、半額以下とな

った[50]。このほか、大塚坂下青柳町橋の架け換えにおいても材木代が大幅に安くなったと報告され、直接見積としたメリットが強調されている[53]。

　焼失流失した橋の材木代は別途入札に付すことになっていたが、大半を定請負人が落札しており、ほかの業者の参入は難しかった。結果的に独占的となり、高値になった可能性があり、このような点も幕府の上層部が定請負制度に不信感をいだく要因になっていたと考えられる。定請負には公役金が充てられてきたと考えられるが、この時点で支出に関しては勘定方に一本化され、公役金も一般財源化されたのであろう。

　定請負制度は、八代将軍吉宗の享保の改革の一つとして始まった。幕府の年間支出を一定にし、民間の創意工夫によって130橋に及ぶ御入用橋を管理することは合理的な手法であった。しかし70年の長期間にわたって同じ制度が存続すると、管理者側のチェックが緩み、請負者の判断任せになるという欠陥が目立ってきた。一方、この間請負金額は下げられ、請負者からすると、物価上昇のリスクは工事対象の橋を減らすか、工事仕様を落とすことによって対処せざるを得なかったはずである。その結果、幕府の中枢部から見れば、請負人が責任を果たしていないように映ったと考えられる。

　御入用橋の管理をすべて直轄方式に切り替えてもその管理費用が大幅に減額されたとは限らなかったであろう。そのぶん役所の手間は増加した。そしてもともと年間御定金950両で約130橋を正常な状態で維持することは難しかった。定請負制度のもとでは大小交えて年間5橋程度の架け換えを目標にしていたが、当時の木橋は、20年ほどに一回は架け換えを、その間1、2回の補修を必要としていたから、かなり無理があった。このため規模の大きな橋の工事があると、御定金のうちではまかないきれず、何らかの資金補填が必要となった。

　寛政2～3年(1790～91)に江戸橋を架け換えたときの全費用は約1600両であったが、そのうち材木代として1097両余を必要とし、これを御定金のうちから支出することは不可能であるため、御取替金として、すなわち町奉行が勘定方に借金をするかたちで支出し、10年賦で御定金の中から1年110両ずつ(最終年は107両)を返納することにした[53]。逆に見ればそれだけ年間予算が減らされたことを意味する。

　さらに寛政12年(1800)には湊橋、霊岸橋、亀島橋が朽損して全面的な架け換えが必要になっていた。中でも湊橋、霊岸橋は山王社の祭礼の道筋に当たっていたが、神輿や群集の通行に耐え得ない状態であった。3橋の樋橋棟梁による工事見

積額は1614両であったが、橋ごとに入札を行った結果、合計金額は1330両余となった。この額は御定金の950両を超えるものであったし、ほかに架け換えや修復をしなければならない橋もあったため、追加の出費を必要とした。御定金の増額はできず、また近々に架け換えが必要な橋も多くあったため、この出費を短期間に穴埋めすることは難しく、当時の町奉行からは30年賦で徐々に返納する案が提出された[54]。この案に基づいて架け換え工事が行われ、のち30年にわたり毎年約45両が減額されることになった。

　架け換えを始めるに当たって町奉行根岸鎮衞から勘定吟味役鈴木門三郎との連名で担当老中松平信明に対して文書が提出された。3橋の修復の見積を行ったところ1614両余となったが、御定金の範囲では難しい。臨時入用を検討してほしい。材木の見積額については樋橋棟梁が吟味してできるだけ下げたもので、鉄もの代や工事費は勘定所の定値段を入れ、仮橋は周辺のものを参考にした値段となっている。通例は樋橋棟梁に引き受けさせるべきであるが、金額も大きいので入札も検討したいとしている。

　恐らく老中から返事があり、上申のとおり事業費は取替金の年賦返納とし、入札に付すことになった。1橋ずつ入札が行われたが、一部に辞退者があったため3橋とも亀嶋町仁兵衞店の(明石屋)市郎兵衞と富槇町嘉七店の(伊勢屋)彦五郎の二人が落札した。入札によって約18％の減額になった。

　市郎兵衞は船大工、彦五郎は材木商で、二人が協力することによって値段が下げられると判断したのであろう。市郎兵衞から所有の茶船10艘を担保として出すことや居住地の町役人連印の證(証)文を提出して身分保証を行っている。

(3) 財源確保の模索

　橋の管理費用の不足を補う新たな財源を確保する模索も続けられた。享和3年(1803)には東海道筋の京橋の朽損が進み、架け換え工事が行われることになったが、その工事費捻出の経過を具体的に知ることができる[55]。

　京橋は寛政元年(1789)に架け換えられたのち、たびたび修復を重ねて維持されてきたが、橋全体に朽腐が強くなり、修復だけではこれ以上橋を保つことができないと担当与力によって判断された。町奉行根岸鎮衞は樋橋棟梁に命じて概算見積を作らせたが、その見積が割高であると判断されたため、勘定吟味役鈴木門三郎と評議して入札に掛けることにした。町へ通知し、入札後その内容を吟味した上で工事の方針を作成した。樋橋棟梁の概算見積は、本橋仮橋ともで639両2分余であったが、入札に付したところ3年前に湊橋等を落札した亀嶋町の明石屋市郎

兵衛が415両2分余という一番札を入れた。落札人の応札金額は格別に低く、予定金額に対する比率が65％で、現在でいう低入札であった。

担当役人はその点を心配したらしく、請負人から仕様書を提出させてそれを確認し、過去の実績を詳しく調べたが、今回の京橋の工事が初めてではなく、過去に千両橋のうち4カ所の工事を請け負って仕様どおりに仕立てており、このたびの請負を申し付けても問題はないと判断している。

京橋の工事費財源の捻出が具体的に検討された。この年の御定金は950両で、昨年の御定金の残りが87両余あり、合わせて1037両余の枠があった。このうち45両は寛政12年(1800)に行われた湊橋ほか2橋架け換えの取替金30カ年賦の返納に当てられる。さらにこの春より橋々の架け換えや小補修の入用が667両余あり、残金は324両3分余となっているが、これをすべて京橋の工事費に当てると、今後必要な小補修に差し支えるため残金はそれに振り向けることにし、京橋の入用金は千両橋御定金の枠外で検討された。

そして御定金不足のときは江戸川神田川筋の浚渫費に当てる助成地の地代金の余り等を貸付けて得た利息の積立金850両余の中から流用したいとして勘定奉行と他の勘定吟味役へ相談して了解を得た。

この積立金は関東郡代役所において管理されていたものであるが、開幕以来関東郡代を務めてきた伊奈氏が、寛政4年(1792)に罷免され、その財産などの管理運用が勘定奉行に移管されていたため、その一部を橋の管理費に流用することができたと考えられる。これが御定金の枠外として運用されたのは一時的な措置であったと思われるが、流用の道が付けられたことは橋の管理費確保の拡大につながるものであった。

寛政2年(1790)の定請負人の解任に始まる勘定方主導による樋橋棟梁を活用した工事費吟味の導入、寛政12年(1800)の湊橋以下3橋工事に対する入札の適用、そして京橋の架け換えを機に江戸川、神田川の浚渫費助成地の地代金利息の流用などの政策は、天明7年(1787)から勘定奉行を務め、寛政10年(1798)に南町奉行に転じて、文化12年(1815)までその任にあった根岸鎮衛の在任中に打ち出されたもので、その行政上の影響力と無関係ではないだろう。

新しい財源に道が付けられたとはいえ、当座の財政に圧迫を与えないとする名目的な処置にすぎず、御定金の枠が拡大しない限りは綱渡り的な運営が続けられることになり、19世紀以降の都市インフラの維持管理に関する幕府の財政上のやり繰りは非常に難しいものになっていくことになった。

7．橋の数

　江戸の橋の数を把握するのは簡単ではない。前述のように、江戸の御入用橋の維持管理を年間1000両（当初は800両）で一括して請負わせる制度が享保19年（1734）に始められたが、その対象となった橋は主要街道の日本橋、京橋などをはじめ、江戸方では38橋、本所方では48橋、それに本所の割下水に架かる長さ1～3mの小規模な橋40カ所を加えた126橋であった。

　その後一括請負の御入用橋の数は、元文3年（1738）には横山町三丁目の石橋を加えて127橋となり[56]、天保13年（1842）の『重宝録』の記録では公費橋梁として132橋が上げられている[57]。これによると本所、深川の88橋には変化はなかったが、江戸方の橋は44橋と増加している。この中では神田川の和泉橋は享保年間に神田佐久間町一丁目、二丁目などが管理することになったが、寛政時には御入用橋に復している（3章3．参照）。

　江戸方の主要な御入用橋を地図上に示したのが図7-5である。ここで「本材木町四丁目より同五丁目へ渡す橋、長七間三尺、幅三間、鷹橋と呼ばれる。これは桁より下廻りの分は御入用で、舗板より上廻りの分は町入用で取り計らってきた」とある橋や前述の「横山町三丁目石橋、長五尺六寸、幅五間五尺」などは地図上ではその水路の位置すら確認できないので、町名から推定したものである。

　これらの橋の維持管理は、享保19年（1734）から寛政2年（1790）までは民間人に一括請負され、それよりのちは、町奉行と勘定奉行の共管によって年間一定額の範囲で行われることになったが、その中には隅田川の千住大橋、両国橋、新大橋などは含まれず、江戸城城門に付属する橋や浅草門橋、筋違門橋や新橋などの外堀の橋、20数橋も対象外であったから、これらを合わせるとおよそ150余橋が幕府管理の橋であったことになる。

　享保前期に調査された本所、深川の橋の数は、まず本所地区では両国橋、新大橋を加えて御入用橋が34カ所あり、うち7カ所が伊奈郡代の管理とされている。このほかに自分橋、大名や町人が管理する橋が5カ所あった。また深川地区では御入用橋が25カ所あり、このうち2カ所がのちに町管理に移されたとされ、恐らく以前に幕府が架けた橋が、町管理に変わったものが、永代橋を含めて16カ所あり、このほかに2カ所が郡代管理の橋とされ、また自分橋が51カ所あると報告されている[58]。ここには割下水のような狭い水路の橋は含まれていないが、これ以前には本所、深川においては幕府が架けた橋は、郡代管理のものを含めて80橋を

7章 御入用橋管理の推移　127

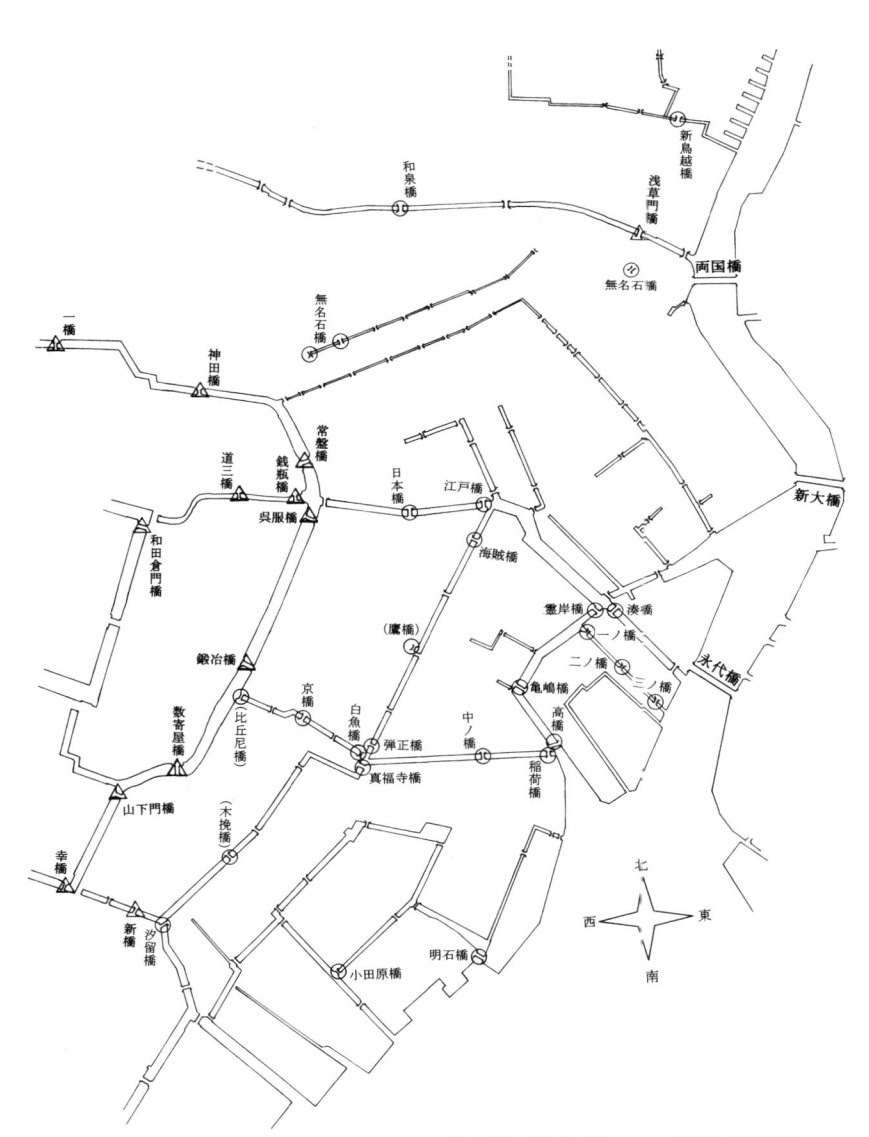

図 7-5　江戸中心部の御入用橋。○：町方管理の御入用橋、△：江戸城御門橋

超え、自分橋も60橋近くあったことになる。

　したがって享保前期以前には本所、深川地区の御入用橋は30橋ほど多く、江戸方でものちに5橋以上が町方の管理に移されており、これらを加えると下水の小橋を除いても幕府管理の橋は150橋近くあったことになる。

　江戸の橋の実数を示した資料は見付けていない。延宝5年(1677)刊の『江戸雀』[59]には「およそ270ヶ所余」とあるが、橋の規模も示されず、どの範囲の数なのかも不明である。また明治9年の「東京府管内統計表」[60]は、橋長5間(約9m)以上のものに限られているが、全数で351橋が上げられ、このうち朱引内、すなわち旧御府内では200橋となっている。

　また明治5～7年の調査がまとめられた『河渠志』[61]には753橋が上げられており、これらから各上水や渋谷川、目黒川、呑川などの周辺部の川を除くと、およそ300橋となる。これには御入用橋に加えられていた本所の下水に架けられていた40橋のうち、南・北割下水の16橋のような幅1～3間(2～5m)の短い橋も含まれているが、長さ1間を切るような小規模な橋は含まれていない。

　江戸の範囲は、幕府も明確に規定してはおらず曖昧なものであった。江戸中期には江戸の範囲は4里四方と言われたが、実際の市街地は50～60km²であった。町奉行の管轄範囲は、東は本所・深川、西は四谷・板橋、南は品川、北は千住あたりの内側が江戸市街地と想定されていた[62]。この面積は100km²を超えるが、かなりの農地が包含されていたから橋の実数の把握は非常に難しい。

　これらを考え合わせると、江戸後期の御府内における橋の数は、橋長5間(9m)程度以上の橋に限ると200橋を超え、このうち幕府の費用で管理されていたものは100橋強、橋長2mほどの小規模な橋まで加えると300橋程度はあったと考えられる。

参考文献
1) 『東京市史稿橋梁篇第一』pp. 611～612
2) 『東京市史稿橋梁篇第一』p. 470
3) 『東京市史稿橋梁篇第一』pp. 518～521
4) 『東京市史稿橋梁篇第一』pp. 612～620
5) 『東京市史稿市街篇第二〇』pp. 399～406
6) 『東京市史稿橋梁篇第一』pp. 712～714
7) 『東京市史稿橋梁篇第一』pp. 801～802
8) 『東京市史稿橋梁篇第二』pp. 94～96、『同橋梁篇第一』pp. 618～620にも同じ記事がある。
9) 伊藤好一『江戸の町かど』pp. 196～206、1987年2月

7章　御入用橋管理の推移　　129

10) 『東京市史稿橋梁篇第二』pp.671〜675
11) 吉岡健一郎「江戸災害年表」『江戸町人の研究第五巻』p.542、昭和53年11月
12) 『東京市史稿橋梁篇第一』p.99
13) 鷹見安二郎『東京市史稿外篇　日本橋』pp.53,57〜58
14) 「京橋掛直御普請御入用仕上帳」『京橋外拾壱ヶ所御普請書留十二　仕上之部　上』(旧幕引継書：808-36-12)
15) 『東京市史稿橋梁篇第一』p.643
16) 『日本橋　京橋　芝金杉橋　木挽五丁目橋　和泉橋五橋焼失御普請一件』(旧幕引継書：橋々普請書類 808-39-2)、国会図書館蔵
17) 『江戸向本所深川橋々箇所付寸間帳』東京都立中央図書館蔵
18) 波多野純『復元・江戸の町』pp.64〜81
19) 「二十七　芝口橋擬宝珠相止シ候被仰渡之事」(享保二十年七月)『享保撰要類集第十七　中』
20) 『東京市史稿市街篇第七』pp.638〜639図版説明、及び「二十　所々橋々擬宝珠并年号作者之儀御尋ニ付申上候事」(享保十九年七月)『享保撰要類集第十七　中』
21) 『東京市史稿橋梁篇第一』pp.196〜197
22) 『東京市史稿市街篇第七』pp.638〜639図版
23) 三井記念美術館編『日本橋絵巻』p.26,63 平成18年1月
24) 『東京市史稿市街篇第二』pp.902〜903図版
25) 小澤・丸山編『江戸図屏風を読む』pp.32〜33、1993年2月
26) 『東京市史稿橋梁篇第二』p.975
27) 『東京市史稿外篇　日本橋』pp.58〜59
28) 『日本橋志』pp.103〜121
29) 『延享元子年新大橋取拂跡町橋ニ被下候書留』(旧幕引継書：三橋以下橋々書類 809-1-65)、『東京市史稿橋梁篇第二』pp.399〜451
30) 『東京市史稿市街篇第二八』pp.354〜397、昭和12年3月
31) 『東京市史稿産業篇第二八』pp.574〜576、昭和59年3月
32) 『東京市史稿産業篇第三二』pp.638〜647、昭和63年3月
33) 『寛政四子年永代橋修復書留』(三橋以下橋々書類 809-1-58)
34) 『東京市史稿産業篇第三七』pp.195〜201
35) 『東京市史稿産業篇第二四』pp.358〜363
36) 『東京市史稿産業篇第三八』pp.28〜36
37) 『東京市史稿産業篇第三五』pp.227〜228
38) 『寛政三亥年永代橋廻船吹当損所取繕書留』(三橋以下橋々書類 809-1-57)
39) 『東京市史稿産業篇第三七』pp.159〜168
40) 『寛政六寅年より同八辰年永代橋本橋仮橋修復書留』(三橋以下橋々書類 809-1-60)
41) 『東京市史稿産業篇第三八』pp.684〜707、『寛政四子年永代橋修復書留』(三橋以下橋々書類 809-1-58)
42) 「永代橋修復申渡候儀申上候書付」『寛政六寅年より同八辰年永代橋修復書留』(三橋以下橋々書類 809-1-60)
43) 「落札人伝吉身元書上」同上
44) 『享和二戌年永代橋修復書留』(三橋以下橋々書類 809-1-63)
45) 『東京市史稿産業篇第二三』pp.230〜233、昭和54年3月
46) 『東京市史稿産業篇第二三』pp.642〜649

47) 『東京市史稿橋梁篇第二』pp.783〜856
48) 『東京市史稿産業篇第二四』pp.134〜136、昭和55年3月
49) 「橋定請負人元極證文」『安永三午年より同六酉年至　御入用橋一件』(三橋以下橋々書類 809-1-86)
50) 『寛政元酉年より同二戌年　定請負、町入用橋一件并定請負取放書類』(三橋以下橋々書類 809-1-92)
   『東京市史稿産業篇第三四』pp.145〜160、平成2年3月
51) 『東京市史稿産業篇第三四』pp.435〜437
52) 「寛政三亥年五月橋々御入用伺書」『寛政三亥年　御入用町入用一件』(三橋以下橋々書類 809-1-94)
53) 『東京市史稿産業篇第三四』pp.761〜766
54) 『東京市史稿産業篇第四三』pp.620〜657、平成12年3月
55) 「南撰要類集八四一二九」『東京市史稿産業篇第四五』pp.552〜561
   「享保三年　京橋掛替御普請御入用入札直段取調候趣相伺候書付」『文政七申年京橋外拾壱ヶ所御普請書留一　御入用伺・入札取調之部』(旧幕引継書 808-35-1)
56) 『東京市史稿産業篇第二三』pp.230〜233
57) 『東京市史稿市街篇第四〇』pp.31〜49
58) 『東京市史稿橋梁篇第一』pp.552〜557
59) 『江戸雀』「江戸叢書巻の六」p.141
60) 『明治九年東京府統計書』pp.16〜26
61) 『河渠志』「東京府志料巻之三〜五」昭和34年3月
62) 内藤昌『江戸と江戸城』pp.128〜140、昭和41年1月

8章　永代橋落橋と政策の変化

1．群集による落橋[1),2)]

　上記のように民営化されていた隅田川の橋の一つ、永代橋において文化4年（1807）8月19日に歴史上最悪といわれる落橋事故が発生した。滝沢馬琴は『兎園小説余録』の中で、この事故について自らの体験を詳しく書き記している。この日は深川・富岡八幡の祭礼の日であった。祭礼は34年ぶりに復活されることになり、15日に行われる予定であったが天候が悪く、この日に順延になっていた。

　「永代橋は当時、仮橋であったため霊岸島、箱崎町、両新堀などの隅田川右岸側の9番の(だし)山車は船で河を渡っていた。当日3、4番の山車が渡りつつあった午前10時ころ永代橋は、群集が南の方の水際から6、7間の所の橋桁を踏落としたことにより大きく崩れ、数千人の老若男女が川に落ちた。翌日までに死骸をひきあげられたものはおよそ480人に達し、この外は不明である」（『兎園小説余録』）。

　この直前には祭見物に行く一橋家の船が橋下を通るため一時通行止めになっており、解除後数万の人が一気に橋を渡り始めたところその重さに耐え切れず橋が落ちたと考えられ、その上にいた人はもちろん、あとに続く人たちも事情がわからないまま押し寄せる群集に押されて次々と橋から落ちた（図8-1 参照）。

　「この事故は橋板を踏み折ったものではなく、橋杭が泥中にめり込んだために桁も折れた」と説明されている。そして事故現場では一人の武士がとっさの判断で、刀を抜いて振り回したため異常を感じた人々が後へ逃げようとして下がり始めたことで多くの人命が救われたという逸話も伝えられている。また周辺の船140艘以上が救助に当たったとする記録もある。

　それにもかかわらず信じられないほどの死者が出た。その実数はよくわからないが、太田蜀山人は『一話一言』で、直後に各地で収容された水死者の数を上げており、その合計は337人、行方不明者は371人とし、10日後の28日までに722人の死者が見付かったと記している。また『永代橋凶事実記』[3)]では町奉行から老

図 8-1　永代橋の落橋（夢の浮橋『燕石十種』挿図）
（『東京市史稿変災篇第三』pp. 650〜651）

中に報告された数は溺死者440人、存命者340人とあり、南町奉行を務めていた根岸鎮衛家に伝えられた記録では死者732人、行方不明者130人とある。このようにこの事故の死者は記録にあるものだけでも500人を超え、流されて行方不明になった人も100人に達したと考えられる。そして幕府はこの直後に困窮者を対象にして、稼ぎ主が水死した家族に5貫文、大怪我をした家族には3貫文などの見舞金を、町役人を通じて出している。その対象者は56人で、総額は54両余であった（『永代橋凶事実記』）。

　馬琴は妻子が所縁の人に誘われて祭見物に行くというので同意したが、安永年間に新大橋で花火見物の群集によって欄干が押し倒されて多くの死傷者が出たことを思い出し、永代橋の欄干が朽ちたところがあったため、人出を避けてできるだけ早く家を出るように言い、もし人出が多ければ新大橋を渡るように言い含め、朝7時ころ家を出した。

　落橋事故を聞いてからは、昼過ぎに人を遣わして、帰りは新大橋も朽ちているので両国橋を渡るよう指示した。妻子は午後8時ころようやく帰ってきたが、新

大橋仮橋は通行止めになっていたようで、帰路に両国橋へ回るために深川の海辺橋や高橋を渡ったとき群衆によって橋がゆらゆらと揺らめき、生きた心地がしなかったという。

このことでもわかるように当時の永代橋と新大橋は構造的に貧弱な橋で、朽ちたところが目立っていた。ちなみに永代橋は馬琴が記すような仮橋ではなかったが、享和2年(1802)に補修がなされて以来、本格的な補修記録はなく、老朽化が進んでいたと考えられる。また民営化以来、その仕様水準も低下していたのであろう。新大橋の方は寛政10年(1798)に架けられた幅2間の仮橋で、かなり脆弱な橋であったと考えられ、家族に渡らないように指示したのは的確な判断であったと馬琴自身も記している。

当時の永代橋をはじめ新大橋、大川橋ではそれぞれの請負人が橋の南北詰に小屋をつくり、二人の番人が長い柄を付けた笊を持って武士を除く通行者から銭2文を取っていた。馬琴は同書の中で、「(このような民営システムでは)橋が朽ちても速やかに架け換えることができず、やむを得ないときには仮橋を造って本普請を延ばしている。これではこの度のような事故が度々起こる可能性が大きい」と指摘している。

幕府は事件の直接の関係者として橋請負人3人、同番人7人をはじめ、30数人に入牢を申し付け、掛り名主や橋役人、道役などをお預けとし(『一語一言』)、改めて橋請負人については病死した一人を除き遠島という厳しい処分にし、橋番人や橋掛り名主らを叱置、つまり厳重注意を申し渡している(『永代橋凶事実記』)。しかし根本的には、馬琴も指摘しているように民営システムによって耐荷力の低い橋が放置されたことが要因であり、不特定多数の人々が利用する公共構造物の管理を地元の町に押し付けたことにより十分な維持管理ができない状況を作ってしまった幕府の政策の不備にあったと言わざるをえない。

一方、橋の工事請負人には全くお咎めがなかった。文化5年(1808)の両橋の架け換え工事を請け負った霊岸島川口町の川嶋屋伝吉は、寛政8年(1796)、寛政11年、享和2年(1802)の補修工事も落札して請け負っており(7章5.参照)、現在の感覚からすると、一端の責任を問われても不思議ではないが、事故直後の文化5年(1808)に行われた永代橋、新大橋の新築工事の入札に参加して落札しており、逆に現場に精通しているとして歓迎されたのであろう。これは、現在のような責任施工という請負システムとは違って、幕府は管理者責任を重く見ていた証拠であろう。

2．永代橋、新大橋の架け換え[4),5)]

　この事故の翌年には幕府の費用によって永代橋と新大橋の全面的な架け換えが行われた。

　永代橋の落橋事故は馬琴が記しているように「橋杭が泥中にめり込んだ」ことが直接の要因であった。幕府の調査では、永代橋30基の橋脚のうち、西から26、27側目、すなわち深川側の4、5側目の橋脚杭が所定の根入れより7～8尺(2.1～2.4m)ほど「滅入込」んだと表現されているようにいずれも3本の橋杭からなる2基の橋脚が、群衆の荷重によってそろってめり込んだため、上部の桁が崩れた。

　事故直後だけに慎重に現場工事は実施された。まずめり込んだ杭を抜き取り、その場所で様杭(試験杭)を用意して、入念に震込みを行った。そして27側目の杭ではめり込んだ杭よりもさらに地盤の堅い所で2、3尺、堅くない所では6尺から1丈ほども深く下がった。

　一方26側目のところで試験杭を震込んだところ、古杭を抜き取った跡よりも深く貫入することができず、1、2尺または5尺弱も高く止まった。27側目よりも地盤が堅いと判断されたが、めり込んだ杭より根入れが浅いのは不安が残るとして川床際にかせ(枷)を仕込むことにした。震込んだ杭をいったん抜き取り、川床より2尺余下がった位置に、長さ1丈(3m)、高さ1尺(30cm)、幅2寸5分(7.5cm)の板を杭に貫通させて杭の耐荷力を増す仕掛けが採用された。

　かせを付けて震込んだが、かせが川床より2尺程下がったところで杭はほとんど下がらなくなり、その状態で10日ほど放置して様子をみたところ少しも下がらなかったので、26側目の杭にはすべてかせを付けることになった。

　新しい仕様では橋の長さ、幅はほぼ従来どおりであったが、橋脚の杭本数と長さはかなり増やされた。杭三本建の橋脚を両岸より3基ずつにし、めり込んだ橋脚は四本建とされ、杭長は26、27側目の杭が最も長く、長さ5丈1尺(15.5m)、末口1尺2、3寸(36～39cm)の槻(欅)材が用いられた(「永代橋新規掛直仕様帳」)[4)]、**図8-2(d)** 参照)。

　ただし長さ6間(10.9m)以上のものは継ぎ杭とし、上杭には長さ5間(9.1m)以上、末口1尺5寸(45cm)のものを用いるとされた。上下杭の継手は長さ4尺(1.2m)の鉄輪継とし、帯鉄を2段に掛けて鋲でしっかり固定された。

　施工では杭の根入れの確保が重視され、震込みに当たっては、土俵は1俵の目

8章 永代橋落橋と政策の変化　135

表 8-1　両国橋、三橋、御入用橋などの略年表

年代	両国橋	新大橋	永代橋	大川橋	御入用橋など
寛文元年(1661)	創架 長94間幅4間				
寛文6年(1666)	5月出水、杭一部流失				
寛文8年(1668)	2月焼落				
延宝8年(1680)	閏8月橋損し、往来留、架け換え計画 仮橋完成、有料：橋銭約18年間				
天和元年(1681)	工事遅延にて奉行閉門、御手伝大名除封				
天和2年(1682)	12月仮橋類焼				
貞享元年(1684)	修復				
貞享4年(1687)	広小路、明地設定				
元禄6年(1693)		創架 長京間100間、幅同3間7寸			
元禄9年(1696)	架け換え 長94間、幅3間半				
元禄11年(1698)			創架 長114間、幅3間4尺5寸		
元禄16年(1703)	11月大火、西47間焼失、橋に て500〜600人死亡、修復1500両、本所奉行掛り				
元禄17年(1704)			橋上に水乗り、石垣崩落、修復		
宝永7年(1710)	修復				
正徳4年(1714)	12月少々焼失、翌年修復				
正徳6年(1716)		1月焼失			

年代	両国橋	新大橋	永代橋	大川橋	御入用橋など
享保4年(1719)		架け換え 602両 長108間、幅3間1尺5寸	深川町々へ下付、町管理		本所奉行廃止 御入用橋町奉行管理に
享保7年(1722)					深川の御入用橋25橋に 豊海橋を町管理に
享保11年(1726)			橋銭徴収7年間 1人2文		
享保12年(1727)			架け換え 幅3間1尺5寸		
享保13年(1728)	9月出水、中程40間押流 直後渡船、1人1文 10月仮橋、渡銭2文約6カ月間	江戸の方半分流失 3橋共4、5日往来止まる	橋普請中、杭多数押流		浅草川新し橋、一石橋、 鳥越橋など組合橋に
享保14年(1729)	修復 長94間、幅3間2尺	修理 2783両	修理		
享保17年(1732)					橋普請に公役金充当
享保19年(1734)	6月、8月仮橋流失 修復 仮橋2文徴収	両国橋流れ掛かり、一部 破損修理 長京間100間、 幅同3間			御入用橋126橋一括請負 (800両)
元文元年(1736)			橋銭徴収'20年間 1人1文		
元文2年(1737)		修理 2478両			御入用橋管理請負金1000両に
寛保元年(1741)					
寛保2年(1742)	8月洪水、橋杭12本流失 渡船の5仮橋、奉行更迭 2文徴収約2年間	橋杭5本流失 応急補修(約150両) 駕籠馬禁止	橋折れ、抜け12本、往来留 応急修理、人のみ通行、橋銭 は前の通り		
寛保3年(1743)		修理 697両			
延享元年(1744)	普請完成		深川町々へ下付 町管理 橋銭徴収		
宝暦9年(1759)	架け換え、仮橋2文徴収、運上金				
宝暦10年(1760)		類焼	類焼、仮橋 渡銭1文のち2文		

8章 永代橋落橋と政策の変化

年			事項	備考
明和2年(1765)			本橋完成、翌年より5年間、1人2文徴収	
明和3年(1766)			8月出水、仮橋52間程流落、住来差留	
明和4年(1767)			橋ねじれ、住来差留	
明和8年(1771)			流失、修復できず橋掛の解任	一括請負費500両に減額
明和9年(1772)			大風雨、廻船流れ掛かり橋破損	
安永3年(1774)				創架 長79間、幅京間3間 橋銭徴収2文
安永4年(1775)	架け換え、見積約6000両 仮橋2文徴収、運上金			
安永6年(1777)				一括請負費950両にもどす
天明元年(1781)			7月大水、杭数本破損、住来留修理	流失、住来留、掛け足し 翌年より10年間、2文徴収
天明2年(1782)			8月出水、住来留	住来留
天明3年(1783)				6月出水、杭一部倒れ、桁下る 修理 上納金5年間免除
天明6年(1786)	7月出水、中程の杭2、3本抜げ、住来留	20～30間流れる		中30間程流れる
寛政2年(1790)				一括請負制停止、直接名主御定金950両、実務は樋橋掛橋
寛政3年(1791)			8月出水、応急修理	廻船流れ掛り、27間押流、渡船
寛政4年(1792)			破損修復 528両 長110間、幅京間3間	定橋掛
寛政8年(1796)			架け換え 仮橋共1224両 請負人斥吉	

年代	両国橋	新大橋	永代橋	大川橋	御入用橋など
寛政9年(1797)	11月焼け落ちる 仮橋 長120間、幅2間				
寛政11年(1799)			修復 952両		
寛政12年(1800)					簑橋、霊岸橋、亀島橋架け換え：一橋ごとに入札、計1330両余
享和2年(1802)		7月洪水、25間程切り落ちる	8間程押崩れ、修 459両	25間程流失 架け換え 町会所貸付 伝吉請負	
享和3年(1803)					京橋架け換え：江戸川神田川浚助成地代金貸付利息を流用、入札率65%
文化4年(1807)			8月19日落橋 死者700〜800人 橋請負人等処罰		
文化5年(1808)		閏6月出水仮橋落橋 修復 本橋架け換え 3740両 長108間、幅3間1尺5寸	11月新大橋とも御入用で架け換え 4300両 長110間、幅3間1尺5寸		
文化6年(1809)	8月出水、普請中仮橋破損	菱垣廻船仲間(十組問屋)三橋会所設立、冥加金で三橋の工事を行う：通行無料に			
文化9年(1811)				架け換え 長83間、幅3間1尺	御定金760両に減額
文化13年(1815)			8月大颶雨、廻船押掛り、破損		
文政2年(1819)		三橋会所廃止、御入用橋になる。以降十組問屋からの冥加金により管理			
文政6年(1823)	架け換え 仮橋80日 3代夫婦渡り初め			架け換え	
文政7年(1824)		架け換え	8月出水、杭一部抜出し、修復		京橋外11橋架け換え：1989両余、地代金貸付利息流用

8章 永代橋落橋と政策の変化　139

年				
文政8年(1825)				28橋架け換え：1963両
文政11年(1828)	6月出水、杭数本抜出し			
文政12年(1829)		8月出水、杭一部損傷		
天保5年(1834)		2月：類焼　修復		
天保6年(1835)	6月大風雨、米船数艘流れ掛り、杭一部損傷	架け換え		
天保10年(1839)	架け換え			架け換え 2385両
天保11年(1842)	9月出水、一部損傷			
天保12年(1841)		株仲間解散：十組問屋の冥加金停止 三橋御手当屋敷からの世代を維持管理費に宛てる		
天保13年(1842)		架け換え　2月3代夫婦渡り初め		架け換え 2350両
弘化2年(1845)		修復 141両		御入用橋 132橋
弘化3年(1846)	6月出水 若干破損、木留杭流失	橋総体に傾く	一部の杭下り、橋面30間程度沈む	
弘化4年(1847)	修復 268両余	修復 34両余	一部の杭震れ下がる	
嘉永2年(1849)		架け換え		修復 491両余
嘉永5年(1852)	架け換え 長94間、幅4間8寸　3代夫婦渡り初め			
安政2年(1855)			8月大船当り損傷	
安政3年(1856)		8月大風雨 大船架当り、橋柱2カ所押切る		
安政5年(1858)		架け換え		
安政6年(1859)				架け換え 落札2521両 長83間、幅3間1尺5寸

方7貫目(26.25kg)のものを120俵(3.15t)積み、人足30人掛かりで2日間震込み、それ以上入らないことを確認した上で、杭頭への帯加工をするとしている。現場での根入れは27側目では3丈1尺2寸(9.5m)に達し、28側目で2丈7尺5寸(8.3m)、かせ入りの26側目では2丈2尺5寸(6.8m)、また25側目より西側では根入れは1丈5尺(4.5m)以下であったが、場所によってかなりのバラツキがあり、縦断曲線などを考慮して切りそろえる必要があった。そして杭頭の帯加工や水貫穴の施工は現場合わせになったと考えられる。

　最大スパンは、31径間のうち11、15、17、25径間目の4径間で、この間の桁長は5間3尺(10m)、橋脚上の継手長が2尺7寸(82cm)となっているため、スパンは約5間(9.1m)であった。ここが御通船の間および風烈の間に当たると考えられる。ここでは将軍家の船が通るため杭も水際まで鉇で、丁寧に仕上げることになっており、この間の桁も鉇削にすると指示されている。鉇削とされているが、当時の技術からすると、台鉇で仕上げられたと考えられる。その他の主桁長は5間が2カ所、4間3尺(8.2m)が4カ所、4間が10カ所、3間3尺(6.4m)が7カ所などとなっており、継手が約3尺とすると、スパンはそれを引いた値になる。主桁にはいずれも両側の耳桁が幅1尺7寸、厚さ8寸の槻の角材、3本の中桁には末口1尺4寸～5寸の丸太材が使用された。

　古い永代橋の撤去された杭や桁には悪い部分を取り除けば、杭の根包板や貫材、埋土台、梁の雨覆などに加工利用できるものがあると判断され、できるだけ再利用するよう検討し、すべて新材の場合と古木、古鉄物を再利用した場合(「永代橋新規掛直古木交遣仕様帳」[4])の二通りの仕様を作り、入札に掛けている。その結果、部材を再利用した場合は2橋で8040両(永代橋：4300両、新大橋：3740両)、すべて新材の場合は8682両となる札を入れた霊岸島川口町の伝吉に請け負わせることに決めている。このとき伝吉は2番札であったが、1番札の神田佐柄木町の弥兵衛が提出した身元保証人や担保とする屋敷の価値が不十分であるとして失格となったため、推薦されることになった。

　この請負人が提出した詳細な内訳書(「永代橋新規掛直古木古鉄物交遣内訳帳」[4])があるが、その中には一部の杭に貫入するかせの材料は上げられておらず、また古材を再利用したときの手間賃などは増加するという但し書きがあり、現場合わせの変更を前提にしていたのであろう。

　新大橋もほぼ同じ仕様で新設された[6]。幅は同じであったが、橋長は108間と2間短く、橋脚数は29基で、1基少なく、橋杭の構成も3本建が東側で5基と2

基多くなっていた。杭の太さ長さはほとんど変わらないが、根入れは永代橋に比べるとかなり浅い。スパン構成はほぼ同じで、長さ5間3尺(10m)の桁が適用されるスパンは4径間、5間桁のスパンは2径間で、他は4間3尺～2間3尺の桁で構成された。耳桁の断面は1尺5寸×8寸で、永代橋よりも少し小さい。

杭は永代橋同様の方法で、十分震込まれるよう指示されている。同年11月に作成された出来形帳(「新大橋新規掛直普請出来形帳」[4])によると、仕様では6間以上の杭は継杭とすることになっていたが、実際は通し杭が75本、継杭が32本で、外側の耳杭はすべて通し杭が使われている。また杭は十六角物となっており、手斧によって少し丁寧に加工されていたことになる。杭長を当初の仕様と現場の実績を比べてみると、橋中央部から東の杭はほぼ仕様どおりになっているが、西の方の杭は2～3尺、極端なものでは4側目で8～9尺も長くなっており、想定よりもそれだけ根入れが深くなったことになる。

また西から3側目の杭を震込んだところ当初の見込み、すなわち仕様帳では杭長が2丈8尺(8.5m)で、根入れを8尺(2.4m)と見込んでいたが、1丈4尺以上も下がり、継杭にするように請負人から現場担当役人へ、さらに担当役人から上司へ許可を求める書類も残されている。

また同じ橋脚の杭でも根入れにかなりのばらつきがあり、杭長と根入れ長との差、つまり川床から杭頂までの長さに大きいものでは5尺ほどの差が生じている。梁を載せるときには低いところで切りそろえる必要があるが、同時に橋軸方向にも当然高さ調整が必要であったから現場での作業はかなり手間の掛かるものになったと想像される。

両橋ともに6月には現場工事にかかったが、出水期に工事を強行したため足場の流失などの事故も発生した。また閏6月には通行を確保していた新大橋仮橋の橋脚に損傷が出て一時渡船に切り変えて急きょ補修をすることもあったが、11月には無事開通した。

3．隅田川4橋の仕様の変遷

(1) 直轄時の仕様

隅田川に架けられた4橋の仕様の変遷を追跡することによって、管理体制の変化が構造の変化に及ぼした影響を検証できると考えた。とくに永代橋の落橋以降、仕様がどのように変化したか興味深い。

隅田川に初めて本格的な橋が架けられたのは、寛文元年(1661)の両国橋で、橋長が94間(171m)、幅員が4間(7.3m)という本格的な橋であったが、架設費用など詳細なことはわからない。

その後元禄期には、本所、深川地域の本格的な開発を促進するため、元禄6年(1693)に新大橋が、元禄11年(1698)に永代橋が架けられ、架設以来20年を経て応急的な仮橋になっていた両国橋も元禄9年(1696)に本格仕様の橋に架け換えられた。

いずれも幕府が材木を提供し、現場の工事を担当する業者は入札によって決められている。このときの請負費は、新大橋が2343両余、両国橋の場合は2893両で、このときの橋の規模は、新大橋が橋長京間100間(197m)、幅3間7寸(6.1m)とされ[7]、両国橋が橋長田舎間94間(171m)、幅3間半(6.4m)であったとされるから、それぞれの建設費を1坪当たりにすると、両国橋の場合は8.8両坪、新大橋の場合が6.6両/坪となる。

当時の木橋の建設費は、使用する木材の寸法によって大きく左右され、寛保3年(1743)の両国橋での工事費の見積例でもわかるように(表4-3参照)、現場で使用する金物類と人件費の合計額は総工費の1/6〜1/8に過ぎない。したがって全体額は両国橋の場合は2〜3万両に達したと考えられ、新大橋の場合は新設であったから1.5〜2万両は要したと考えられる。永代橋は資料がないのでわからないが、新大橋とほぼ同じ程度は要したと想像される。

新大橋は享保4年(1719)に全面的に架け直されているが、このときの橋長が108間、幅員が3間1尺5寸となっており、材工共の請負額が6117両で、坪当り17.5両であった。材料として杭、梁、桁はすべて槻(欅)で、筋違、床板、高欄などには赤松、栂が使われることになっていた[8]。旧材もかなり利用されたと考えられるが、坪当り単価がかなり高くなっているのは仕様がそれなりに高かったためであろう。

両国橋の寛保3年(1743)の工事仕様によると最長杭に末口2尺5寸ほどの木材が用いられることになっていたが、建設費が3万両を超えることになり、仕様を下げて末口2尺3寸以下にし、継杭を増やすことによって建設費を抑えるようにしたと考えられる(表4-3参照)。それでも図8-2(a)のように大きな断面になっている。

木橋の建設コストは基本的には木材の量によって決まったと言える。その価格は木の種類によって異なるが、材種は欅、栂、檜などの高価なものが選ばれてい

図8-2 隅田川4橋の断面図

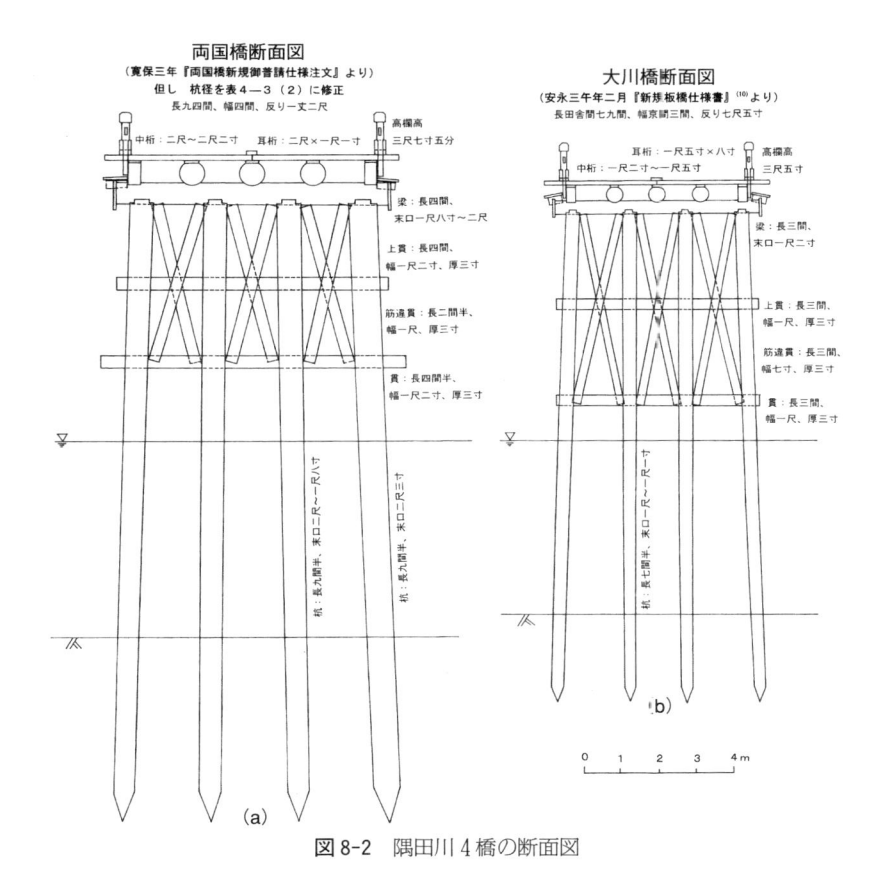

るため、その基本単価は大きくは変わらないとすると、産地からの輸送費の比率が大きい。それは取り扱いにくさの程度によるため、一本当たりの長さと体積が大きいほど単価は高くなった。

　木材の量が大きい部分は、杭と桁である。桁の寸法は最大スパンによって決まったとしてもよい。隅田川の橋では将軍家の船が通る部分を御通船の間、増水時水流が速くなる部分を風烈の間といい、最低5間を確保するようになっていたと推定できる。各工事仕様の使用材料から判断すると、両国橋では最大スパンを7間とする仕様も作られたが、実現した可能性は低く、ほかの3橋でも10mを超えるようなスパンは取られなかったと考えられる。そして主桁の寸法は橋により、時代によってほとんど変化はなかったはずである。

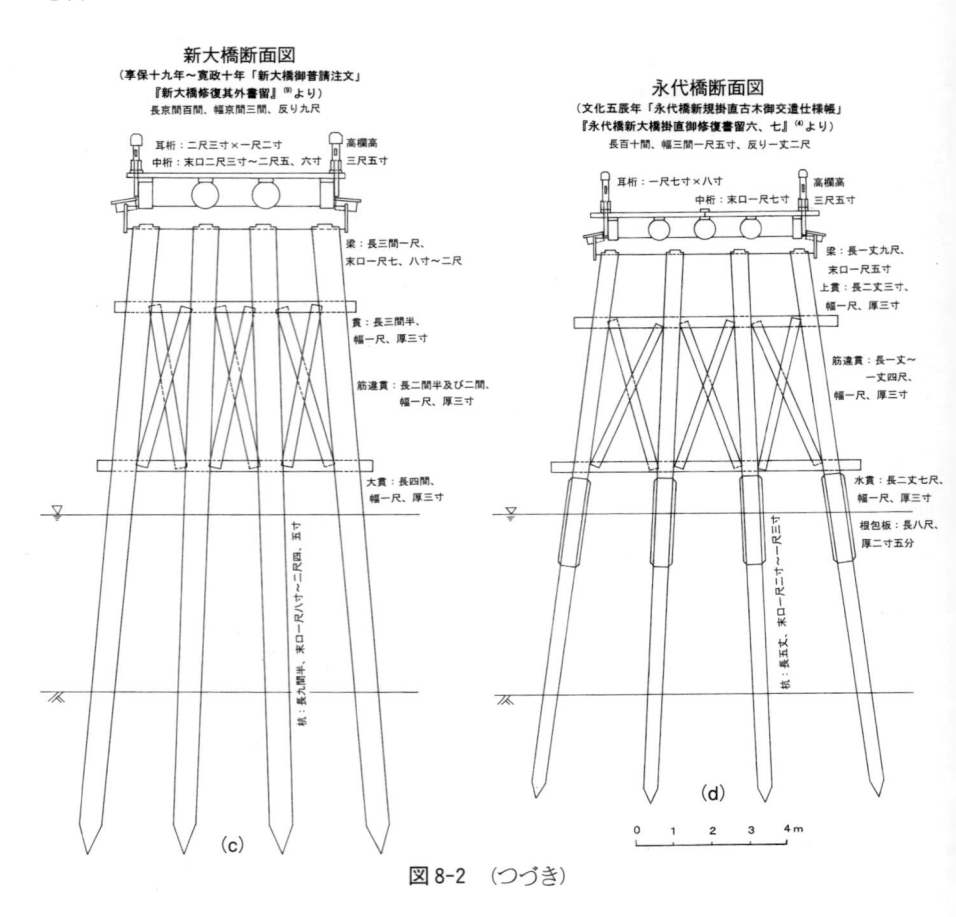

新大橋断面図
（享保十九年〜寛政十年「新大橋御普請注文」
『新大橋修復其外書留』[8]より）
長京間百間、幅京間三間、反り九尺

耳桁：二尺三寸×一尺二寸
中桁：末口二尺三寸〜二尺五、六寸
高欄高：三尺五寸
梁：長三間一尺、末口一尺七、八寸〜二尺
貫：長三間半、幅一尺、厚三寸
筋違貫：長二間半及び二間、幅一尺、厚三寸
大貫：長四間、幅一尺、厚三寸
杭：長九間半、末口八寸〜二尺五、五寸

(c)

永代橋断面図
（文化五辰年「永代橋新規掛直古木御交造仕様帳」
『永代橋新大橋掛直御修復書留六、七』[6]より）
長百十間、幅三間一尺五寸、反り一丈二尺

耳桁：一尺七寸×一尺八寸
中桁：末口一尺七寸
高欄高：三尺五寸
梁：長一丈九尺
上貫：長二丈三尺、幅一尺、厚三寸
筋違貫：長一丈〜一丈四尺、幅一尺、厚三寸
水貫：長二丈七尺、幅一尺、厚三寸
根包板：長八尺、厚二寸五分
杭：長五丈、末口一尺七寸

(d)

0 1 2 3 4m

図 8-2　（つづき）

　4橋の建設費に大きな影響を与えたのは杭の寸法である。沖積層が厚く堆積した架橋地点においては、杭の径や長さが耐荷力を左右し、それによって建設コストも決まることになった。このため使われた杭の寸法を比較していくと、その時代の建設費の大小が比較でき、安全性に対する考え方を推測することも可能となる。さらに幕府が採用してきた管理方式（直轄か民営か）の違いから生じる相違、ひいてはその得失についても言及することができる。
　新大橋も古くは、初期の両国橋の材料に匹敵するほどの太い材料が用いられていた（「新大橋御普請注文」[9]）。この資料から反り最高点付近の橋脚の構造を推定すると、図 8-2(c) のようになるが、この資料には、享保19年(1734)から寛政10年(1796)の間という広い幅の年代が示されており、どの時点の記録なのかはっき

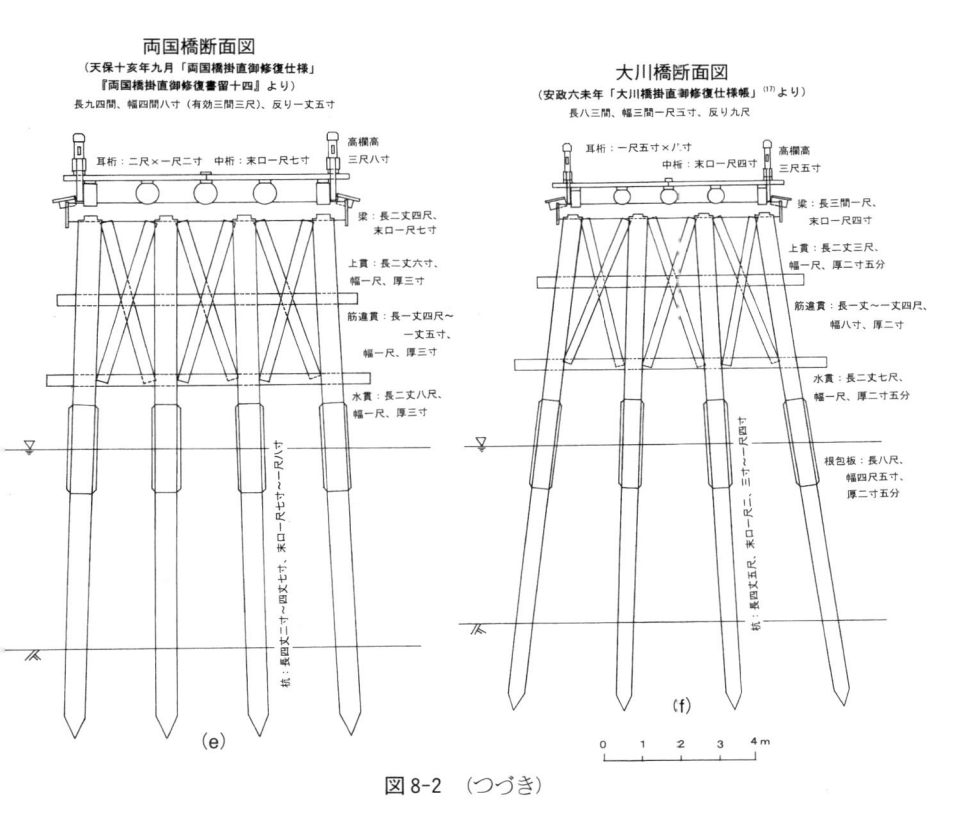

両国橋断面図
(天保十亥年九月「両国橋掛直御修復仕様」
『両国橋掛直御修復書留十四』より)
長九間、幅四間四尺 (有効三間三尺)、反り一丈五寸

耳桁：二尺×一尺二寸　中桁：末口一尺七寸
高欄高：三尺八寸
梁：長二丈四尺、
上貫：長二丈六尺、幅一尺、厚三寸
筋違貫：長一丈四尺〜一丈五寸、幅一尺、厚三寸
水貫：長二丈八尺、幅一尺、厚三寸
杭：長四丈五寸〜四丈七寸、末口一尺七寸〜一尺八寸

(e)

大川橋断面図
(安政六未年「大川橋掛直御修復仕様帳」[17]より)
長八三間、幅三間二尺五寸、反り九尺

耳桁：一尺五寸×八寸　中桁：末口一尺四寸
高欄高：三尺五寸
梁：長三間一尺、末口一尺四寸
上貫：長二丈三尺、幅一尺、厚二寸五分
筋違貫：長一丈〜一丈四尺、幅八寸、厚二寸
水貫：長二丈七尺、幅一尺、厚二寸五分
根包板：長八尺、幅四尺五寸、厚二寸五分
杭：長四丈五尺、末口一尺二寸〜一尺四寸

(f)

0　1　2　3　4m

図 8-2　（つづき）

りしない。新大橋は延享元年(1744)には地元に下げ渡され、橋銭徴収によって運営されることになった。つまり民営化されたが、この資料はそれ以前の幕府直轄時の仕様である可能性が高いと考えられる。

(2)　民営化による仕様の変化

安永3年(1774)に新設された大川橋の仕様[10]では、杭は長さも短く、末口も1尺〜1尺2寸とかなり細いものが指定されている（**図 8-2(b)**）が、これは新大橋と同程度の仕様にしたと強調されており、この時点では新大橋の杭の寸法も細いものが用いられるようになっていたと推定される。

一方、永代橋の仕様に関する初期の記録はほとんどないが、寛政4年(1792)以降の4回の補修記録[11),12),13),14)]では、最長杭の末口は1尺1寸〜1尺2寸となっており、大川橋の場合とほぼ同じであり、この時点では新大橋も永代橋と同様の材料が使われていたと推測される。

以上のように断片的ではあるが、複数の資料から推論すると、幕府が直轄で建設、管理していた間は末口2尺(60cm)ほどの比較的太い杭が適用されていたが、民間に下げ渡されてからは補修には末口1尺2寸以下の杭が用いられるようになり、大川橋が架設されるころには、末口1尺〜1尺2寸程度の杭に変えられていたと考えられる。

　両国橋では、大川橋が新設された安永3年(1773)に大規模な補修工事が行われることになったが、そのとき作られた仕様によると、杭90本のうち67本を取り替えるが、34本を通し杭、33本を継ぎ杭とすることになっている。通し杭で最長のものは16側目の南耳杭で、長さ4丈2尺5寸(12.9m)、末口1尺9寸より2尺(58〜61cm)の槻(欅)とされ、反りの最高点と考えられる13、14側目の杭は継ぎ杭で、末口2尺(61cm)、長さ2丈5尺余の槻が用いられることになっている。

　また桁より上はすべて取り替えることとされ、総額で6897両余と見積もられていたが、見直しを行って6000両弱にすることが可能であるとしている[15]。その後も工事費の見直しが行われたようで、このとおりの仕様で工事が行われたかどうかは不明であるが、工事が265日にも及んでいるので相当規模の大きな架け換え工事が行われたことは間違いない。

　さらに安永9年(1780)にも総額530両の修復工事が行われており、杭材として最長のものには長さ7間(12.7m)、末口2尺(61cm)、ほかのものにも末口1尺8寸(55cm)の木材が使われることになっており、安永ころにも両国橋の杭には末口1尺8寸から2尺程度の木材が適用されていた。

　このように幕府直轄であり続けた両国橋は、幅員4間8寸(7.5m)が確保されており、元禄期のものよりは細くなっているもののほかの3橋に比較して、径で1.5〜1.7倍、断面積にして2〜3倍の橋杭が用いられていたことになる。

　文化4年(1807)の永代橋落橋直後、文化5年に永代橋と新大橋が、文化9年に大川橋が架け換えられたが、杭材は末口1尺2寸〜1尺3寸と少し太いものが用いられている。仮に杭径を2割大きくすると断面積は4割増え、それが建設費に反映されるから影響は小さくない。また、根入れが十分取られるようになったため、その分木材の量も増加した。

　下流へ行くほど根入れは深くなり、とくに永代橋ではかなり深くなったため、建設費はその分増加した。文化5年の両橋の坪当り単価が、一部古材を用いた場合でも、新大橋で10.7両/坪、永代橋で12両/坪となっている。

(3) 永代橋落橋以降の仕様の変化

　文化 5 年(1808)に新設された永代橋の最長杭は、めり込んだ26、27側目の杭を別にすると、反り最大点近傍の杭で、長さ 5 丈(15.2m)、末口 1 尺 2 寸～1 尺 3 寸(36～39cm)の木材が用いられることになっている。これと文化 4 年以前に行われた修復工事の記録による杭の寸法とを比較してみる。

　享和 2 年(1802)の修復[14]では杭18本が取り替えられたが、最長の杭は長さ 4 丈 7 尺(14.2m)、末口 1 尺 2 寸(36cm)の 4 本となっている。

　寛政11年(1799)の修復[13]では杭24本が用意され、最長杭は長さ 4 丈 5 尺(13.6m)、末口 1 尺 3 寸(39cm)の 2 本とあり、寛政 8 年(1796)の修復[11]では、杭41本が取り替えられ、最長杭は長さ 8 間 1 尺(14.8m)、末口 1 尺 1 寸(33cm)の 6 本となっている。また、寛政 4 年(1792)の修復[11]では杭19本が用いられ、最長杭は長さ 8 間(14.5m)、末口 1 尺 1 寸(33cm)の 8 本となっている。

　これらの杭がどの箇所に用いられたかはわからないが、文化 5 年の架け換え工事直前に行われた調査では川底から桁下端までの距離が14側目において 3 丈 7 尺 5 寸(11.4m)となっており、根入れの必要長は 1 丈(3m)とされているから、14.4m が最長杭となる計算になる。したがって各仕様の最長杭はそのときの最長杭に近いと考えられるから、文化 4 年以前の杭には末口 1 尺 1 寸～1 尺 3 寸(33～39cm)の杭が使われていたことになる。

　この寸法は文化 5 年の仕様の杭径と大きくは変わらない。したがって文化 4 年の事故は、深川よりの一部の地盤が極端に弱く、根入れを十分取り、かつ杭本数をある程度増やせば、橋の耐荷力は確保できると幕府の担当者は判断していたと考えられる。しかし見方を変えると、2 橋を一度に架け替えるのは当時の幕府の財政状況からは難しく、できるだけ仕様を落として出費を抑えようとした結果であると考えることもできる。両国橋並みの仕様を採用すると 3～4 万両が必要となったはずで、それだけの出費は難しいため幕府の担当者に一定の妥協を迫られたと推測される。

　文化 9 年(1812)に大川橋は全面的に架け換えられた。橋長が83間(151m)、幅員は全幅で 3 間 1 尺(5.8m)、反り 9 尺(2.7m)と以前のものとほぼ同じであるが、永代橋の事故を受けて、橋杭などがかなり強化された。同年11月に作成された出来形帳[16]によると、橋脚23側のうち杭 3 本建のものを 3 カ所で 4 本建に変え、個々の杭をかなり太くし、かつ長くして根入れを 1 本平均 1 尺 4 寸(42cm)増した。

各部材ごとの寸法は示されていないが、各構造の総量が示されているのを参考にして部材寸法を推定してみると、橋杭では、旧橋の杭の尺〆（尺締め）、つまり１尺角２間長の体積（12立方尺＝本）は186本余であったのに対して新橋では376本余と倍以上になっている。これを１本当たりに換算してみると、旧橋の杭が末口１尺１寸（33cm）強として、杭長が５％ほど長くなっていることを考慮して逆算すると、末口が１尺３寸強（約40cm）となる。また梁は径１尺２寸〜１尺３寸（36〜39cm）ほどのものが新橋では１尺６寸（48cm）ほどになった計算になる。桁は断面積で1.5倍、寸法では1.2倍強大きなものが使われたことになる。

　架け換え直前の仕様は、安永３年（1774）の創架時のものと同じであったと考えられるから、これと比較してみると、まず創架時には建設コストを抑えるために仕様の範囲内で極力細い材料が使われたと考えられるが、文化９年のものは文化６年に架け換えられた永代橋や新大橋のものと同等か、やや大きめの寸法の材料が使われたことになる。このときの大川橋は、十組問屋の出費によって架け換えられたが、幕府の指導によって永代橋などと同等か、それ以上の強度が確保されたことになる。

　このときの詳しい仕様がわからないため、安政６年（1859）の架け換え時の仕様[17]から推定したのが**図 8-2(f)**であるが、この仕様は文化９年（1812）のものとほとんど同じであろう。

　このように永代橋落橋後に架け換えられた３橋の橋杭は、杭径では１〜２割程度、杭本数は５〜６本増え、杭の根入れは大川橋では40〜50cm、新大橋、永代橋では通常箇所で0.5〜2mほど深くなり、深川側の軟弱地盤の所では2〜3mは深く震込まれたため、杭の使用材料は体積にして1.5倍程度に増加したと考えられる。

　両国橋でも文化６年（1809）に北町奉行小田切直年の担当で架け換え工事が行われた[18]。「破損が強く、仮補修が難しいため掛直修復としたい」旨の伺書が提出されており[19]、具体的な工事規模や費用は不明であるが、数カ月の工期で仮橋を必要とするほどの規模の工事が行われたと考えられる。このときの工事仕様は、前後の仕様とほとんど同じで、杭には末口１尺８寸〜２尺程度の材料が使われ、その構造は天保10年（1839）の絵図と仕様から復元したもの（４章参照）と変わらないものであったと推測される（**図 8-2(e)**）。

　以上のように文化５年以降の復旧に当たって、両国橋を除く３橋の杭の根入れに関しては、一定の検討と改良がなされたが、杭径に関しては、両国橋や民営化

以前の新大橋のような太い材料が用いられることはなかった。その要因としては、幕府の財政状況からして多額の費用を支出することが困難になっていたことや幕府の御用林を含めて太い径の木材の調達が難しくなっていたことなどが考えられる。

4．隅田川三橋の管理費

(1)　三橋会所の設立

　文化4年(1807)に落橋した永代橋は、新大橋とともに翌年に架け換えられ、幕府には大きな出費となった。その翌年、文化6年(1809)には、江戸の菱垣廻船積問屋の組合が基金を作り、それを運用して永代橋、新大橋、大川橋3橋の架け換えや修理を行うことを目的とする「三橋会所」を設立することを願い出て、幕府から認められた[20]。これは大坂を中心とする西国方面からの下り荷を主として扱う各種の問屋が集合して組織された十組問屋が設立したもので、その目的は幕府の意に沿った活動を行うことによって、物資輸送の基礎となる菱垣廻船の再興と問屋仲間の江戸・東国地方における流通の独占を幕府に認めてもらおうとするものであった。

　上方～江戸間の海運を担ってきた菱垣廻船は、享保期(1730年ころ)になると、樽廻船というライバルが出現したことによってしだいに衰退していったことや新しい業種の勃興、旧来の流通ルートに乗らない商業形態が生まれたことによって従来からの十組問屋の独占が脅かされつつあった。

　定飛脚問屋の大坂屋茂兵衛(改名して杉本茂十郎)が問屋仲間のまとめ役になったとき、幕府に三橋会所の設立を申し出て認可された。さらに各業種組合から多額の冥加金を上納することにし、その額は1万200両に達した。この結果、幕府から十組問屋に有利な保護政策を引き出すことに成功し、文化10年(1813)には各業種においてそれぞれの商業活動を保証する株札が発行され、十組問屋の運動は一定の成果を挙げた[21],[22]。

　もう一つの理由としては、船の衝突によって橋が損傷を受け、当時の橋の管理者からたびたびの陳情によって幕府が橋から一定範囲に船を繋留することを禁止していたことにより、荷揚げがかなり制約を受けていたことを解消する意図があったものと想像される(7章5．参照)。

　三橋会所は約10年間存続した。その間3橋の修復工事がどの程度行われたかは

明らかではないが、文化9年(1812)に大川橋の架け換えが1回行われた記録がある。

株仲間としての特権を確保するために、幕府の米価調整策に協力して多額の資金を集めて当時下落していた米の買い付けを行ったが、思惑通りに米価は上昇せず、大きな損失を被ることになった。その後の茂十郎の強圧的な会所運営に仲間内から反発が出て、その統制に乱れが生じていた。

(2) 十組問屋の冥加金の流用

老中や町奉行が交代したのをきっかけとして文政2年(1819)に、茂十郎の十組頭取の罷免と三橋会所の解散が命じられた。十組問屋仲間から集めた金を不正に流用したことや冥加金の上納が年延されたことなどが理由であった。そのとき米買い上げのために茂十郎へ幕府が貸し付けていた金の残り1万両余は十組全体で返納すること、永代橋、新大橋架け換え費用の取替金の残り2770両は当年の冥加金のうちから返納することなどが申し渡された。会所設立前の文化5年の両橋架け換え費用も負担していた可能性がある。

そして永代橋以下3橋は町年寄の取り扱いとし、小破補修や橋番人給分、その他の雑費も手当すること、十組冥加金(1万200両)のうちより年間1000両ずつに橋助成地の地代金を加えた額を目安にして、新規架け換えや大補修のときは別途入用額の見当をつけ、冥加金のうちより出費すること、その他のことはこれまでどおり本所方にて取り扱い、入用を伴うときは本所方の申し立てどおりにすることが命じられている[23]。このように3橋の維持管理費は、会所解散後も引き続き十組問屋からの冥加金の中からまかなわれることになったが、この制度は天保12年(1841)株仲間解散令が出されるまで存続したと考えられる。

三橋会所活動の破綻は、中心人物の資金運用の失敗が直接の原因のようであるが、地廻り経済の発達によって独占が脅かされつつあった十組問屋の強引な独占維持策に伴う内部矛盾の拡大と幕府の財政悪化に起因する無理な経済政策によって必然的に生じたものと考えることもできよう。

以上のような経過を見ても、享保期に確立された橋という社会資本の民営化システムはその管理水準が低下したため破綻することになった。大きな事故が発生した教訓からその手法の見直しが迫られ、幕府が直接管理する方法に切り替えられたが、その時点では幕府財政は公共投資を健全化するのに必要な活力が失われていたため、実質的な負担のかなりの部分を民間の資金に頼らざるを得なかった。徳川幕府の財政は基本的に、都市の経済活動から合理的な税を徴収するシス

テムを持たなかったため、江戸の橋のような都市インフラへの適切な投資が十分に行われなかったことになる。

(3) 株仲間の解散と御手当屋敷の設定

天保12年(1841)には幕府により十組問屋を手始めに株仲間の解散が命じられた。これは天保の改革の一環で、株仲間の市場独占が物価高騰の要因になっていたと判断されたためである。

これによって十組問屋からの冥加金1万200両の上納も停止されたため、3橋の管理費を別途確保する必要が生じた。このため幕府の管理地から得られる地代の一部を当てることにし、特定の管理地が3橋御手当屋敷に指定され、その地代が運用された。この地代の管理は江戸町年寄に任されていたと考えられ、弘化4年(1847)に、館、喜多村、樽3人の町年寄から勘定所に提出された「三橋御手当屋敷地代金取立御勘定帳」[24]によると、弘化2年分として堺町、葺屋町、新材木町など、現在の中央区日本橋周辺の町々から、合わせて1278両余が上納されている。弘化3年分はこれらの町の一部が類焼したため、減額されて1032両余となり、2ヵ年の合計は2311両余であった。

これに対して支出は、3橋入用のうち、直接差し引かれる分が682両、弘化元年(1845)に行われた永代橋掛直し修復工事の費用4000両余を町会所から借り入れていたものを10年年賦で返済する2年分として800両と修復掛り与力への返納分約321両、また大川橋の修復費474両、新大橋修復費34両で、その収支差額は0となっている。

(4) 三橋管理体制の変遷

永代橋、新大橋、大川橋の3橋の維持管理体制は、時代によって大きく変化しており、幕府の担当者はその都度橋を存続させるためにさまざまな工夫をこらしてきた。

小林信也氏は新大橋を例にとり、橋の管理体制の変遷を以下の4期に分けて説明している[25]。その概略は、

第Ⅰ期　元禄6年(1693)～延享元年(1744)　御入用橋、幕府が主体となり、金蔵からの出金によって普請を行う。

第Ⅱ期　延享元年(1744)～文化6年(1809)　幕府の撤去通達を受け、深川町々が下付を願い、町橋となる。

第Ⅲ期　文化6年(1809)～文政2年(1819)　菱垣廻船積十組問屋が三橋会所を設立し、普請費用を引き受ける。

第Ⅳ期　文政2年(1819)～明治　三橋会所廃止、幕府御入用橋になるが、普請費用は十組問屋の冥加金の一部が充当される。また、株仲間解散後は、江戸市中に設置された上納地からの地代が工事費用に充てられる。

　この分類を参考にして3橋の維持管理体制を時代順に整理すると次のようになる。

1. 永代橋、新大橋は元禄期に初めて架けられたが、享保期の初めまでは幕府直轄で管理された。
2. 永代橋は享保4年(1719)に、新大橋は延享元年(1744)に深川の町々へ下付され、民営化された。大川橋は安永3年(1774)に民間人によって架けられ、3橋は文化5年(1808)まで、原則として通行料を徴収する有料橋として運営された。
3. 文化4年(1807)に永代橋が落橋、翌年永代橋、新大橋は幕府の費用で架け換えられた。
4. 文化6年(1809)に十組問屋によって三橋会所が設立され、その費用によって3橋の工事が行われることになり、文化9年(1812)に大川橋が架け換えられている。
5. 文政2年(1819)に三橋会所が廃止され、原則として幕府の直轄管理になったが、普請費用には十組問屋が上納する冥加金の一部が流用された。
6. 天保12年(1841)に株仲間が解散させられ、冥加金も廃止された。3橋の管理費は江戸市中に設定された特定の土地からの地代が充てられることになった。

5．幕府財政に占める橋の工事費

(1)　享保15年の幕府財政

　幕府直轄の橋の工事費が幕府財政にとってどれほどの負担になっていたのかを示す資料は少ない。享保15年(1730)の幕府の予算、決算に関する資料があり、当時の財政規模がわかる[27),29)]。幕府財政は米方と金方の2本立てになっていた。米方は、年貢米をそのまま米で支出するもので、幕臣への俸給、直轄地の運営経費、各種工事のまかないなどに使われたが、60～70万石の規模を持っていた。享保年間には、大名から上げ米を取っていたからかなりの余剰が出た。

　金銀建てで計算される金方は、70～80万両の規模があり、歳入の6割以上が年

表 8-2 享保15年(1730)における幕府の金方歳出予算決算の概要[26),28)]より作成

歳出費目		予算(千両)	決算(千両)
三季切米役料		238	247
役料・合力金他		46	50
奥向経費		59	60
役所費	1．御納戸、小普請方など	100	84
	2．町奉行、普請奉行など	14	13
	3．物資買上、検地入用など	7	18
	4．代官所費用	43	34
修復費	1．社寺など	3	4
	2．各地役所、城など	6	7
	3．河川	76	57
	4．橋	1	1(0.56)
米買上代並運賃		30	96
材木買上代・運賃		7	7
下げ金		11	12
貸付金		22	35
其の他		17	5
不時入用		50	－
合計		730	731

貢、次いで余剰米の売払いや上げ米の金納分、長崎奉行からの上納金、そして川普請に対する流域の藩の分担金(国役金)などが主な収入であった[26),28)]。享保年間は将軍吉宗の方針で、貨幣改鋳の益金は極めて少なかった。そして弘化期に見られるような江戸・大坂・京の町奉行からの上納金は計上されていない。

歳出は**表 8-2**に示したように、幕臣の俸給、江戸城内の経費、幕府各種役所の運営経費が大半を占め、今日でいうインフラ整備の費用はわずかしかない。それもほとんどが河川の改修費であった。橋を含めた道路整備費は極めて少なかった。道路の維持管理は原則としてその地の大名や代官などにまかされていたためであると考えられる。

橋に関する維持管理費用は全国で1000両が当てられているにすぎない。享保15年の橋に関する予算は1000両とされ、上げ米をなくした場合は700両に圧縮するとされた。そして決算では銀33貫700匁(金換算で約560両)が支出され、その対象

は公儀橋として幕府が直轄で管理していた「伏見筋違橋、六地蔵橋、肥後橋、大坂の難波橋の懸け直しや修復の入用」[29]であった。

　これら4橋の修復工事については、享保14年(1729)の8月に難波橋、11月に伏見の3橋の工事入札が行われる旨の町触が出されており、これらの工事代金が翌15年に支払われたものと考えられる。しかし、このほかにも享保15年2月に山城の宇治橋、8月には大坂の京橋、備前島橋の修復工事の入札が通知されており[30]、この年に支出された可能性が高いが、何らかの別の費目から支出されたのであろうか、また翌年の支払いになったのであろうか。

　享保15年には江戸の御入用橋のうち、本所、深川において新辻橋、本所四ノ橋などの修復工事が行われて、200余両の出費があった[31]。このほかにも両国橋や新大橋の修復などが行われており、数十両の支出があった。これらの橋の工事費がどの費目から出されたのかはよくわからないが、大半は御入用金でまかなわれたと考えられる。

　享保17年からは江戸の橋の工事費に公役金の一部が当てられることになったが、先取りして支出された可能性はある。また幕府所有地を町人に貸していた地代がプールされ、流用されたとも考えられる。そして享保19年(1734)からは御入用橋が二人の商人によって一括請負され、千両橋と呼ばれるようになったが、この費用には公役金が充てられた（3章5．参照）。

　幕府が直轄で管理していた橋は、全国ではかなりの数に上るが、幕府の勘定方から出費されたのは、江戸、京、大坂の公儀橋と東海道などの主要街道の重要な橋に限られていたはずである。これらの中には三河の矢作橋、吉田橋のように御手伝普請として大名に一定の負担を求めた場合もあったが[32]、ほとんどの場合は幕府からの直接の出費によっていたと考えられる。

　江戸の橋だけでも年間千数百両が必要とされており、橋に対する享保15年の予算額、1000両が全国の公儀橋の管理費だとすると、いかにも少ない。享保15年が例外的に少ない年であったのであろうか。

　記録に残る大規模工事としては、延享元年(1744)の両国橋の架け換え工事では少なくとも1万数千両を要したと考えられ、安永4年(1775)の両国橋では約6000両の出費があったとされる。また、文化4年(1807)の永代橋落橋事故を受けて、翌5年(1808)に永代橋と新大橋の架け換え工事が約8000両で行われている。これらの費用は幕府のいわゆる一般会計から支払われたと考えられる。

　これほど規模の大きな支出例は少ないとしても類焼後の復旧や洪水後の修復な

どでは複数の橋にまとまった費用が必要となることがたびたびあったはずであるが、臨時の出費がすべて一般会計でまかなわれたかどうかはわからない。

両国橋など隅田川の橋を除く、御入用橋の管理は、享保19年(1734)から寛政2年(1790)までの間は二人の商人によって、年間500～1000両の範囲内で一括請負されていた。その後は幕府の直接管理になったが、年間950両の御定金で、文化9年(1811)からは2割減の760両で、架け換えや補修工事が行われた。寛政期には公役金も一般財源化されていたと考えられ、御定金も金蔵から支出されていたはずである。

関係者はこの御定金の範囲内に納めるように努力していたが、年間1000両未満で130橋に上る御入用橋の管理を行うのは難しく、文政7、8年(1810、11)には臨時に江戸川神田川の浚渫費用に当てる地代金の貸付利息のうちおよそ4000両を流用して、計40橋の架け換え、補修工事が行われた(9章参照)。これは幕府のいわば特定財源が流用されたものであった。

(2) 幕末期の財政と橋の工事費

幕府財政の全般がわかる資料は天保14年(1843)までとぶ。時代が下がるほど幕府財政の規模は拡大したが、物価にスライドしたにすぎず、内容はむしろ不健全な状態になり、公共投資の枠を増やすことはできなかった。天保14年(1843)と弘化元年(1844)の幕府の歳出記録によると、財政規模は享保15年に比べて倍ほどになっているが、河川や橋のいわゆる公共投資額は2.4万両、1.4万両と全体額でも大幅に減少しており、橋に関しては江戸の橋の修復に157両と2084両が支出されているにすぎない[26],[33]。このように年によって違いがあるのは、橋の工事費に年間の目標を定めていた御定金の枠がなくなっていたためであるかもしれない。

さらに幕末の文久元年(1861)、文久3年(1863)、元治元年(1864)の江戸の橋の修復には363両、206両、607両が支出されているが[34]、この時点では物価はさらに高騰していたから、架け換えなどのまとまった工事はほとんどできなかったはずである。

一般会計とは別に幕府の命で積み立てられていた資金に七分積金がある。天明の大飢饉の直後に老中に就任した松平定信は、江戸町人の備荒対策として町入用費の七分(70%)を囲い穀積金と貧困者救済のための支給金として積み立てることを命じ、町会所が管理・運営することになった。

幕府も一部を援助したが、その積立は、最高額に達した文政11年(1828)には現金46万両余、貸付金28万両余、籾17万石余に上ったとされる。この費用はあくま

でも貧困者の救済事業に限定して利用された。中には多数の貧困者を雇用して市中の諸川の浚渫を行う失業対策事業を行っている例もある[35]。また新大橋の復旧資金として融資されているように（7章3．参照）、ほかにも公共工事に貸し出されたことがあったかもしれない。しかし、橋の架け換えなどの公共事業には転用されることはなかったようで、幕府の矜持を保った。

この積金の残金は明治政府に引き継がれ、道、橋、水道などのインフラ整備に流用され、幕府が80年にわたって積み立てた救済費を短期間のうちに消費してしまったのは皮肉なことであった。

(3) 江戸末期における橋の管理

江戸末期における御入用橋の管理費は次のように捻出されていた。

1．両国橋は一貫して幕府直轄で管理され、工事費は金蔵から支出されていた。

2．江戸城に直結する御門橋などは、江戸城改築費の中でまかなわれたと考えられる。

3．永代橋、新大橋、大川橋の3橋は、江戸市中の幕府用地からの地代などにより工事が行われた。

4．江戸の御入用橋132橋については、年間一定額(760両)の範囲内で維持管理されることになっていたが、この範囲を超える費用が必要なときは、勘定方や町方が立て替えをし、長期の分割で、年間予算のうちから返済された。

5．一時的に多額の費用が必要になったときには、次章で紹介するように、江戸川神田川浚助成地地代金などの貸付利息の積立金から特別に流用されることもあった。

これらのどの部分が一般財源の枠内であったのかはよくわからないが、特別枠も非常に狭くなっていったと想像される。

そのほか、組合橋や一手持橋が橋近隣の町や武家屋敷の負担で維持管理されていたことに変化はなかった。

参考文献
1) 『東京市史稿変災篇第三』pp. 638～647、昭和63年3月
2) 神宮司庁編『古事類苑』地部三九　橋下 pp. 309～314、昭和51年12月
3) 『永代橋凶事実記』国立国会図書館蔵
4) 『文化四卯年　永代橋新大橋掛直御修復書留六、七仕様内訳帳』（三橋以下橋々書類 809-1-79）

5)『文化四卯年　永代橋新大橋掛直御修復書留二十惣目録』(三橋以下橋々書類 809-1-80)
6)『文化五辰年　新大橋掛継修復書留』(三橋以下橋々書類 809-1-71)
7)『東京市史稿橋梁篇第一』pp. 384～389
8)『東京市史稿橋梁篇第一』pp. 565～567
9)『新大橋修復其外書留』(三橋以下橋々書類 809-1-64)
10)『東京市史稿市街篇第二八』pp. 354～397
11)「寛政四子年十一月　永代橋掛継普請仕様」及び「同　永代橋掛継普請出来形帳」『寛政四子年　永代橋修復書留』(三橋以下橋々書類 809-1-58)
12)「寛政六寅年より同八辰年　永代橋本橋仮橋修復書留」のうち「辰九月　永代橋修復入用積内訳帳」『寛政六寅年より同八辰年　永代橋修復書留』(三橋以下橋々書類 09-1-60)　ただし、この内の「仕様帳」は文化5年のものと全く同じで、辰年が共通することから後の編集の段階でまぎれ込んだものと考えられる。
13)「寛政十一未年　永代橋修復一件」『寛政十一未年　永代橋修復書留』(三橋以下橋々書類 809-1-62)
14)「享和二戌年七月　永代橋修復一件」『享和二戌年　永代橋修復書留』(三橋以下橋々書類 809-1-63)
15)「両国橋掛直御修復仕様注文」「両国橋掛直御修復御入用内訳書」『安永二巳年より同五申年に至る　両国橋掛直目論見書上　参拾四』(三橋以下橋々書類 309-1-20)　この文書の後半部、未年(安永4年)のところには天明7未年前後のものと考えられる文書が多数混じっており、年代順の分類が混乱している。
16)「大川橋新規掛直普請出来形帳」『文化九申年　大川橋掛直修復書留四、五』(三橋以下橋々書類 809-1-53)
17)「大川橋掛直御修復仕様帳」『安政六未年　大川橋掛直修復書留十四』(大川橋修復書留 808-41)
18)『東京市史稿市街篇第三四』pp. 4～5
19)『文化六巳年　両国橋掛直御修復書面惣目録』(三橋以下橋々書類 809-1-46)
20)　川崎房五郎『江戸』pp. 263～271、昭和62年10月
21)　林玲子『近世の市場構造と流通』pp. 168～205、平成12年12月
22)　北島正元「化政期の政治と民衆」『岩波講座日本歴史12近世4』昭和40年3月
23)『東京市史稿市街篇第三五』pp. 199～203、昭和15年3月
24)『新大橋小破御修復書留、三橋番屋御修復書留　上』(三橋 80€-70-11)
25)　小林信也『江戸の民衆世界と近代化』pp. 55～57、2002年11月
26)　大口勇次郎、天保期の幕府財政、『お茶の水女子大学人文科学紀要』第22巻、1969年
27)　大野瑞男、享保改革期の幕府勘定所史料　大河内家記録(一)、『史学雑誌』第80編第1号、1971年
28)　笠谷和比古『徳川吉宗』pp. 93～97、1995年9月
29)　大野瑞男、享保改革期の幕府勘定所史料　大河内家記録(二)、『史学雑誌』第80編第2号、1971年
30)『京都町触集成第二巻』p. 89, 98, 105, 116、1984年1月
31)『東京市史稿橋梁篇第一』pp. 819～831、昭和11年11月
32)　善積美恵子、手伝普請一覧表、『学習院大学文学部研究年報』15
33)『吹塵録Ⅳ』「勝海舟全集6」pp. 93～144、1977年12月
34)　飯島千秋『江戸幕府財政の研究』pp. 94～154、2004年6月
35)　東京都公文書館編『都史紀要7七分積金』昭和35年3月

9章　御入用橋架け換えの手順

1．文政7年の臨時架け換え

　文政7年(1824)に京橋ほか11橋の御入用橋の架け換えや橋台石垣の積み直しが行われ、その費用は御定金の枠外で準備された。その経過を記録した幕府方の文書[1]が残されており、御入用橋の架け換えや修復がどのような手順で行われたか、また幕府内で下された意思決定の経過を知ることができる。そして京橋を始めとする橋々の工事の進捗や構造の詳細も知ることが可能である。

　以下では具体的に東海道筋の京橋の架け換え工事を参照しながら御入用橋の架け換え事業の進め方や関係者の対応等について順を追って見ていくことにしたい。

(1)　架け換えの提案

　江戸の御入用橋は寛政2年(1790)に一括請負制度が廃止され、幕府による個別発注に切り替えられたが、御定金という一定の予算の制約の中で維持管理が行われていたために十分な補修が行き届かず、損傷が目立ち、通行に支障が出るほどに至った橋も目立っていた。

　文政7年4月、当時の南町奉行筒井伊賀守政憲と勘定吟味役明楽八郎右衛門の連名で老中に提出された文書によると損傷の激しい橋の調査結果が列挙され、具体的な架け換え計画が提案されている。

> 「江戸向及び本所深川に架かる御入用橋は、130ヶ所余あるが、このうち木造橋は79ヶ所あり、最近大破に至った橋や橋台石垣が損傷しているものは44ヶ所に上る。これまでは年々程々の配慮をしてなるべく出費を少なくして御定金の範囲内で取り繕いをしてきた。今までは格別危険な所も見えなかったが、架け換えを引き延ばしている間に大破した橋が多数に及んでいることを担当の者が指摘している。
>
> 　京橋の場合は文化3年(1806)に焼失した直後に架け換えられたが、当年までに19年が経過し、杭の朽腐が殊の外強く、その他の部分も大破しており、保持

するのが覚束ない状態になっている。一時的な補修で何とか保持してきたが、最早架け換えを引き延ばすことは難しいため架け換え工事を行いたい。

　この他、芝・金杉橋は京橋と同じ年数が経って損傷も強く、このままでは危険に見える。また深川の万年橋では北の方の橋台石垣が孕みだして割栗石があたりに散乱している。将軍が御成のとき船が通る場所でそのままに放置しておくことはできないので、築き直す必要がある。

　この他にも損傷の激しい橋も多数あるが、多額になるため再調査を命じた。実際に引き延ばしておくことができないものから順次着手していきたい。

　別紙で示した橋の分として3500両余が必要となり、元来の御定金では足りない。その上、前の申年、文化9年(1812)より2割減の760両になっており、これまでも追々仮補修を施してきたが、最近になって一気に損傷が大きくなってこれ以上放置できないと担当の者が上申した。私共も見分したところその通りであったので別紙の箇所書の橋については引き続き架け換えをしなくては保持できないため、御定金とは別枠で予算を用意したい。

　この他19橋(全数は32橋)ほどは引き続き架け換えをしないと保持できない状態になっているが、箇所書の橋々ほどではなく、差し当たっては仮補修をして来年まで延期するつもりである。今年の御定金は、去年の仕越で(先行して)工事に取り掛かった浅草の今戸橋と新鳥越橋その他放置できない橋の519両余の分を760両から差し引くと残金は少ないが、これらの他にも小破修繕を必要としている橋もあり、この残金を繰り合わせてなるべく御定金の範囲内で済ませるようにしたい。

　このお伺いの通り仰せつかれば現在放置し難い大破の橋々は別紙の箇所書の分を架け換えることにし、その費用は一橋ずつ精査してその時々にご相談申し上げる」[2]

と上申されている。

　箇所書には緊急性の高い25橋がリストアップされているが、その中でも大破してこのまま放置し難く、直ちに架け換え工事が必要な橋を12橋に絞り込んでいる[3]。京橋、芝・金杉橋などの対象の橋は**表9-1**のように前回の架け換えから20年以上を経過しているものが多い。

　各橋の工事概算費用は樋橋棟梁が見積もったもので、特別の橋を除くと坪当り単価は8両程度のものが多く、一定の目安があったものと考えられる。

9章　御入用橋架け換えの手順　161

表9-1　文政7年(1824)臨時架け換え修復橋
(「文政七申年京橋外拾壱ヶ所御普請書留一」及び「同五」、「同十二」より)

橋　名	規　模	以前架け換え年	経過年数	概算見積	坪当り費用	精算金額	請負人
京橋	長14間半、4間2尺	文化3年(1806)	19年	637両2分余（外仮橋60両2分余）	本体14.5両（全15.8両）	522両	霊岸島川口町佐野屋作兵衛
芝　金杉橋	長11間、幅4間	文化3年(1806)	19年	352両余（外仮橋60両余）	本体 8.0両（全9.4両）	216両	樋橋棟梁蔵田屋清右衛門
本八町堀より南八丁堀へ渡　中之橋	長20間、幅3間	文化12年(1815)赤松使用	12年	480両余	8.0両	279両2分	霊岸島川口町佐野屋作兵衛
西本願寺脇　南小田原町橋	長11間、幅3間	文化元年(1804)	21年	264両余	8.0両	139両2分	樋橋棟梁岡田次助
本材町八丁目より松屋町へ渡　弾正橋	長9間半、幅3間	文化5年(1808)	17年	228両余	8.0両	128両3分	樋橋棟梁岡田次助
関口水道町　関口橋	長8間、幅2間	文化6年(1809)	16年	128両余	8.0両	85両	霊岸島川口町佐野屋作兵衛
木挽新坂町　法恩寺橋	長7間、幅2間	享和元年(1801)	24年	98両	7.0両	51両	霊岸島川口町佐野屋作兵衛
深川六間堀　猿子橋	長5間、幅2間	寛政12年(1800)	25年	90両余	9.0両	39両2分	霊岸島川口町佐野屋作兵衛
同所海辺大工町　高橋	長18間半、幅2間	寛政12年(1800)	25年	280両余	10.2両	147両	樋橋棟梁岡田次助
深川六間堀　北之橋	長5間半、幅2間	享和元年(1801)	24年	112両余	7.6両	53両	樋橋棟梁岡田次助
本所今川町　松永橋	長10間、幅2間	文化2年(1805)	20年	170両余	8.5両	80両	樋橋棟梁蔵田屋清右衛門
深川小名川通　万年橋		橋台含く石垣孕出し		436両2分余		248両	霊岸島川口町佐野屋伝吉
計				3396両2分余		1989両1分	

(2) 概算見積と内容検討

　緊急性の高かった京橋の架け換え工事費の見積は樋橋棟梁によってかなり前からつくられていたと考えられる。文政7年2月の日付がある「京橋新規掛替御普請御入用目論見帳」[4]では、19年前の文化3年(1806)に焼失したとき新規に架け換えられたが、その後文化11年(1814)に焼損したものを修復したほか、たびたび修復してきたが、今度は木材が全体に朽損して保ち難い状態となっており、全面的な架け換えが必要であることを前提として見積が作られている。

　この見積では各木材の詳細な寸法や釘、鎹(かすがい)の鉄物類の寸法と数量そして現場に従事する大工や鳶などの作業者の人数まで詳しく数え上げられており、架け換えを前提にしてかなり以前から準備が進められていたことがうかがえる。この目論見帳では本橋の工事費が当初は689両1分余で、見直しによって637両1分余となったとされており、この金額が12橋の概算見積に使われている。

　樋橋棟梁の見積もった概算金額が高すぎると判断した町奉行筒井正憲は担当与力の仁杉五郎左衛門に概算見積をするように命じたところ、京橋本橋の費用が520両3分余で、仮橋が38両2分余(樋橋棟梁見積60両1分余)と合計で138両余も安くなった。

　この直後、町奉行らは老中に、「この度の橋の架け換え工事の概算見積は3500両余にも上り、御定金高では到底足りないので、別段の出費を必要とする。これまでの御定金による懸替(架け換え)では樋橋棟梁達が引請けて仕立てるのが先例になっていたが、この度は臨時で、出費も多額になるので入札によって減額ができるよう、一橋毎に取り調べて御入用を精査するつもりである。この内、京橋は6月の山王祭礼の道筋でもあるので、それ以前に完成させるつもりで、早々に入札準備にかかりたい。その他の橋々も引き続き、よく吟味の上取り掛かりたい」[5]としている。

　この書面を老中水野出羽守忠成に提出したところ、老中からこの件は承知したが、先例とよく突き合わせるよう指示があり、寛政12年(1800)の湊橋ほか2橋の架け換え例、及び享和3年(1803)の京橋の入札例を詳しく調べて参考にしている[6](7章6.参照)。

　享和3年の例では樋橋棟梁の見積は639両2分余であったが、入札の結果、約65％の415両2分で落札されており、町方では樋橋棟梁の見積に疑念を持っていたと考えられる。

9章　御入用橋架け換えの手順　163

(3) 入札と請負人の決定

　工事が急がれた京橋の入札がさっそく行われた。「この度の京橋の架け換え工事にあたり、請負を希望する者は明日（4月）28日より5月1日までの内に町年寄喜多村彦右衛門方へ出向き、仕様帳を熟覧の上、自由に現場を調査して来月2日昼12時に札を持参して南奉行所へ提出すること。札は直ちに開き、落札の者には値段内訳を提出させ、証拠地（担保）を差し出させる積りである。その趣旨で仕事に精通し、身元の確かな者が入札に参加すること」[7]という町触を出す準備をしているが、ほぼこのとおりに実行されたのであろう。

　この入札には樋橋棟梁も参加することが認められた。そして町奉行所での開札には勘定吟味方改役と支配勘定の立会いを求めている。

　入札に先立って樋橋棟梁から、元の見積から減額した見積を提出するので、工事を請け負いたいとする申し出があった。その理由として「寛政2年（1790）に御入用橋が直請負になって以来、私共両人が務めてきており、工事費の見積も川方定法をもって行ってきた。この度京橋を始め江戸向、本所、深川の橋々を臨時入用によって架け直すことになったが、京橋は山王祭に間に合わせるため早々に着手しなければならず、私共に調査が命じられ、すでに下ごしらえも過半ができたところである。入札の決定には異議はないが、場所柄他の者に落札されては面目が立たない。損を出しても減額するのでこれまで通り、工事を引き受けさせてほしい。そうなれば私共も下受けの者も有難く、精を出して立派に仕上げたい」と述べている[8]。

　しかし町方の担当者は減額の見積は当人が当日に持参して入札し、一同開札の上、落札の者へはその場で申し渡すことにする。つまり樋橋棟梁を特別扱いせずに一般の入札者と同じ扱いにすると回答している。それはすでに町触によって入札を通知しており、札を開くのも一様にしなくては入札人の気受けにもかかわる、すなわち幕府の信頼を損なうことになるとして格別の割引を申し立てるのであれば棟梁たちも同席して、双方が疑念、気受け等のないようにすべきである旨の回答をして入札の公平性を保つことを主張している[9]。

　そして開札当日に勘定方の役人も立会いしたときに勘定吟味方改役が樋橋棟梁の減額見積書を持参したが、あくまでも他の入札人と同じ扱いにしたようである。

　5月2日に南町奉行所内で、勘定方も立会いの上で開札された。このとき、樋橋棟梁らは元の見積額の2割5分引きの523両1分余で引き受けたいと願い出た

が、予定どおり開札は行われた。そして一般の入札人の札も開けられ、一番札は最初559両の札を入れたが、直後に37両引を申し出て522両の金額を提示した霊岸島川口町の佐兵衞店の（佐野屋）作兵衞のものであった[10]。この値引がどの時点でなされたのかは不明であるが、町方の何らかの意図が反映された結果であったかもしれない。樋橋棟梁が申し出た2割5分引より1両安いのも微妙な金額である。

　二番札は同川口町の庄左衞門店の伝吉の522両1分で、わずか1分の差であった。この金額にも何か意図的なものを感じてしまうのは穿ちすぎであろうか。

　ちなみに三番札は深川海辺大工町五人組持店の初次郎の553両、四番札は霊岸島川口町の庄左衞門店の佐吉の560両、五番札は本材木町本町三丁目儀三郎店の伝兵衞の866両などとなっている。これらはいずれも一度札を入れたのち、「〜両引方仕候旨申立候」とあってかなりの額を減額している。これは町方の担当者が何らかの予定価格を設定してそこへ誘導した可能性が考えられる。

　入札の結果、一番札の作兵衞に落札が申し渡された。そして請負値段の詳しい内訳及び請負者の身元と工事の負担能力を証明する証人の証文と証拠物（担保）を提出するように命じられている。作兵衞が提出した証拠物は新造伝馬造茶船5艘、評価額100両の品に対する町役人連印の証文及び現金100両の計200両を抵当として町奉行所に提出した[11]。

　身元保証は霊岸島川口町の名主孫市が行っている。その中で作兵衞について「年は57歳、専門は穴蔵大工、住居は借地であるが、居宅は間口2間、奥行5間、その続きに間口2間半、奥行3間半の出店を自分で建てている。家内は妻と倅1人并に倅の妻と娘1人、また下女1人と弟子5人の合計12人である、年貢は200文、伝馬船の年貢150文、他に持ち船7艘を所持している。地面は所有していないが、身上は順調で、本人は堅実、過去に咎め事も一切ない」[11]とその身元を保証している。この保証書などは前もって作成され、落札と同時に提出されたのであろう。穴蔵大工とは火災から財産を守るための地下室を造る専門職人であるが、船大工につながる大工集団であったとされる（9章4．参照）。

　明くる5月3日に作兵衞から提出された工事の内訳は以下の通りであった[10]。
　　金522両
　　　内槻檜尺〆292本6分2厘6毛
　　　　金305両3分　銀7匁7分7厘　　材木代
　　　　金 48両2分　銀10匁3厘　　　　鉄物代

金　3両2分　　銀14匁5分　　　　　石砂利土代
　金133両2分　　銀12匁7分　　　　　大工手間人足賃其外諸方一式
　金　30両　　　　　　　　　　　　　仮橋一式

　請負人決定に関して勘定方から説明を求められたのであろうか。町方から弁明の書類が出されている。樋橋棟梁を推薦した勘定方に不満が残っていたものと思われる。一方町奉行の方は独自の積算ではかなり安くなったため、樋橋棟梁に対して見積の減額を求めたが、再吟味のときにも値引きに応じず、入札に当たって大幅な減額を申し出たことにかなり強い不信感を持っていたことがうかがえる[10]。

　千両橋（御入用橋）の架け換え、補修は町奉行と勘定奉行の共管となっていたが、御定金による橋の工事は定値段で、すなわち川方定法に基づいて樋橋棟梁の差配によって、つまり勘定方主導で行われることになっていたが、町方の担当者は割高感と仕事上の疎外感を持っていたのではないかと想像される。

　入札の結果はさっそく老中水野忠成に報告され、承認を受けた。そして6月15日の山王祭までに架け換えが完成できるように工事が急がれた。

2．京橋の架け換え工事

(1) 現場工事

　現場ではさっそく仮橋設置の準備が始められたが、工事担当者は幕府の関係部署にそのことを通知し、協力を要請している。老中水野忠成や松平乗保に「京橋架け換え工事中は竹矢来と川中に足代（足場）を作る。将軍御成りの際には御目障りになるのでこの段ご報告申し上げる」[12]としている。このほか、小納戸頭衆、目付衆、御船手衆などに通知している。仮橋は5月9日から工事にかかり、12日には完成し、翌13日から通行を切り替え、本橋工事に取り掛かった。仮橋は馬、駕籠通行可であるが小荷駄馬、車は差し留めると報告されている。工事中の竹矢来などの設置範囲を示したのが図 9-1 である[13]。

　そして6月7日には本橋が完成、通行が開始され、小荷駄馬、車も通行できることになった。開通に先立って出来形見分が行われた。請負人が用意した「仕上帳」[14]に基づいて各部のチェックが行われたのであろう。新旧の杭の根入れも計測されている。

　開通直後は通常、車などの重量物の通行はしばらく見合わせて、木の締まり具

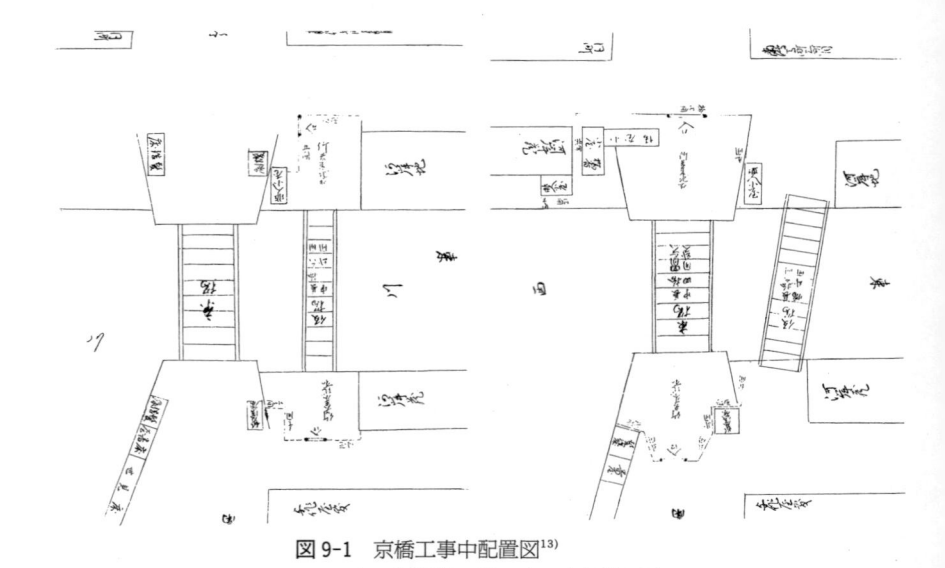

図 9-1 京橋工事中配置図[13]
左：仮橋施工時、右：本橋施工時

合などを確認したのち、開放することにしていたようだが、今回は直後に山王祭があることから、すぐに車の通行を許可することになった。そして7日の8時（午後2時ころ）に往来が開始された。渡り初めのような儀式は行われなかったようである。

京橋の出来上がり寸法は以下の通りであった。

　　長14間(25.5m)　但反り2尺8寸(85cm)
　　幅4間2尺(7.9m)　但敷板木口から木口まで
　　地覆内法3間4尺5寸(6.8m)
　　高欄高3尺5寸(1.1m)　但鋪板上より鉾桁上端まで
　　両袖長6尺5寸(2.0m)
　　男柱、袖柱、中柱　擬宝珠付
　　杭3本建4側　行桁5通り

現場工事において当初の仕様とは少し違った点が生じている。杭は槻新木を根入れ十分に震込むために余裕をみて仕様帳より3尺ほど長い杭を用意した。震込んだ結果は南之方の西耳杭では2丈1尺5寸(6.5m)の長さを必要としたが、あえて費用増は求めないとしている。

梁、耳桁は槻新木、埋土台は旧橋の梁木を利用し、継ぎ手合わせ口には鎹（かすがい）を掛

けてしっかりと固定した。水貫、梁鼻涎板には槻新木を使うが、筋違貫（すじかいぬき）、轄（くさび）、雨覆板などには旧橋の梁、桁の健全な部分を選んで再利用した。

平均板、鋪板、高欄の各部材には檜新木を、男柱、袖柱、中柱には槻新木を用いたが、袖柱の根包板には古い梁、行桁を挽き割って用いた。というように、構造上差し支えのない部分には旧橋の健全な部分を切り出して用いて材料コストを下げる工夫がなされている。

ただ杭については支持力を確保するため自主的に1割程度長い材料を用意して慎重を期している。震込みの結果、高止まりした杭は適当に切断して、杭頭の枘（ほぞ）加工等は現場合わせで行われたと考えられる。

(2) 請負人への支払い

文政7年(1824) 5月2日に請負人が決定され、同13日から本橋工事が開始されたが、木材の手当が終わった段階で請負人から内借の願いが出された。現在でいう前払い、中間金の請求である。おそらく材木屋への支払いなどが必要になっていたためであろう。

本来なら勘定方の金蔵から受け取って手渡すべきところであるが、急いでいることと金蔵からたびたび受け取るのは手間が掛かることや證文の下見にも何日もかかることから、とりあえず町方の御役所金から200両を立て替えて渡すことにし、中間金として金蔵より350両を受け取ったときに、町方役所へ返納して残りの150両を請負人に渡すことにした。そしてすべて完成したときに残金を金蔵より受け取ることにするというように、請負人への配慮とともに現実的な対応がなされている[15]。

橋の工事担当与力から同じ町方の財務担当与力へ要請文書が出され、決済されており、5月18日には200両が請負人に手渡されている。その後、現場工事が進んで5月29日に勘定方の御金蔵より350両が支払われたが、このとき前渡しの200両が町方の金庫に返納され150両が請負人に渡された。

この350両は享和3年(1803)の前例のように江戸川神田川浚助成地地代金などの貸付利息の積立金から内々に借りることで準備され、残金もこの金が流用されている。

6月7日から本橋の通行が開始され、後片付け等も終わったことが確認された後、残金172両が支払われている。

3．京橋の構造と施工

　京橋の架け換え工事に当たっては詳しい工事仕様書と材料、従事者の数量書が何度か作られている。

　最初は工事の概算費を見積もるために樋橋棟梁が作成した[4]。これをもとにして町奉行所の担当与力が概算書の見直し計算を行っている[16]。

　同年4月に作られた金額が空欄になった仕様書がある[17]。この本橋に関する仕様書の最後に、「工事は晴天時30日で仕上げること、また下板小屋内での仕事は雨天でも休まないこと、材木、釘金物、大工職人手間、人足賃、その他諸損料物等一式請け切りの費用を計算すること」などの条件が示されていることから、入札前に縦覧に供された仕様書であると考えられる。

　次に請負人に決定した作兵衛から提出された仕様帳がある[18]。これは請負金額に合わせてのちに作られたもので、入札時にはこれほど詳細な仕様内訳は作られていなかったであろう。材木代、人件費は銀表示になっており、これらの日頃の決済は銀で行われていたと思われる。

　6月7日に本橋が完成したのちに、仕様材料や人件費をまとめた「仕上帳」が作られた[14]。これを一覧表にしたのが**表9-2**である。これは文政7年(1824)の京橋の架け換え工事に使用された材木、釘金物等の材料の実態を表したものと考えられるが、金額が全請負費に合わせて当てはめられており、請負人の儲け(利益)がどの程度あったのかなどはここからはわからない。また人件費も一人当たりの計算になっているが、専門職の棟梁との契約になっていたであろうから、個々の賃金の実態とは違っていたはずである。しかしこれによって当時の物価水準や職人賃金の平均値は把握できる。

　入札前に提示された「目論見仕様帳」[17]と請負者が作った施工計画書に当たる「仕様内訳書」[18]では現場での作業内容が示されており、材木の仕上げの程度や施工方法を知ることができる。各部の施工法を列挙すると、次のようになる。

1．杭：杭木は鹿子打（かのこうち＝手斧で仕上げること）とし、先端を蜆尻（ばいじり）（円錐形）に尖らせ、建て込みは、杭上に1俵当たり7貫目（約26kg）の土俵70俵を積み、入念に震（ゆり）込む。根入れなどの検査を受けたのち、杭頭へ蕣（ほぞ＝枘）を付け、梁下端に仕込む。

2．梁：鹿子打に仕上げる。

3．埋土台：石垣際に埋め込み、桁端部を乗せるが、腮（あご）を仕掛けて固定する。

9章 御入用橋架け換えの手順　169

表9-2 文政7年京橋架け換え工事費用内訳(「京橋掛直御普請御入用仕上帳」[14]より作成)

分類	箇所	種類	形状	寸法	数量	単価	金額	摘要
木材	杭(南之方)	槻	丸太	長2丈, 末口1尺2寸	3本	銀126.06匁	銀 378.18匁	
	杭(2側目)	〃	〃	長2丈3尺, 末口1尺2寸	3本	銀145.47匁	銀 436.41匁	
	杭(3側目)	〃	〃	長2丈6尺, 末口1尺2寸	1本		銀 164匁	
	〃	〃	〃	長2丈4尺, 末口1尺2寸	1本		銀 151.74匁	
	〃	〃	〃	長2丈7尺, 末口1尺2寸	1本		銀 173.436匁	
	杭(北之方)	〃	〃	長2丈3尺, 末口1尺2寸	3本	銀145.47匁	銀 436.41匁	
	梁	〃	〃	長2丈5尺, 末口1尺4寸	4本	銀215.174匁	銀 860.41匁	
	耳桁(南岡之間)	〃	角	長3間, 幅1尺4寸, 厚8寸	2挺	銀112.055匁	銀 224.11匁	
	中桁(南岡之間)	〃	丸太	長3間, 末口1尺3寸	3挺	銀133.6匁	銀 400.8匁	
	耳桁(二之間)	〃	角	長4間, 幅1尺4寸, 厚8寸	2挺	銀149.4匁	銀 298.8匁	
	中桁(二之間)	〃	丸太	長4間, 末口1尺3寸	3挺	銀178.09匁	銀 534.27匁	
	耳桁(三之間)	〃	角	長4間, 幅1尺4寸, 厚8寸	2挺	銀149.4匁	銀 298.8匁	
	中桁(三之間)	〃	丸太	長4間, 末口1尺3寸	3挺	銀178.09匁	銀 534.27匁	
	耳桁(四之間,北岡之間)	〃	角	長3間, 幅1尺4寸, 厚8寸	4挺	銀112.055匁	銀 448.22匁	
	中桁(四之間,北岡之間)	〃	丸太	長3間, 末口1尺3寸	6挺	銀133.6匁	銀 801.6匁	
	水貫	〃	板	長2丈8尺, 幅1尺1寸, 厚2寸5分	4挺	銀 59.897匁	銀 239.500匁	古梁桁を使用
	筋違貫	〃	〃	長1丈4尺, 幅8寸, 厚2寸5分	16挺			
	平均板	檜	〃	長1丈2尺4寸3分, 幅8寸, 厚3寸	35枚	銀 16.61匁	銀 581.35匁	
	鋪板	〃	〃	長1丈4尺, 幅7寸, 厚5寸(削立幅6寸)	290枚	銀 27.21匁	銀7890.9匁	
	(高欄)地覆	〃	角	長1丈3尺4寸3分, 1尺1寸角(削立8寸5分角)	16挺	銀 90.3匁	銀1444.8匁	
	水繰板	〃	板	長2尺8寸, 幅1尺1寸, 厚4寸 (削立8寸5分, 厚3寸5分)	32枚	銀 6.87匁	銀 219.84匁	

分類	箇所	種類	形状	寸法	数量	単価	金額	摘要
木材	たたら短	〃	角	長5尺4寸、9寸角(削立7寸角)	24本	銀 27.125匁	銀 651匁	
	平桁	〃	〃	長1丈2尺6寸3分、幅1尺1寸、厚6寸(削立8寸5分、厚4寸)	16挺	銀 46.35匁	銀 741.6匁	
	鉾桁	〃	〃	長1丈2尺6寸3分、7寸角(削立差渡5寸)	16挺	銀 34.8匁	銀 550.4匁	
	男柱	槻	丸太	長8尺、末口1尺7寸(削立差渡1尺3寸)	4本	銀101.465匁	銀 405.86匁	
	袖柱	〃	〃	長9尺、末口1尺7寸(削立差渡1尺3寸)	4本	銀114.19匁	銀 456.76匁	
	中柱	〃	〃	長8尺、末口1尺7寸(削立差渡1尺3寸)	2本	銀101.465匁	銀 202.93匁	
	袖柱根包板	〃	板	長3尺、幅5寸、厚2寸5分	52枚			古梁桁を使用
	梁鼻包板	〃	〃	長1尺8寸、幅1尺6寸、厚2寸	8枚	銀 3.2匁	銀 25.6匁	
	雨覆板	〃	〃	長1尺5寸、幅1尺2寸、厚2寸	16枚			古梁桁を使用
	上棟木	〃	角	長1尺7寸、4寸5分角	8本			〃
	轄(くさび)	〃	〃	長3尺、頭3寸角	12本			〃
	埋土台	〃	丸太	長4間、末口1尺3寸	2本			〃
						(小計)	金325両3分、銀7.77匁	

	平鑶(杭より梁へ、桁鑶手へ)			長9寸、爪2寸5分	112挺		鉄目 16.8貫	
	手遣鑶(梁より桁へ)			長9寸、爪2寸5分	64挺		鉄目 9.6貫	
	手遣鑶(鋪板男柱の根へ)			長8寸、爪2寸	2376挺		鉄目190.08貫	
	皆折釘(水操板平均板へ)			長6寸	478本		鉄目 9.56貫	
	〃 (たたら短中柱へ)			長5寸	130本		鉄目 1.95貫	
	〃 (筋違具梁鼻包板袖柱根包板など)			長4寸	376本		鉄目 3.76貫	
						(小計)	金 30両3分、銀9匁	

9章 御入用橋架け換えの手順

分類	項目	仕様	数量	費用
鉄物	繋巻鉄物(袖柱より鉾桁平桁地覆へ)	長4尺5寸、幅2寸5分、2分	12枚	鉄目 16.2貫
	折付鉄物(男柱袖柱より鉾桁平桁地覆へ)	長2尺8寸、幅2寸5分、2分	36枚	鉄目 30.24貫
	兜通鉄物(高欄継手へ)	長8尺、幅2寸5分、2分	12枚	鉄目 28.8貫
	丸頭釘(鉾桁継手の無い所へ打つ)	長6寸	12本	鉄目 0.72貫
	環甲釘(繋巻鉄物折付鉄物兜通鉄物へ)		1560本	鉄目 5.46貫
	まつり釘(擬宝珠へ)		80本	鉄目 0.36貫
			(小計)	金16両1分、銀6.6匁
	唐銅擬宝珠(取繕色付直し)		10本	金 1両2分、銀10匁
			(鉄物類小計)	金 48両3分、銀10.36匁
石、土	桂石	伊豆堅石	24枚	銀 3匁
	砂利	長2尺2〜3寸、幅3尺、厚5寸	1坪5合	銀 75匁
	足し土		2坪	銀 20匁
人件費	大工		860人	金 57両1分、銀 5匁
	杣		30人	金 2両、銀 4匁
	木挽		55人	金 3両2分、銀 4匁
	大伐		20組	金 2両、銀 6匁
	石工		8人	金 2分、銀10匁
	鳶人足		879人	金 43両3分、銀20匁
その他	損料物代其外一式			金 3両3分、銀5.37匁
			(小計)	金117両、銀11.87匁
			本橋合計	金492両

表 9-3　文政 7 年 (1824) の京橋架け換え工事の手順
（『文政七申年京橋外拾壱ヶ所御普請書留一～十四』より）

年　月　日	事　　項	発　信　者
文政 6 年 10 月	仮橋工事費見積り	樋橋切組方棟梁
文政 7 年 2 月	本橋工事費見積り	樋橋切組方棟梁
4 月	京橋外 11 橋の架け換えを老中に要請	町奉行、勘定吟味役
4 月	老中水野出羽守より許可	老中
4 月	町方にて工事費見積り	定橋掛与力
4 月	京橋架け換え工事の入札決定	南町奉行、勘定吟味役
4 月 28 日	入札図書縦覧開始（町年寄喜多村家居宅）	〃
5 月 1 日	奉行所にて入札、一番札の霊岸島川口町作兵衛が落札	〃
5 月 3 日	担保を町奉行所へ差出、請負人の身元調書提出	請負人及び居住地名主
5 月 9 日	仮橋工事着工	請負人
5 月 12 日	仮橋完成	〃
5 月 13 日	仮橋へ切り替え、小荷駄馬、車通行止め。本橋工事着工	〃
5 月 18 日	前払金 200 両、町奉行所にて立て替え	町奉行所→請負人
5 月 29 日	中間金 350 両支払、勘定方より町奉行所へ、200 両返還	勘定方→町方→請負人
6 月 7 日	本橋工事完成、午後 2 時頃開通、車通行可	町方
6 月 18 日	残金支払い	勘定方→町方→請負人
6 月　日	「仕上帳」提出	請負人
12 月　日	京橋外 11 橋架け換え事業の関係者の褒賞を老中に要請	町奉行

4．梁鼻涎板、雨覆板：外面は鉋（＝鉇）削り（おそらくは台鉋仕上げ）にし、上棟木は小返り（角を落し）、両脇とも鉋削りにする。

5．水貫：四方を鉋削りにし、杭に貫通させ、下端に腮を掛けて（下を切り込んではめ込む）、轄を打って固める。

　筋違貫：四方を鉋削りにし、上端は梁下端と杭に仕込み、下端は水貫へ少し切り込み組み合わせて固定する。

6．行桁：耳桁は外面と下端は鉋削りにし、裏は鹿子打、中桁は鹿子打、いずれも梁上端に渡り腮を仕掛け、継手は台持鎌継にし、太枘長 4 寸 (12cm) 太さ 1 寸 5 分 (4.5cm) 角を 2 本ずつ仕付ける。

7．平均板：桁の上端へなじみ易いように削り、耳桁の分は鉋削りにし、いずれも上端が高低のないように取り合わせる。

8．敷板：両端の矧目合口に鋸を入れて再遍摺り合せて敷き渡し、上面は鉋削

9. 男柱、袖柱：表面は釿削りにし、地覆、平桁、鉾桁とも枘に差し入れ、擬宝珠を取り付け、袖柱には根包板を釿削りにして取り付ける。
10. 中柱：擬宝珠を取り付け、鋪板を打ち抜き、耳桁外面へ打ち付ける。
11. 地覆：小返りを付け、両脇裏共釿削りにし、継手は箱鎌継にし、水繰板も釿削りにする。
12. たたら短：格好良く削り立て地覆、鋪板を打ち抜き、耳桁外面に打ち付ける。
13. 平桁：小返りを付け、両脇裏共釿削りにし、継手は合継にし、たたら短を通し、取り付ける。
14. 鉾桁：丸形に格好良く削り、継手はあり継にし、取り付ける。
15. 前後桂石：横に2通りずつ、縦に1枚並べ、鑿切りにして据える。両袖地覆下の請け石も鑿切りにして据える。
16. 前後橋台：長延10間幅4間は地面をたたき起し、土を足し入れて均し、亀の甲胴突で突き固め、砂利を敷き均す。

各部材の寸法から当時の京橋の形を復元すると、図 9-2 のようになる。ただ記録の数値には互いに合わない点もいくつかあり、一定の判断、割り切りが必要となった。

まず橋長に関しては着工前の仕様では長さは14間半とあり、仕上がりの橋長は14間とある。現在では橋長は橋台のパラペット前面間距離をいう。これを当時の橋に当てはめると橋際の桂石前面間距離となるが、桁は桂石で押さえられており、敷板は桁端部まで並べられているから敷板の端から端までとしてもよい。そこで敷板（鋪板）の枚数を見ると、290枚、この半分145枚の板幅の合計がその距離になる。鋪板の削立幅は6寸とあり、合計は87尺となり、14間半に当たる。

また桁長の合計は17間で、102尺となる。桁は橋脚上で継がれるから4カ所の継手長さを引かねばならない。今回の復元はこれらを勘案して橋長を14間半、桁の端から端までを87尺と仮定した。したがって桁の継手長は1カ所当たり3.75尺となる。そしてスパンは3間間では14尺強、4間間では20尺強となる。

幅員に関しては、敷板の木口から木口まで、つまり全幅員が4間2尺（7.9m）とされ、地覆内法つまり有効幅員が3間4尺5寸（6.8m）とされているので疑いようはないが、鋪板の長さが1丈4尺となっており、2枚並べると、4間4尺となり、全幅員は2尺長くなってしまう。端は現場で切断して使ったとも考えられ

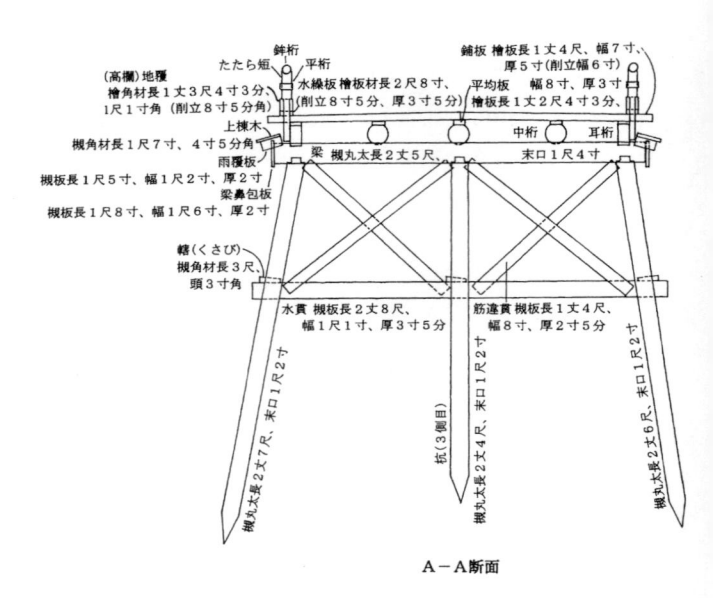

図9-2 文政7年

　る。また、通常敷板の中央部の継目を隠すために間伏せ板が用いられるが、この仕様では見当たらない。このため中央で相欠きに継がれていたかもしれないが、想像の域を出ない。

　杭に関しては、3側目の杭が仕様や仕上帳では長さ2丈6尺、2丈4尺、2丈7尺(末口はいずれも1尺2寸)となっているが、「出来方」[19]に示された杭根入図には杭長と根入長が書き込まれており、南より3側目の3本の杭は、長2丈3尺3寸(根入1丈8寸)、長2丈4尺3寸(根入1丈2尺)、長2丈3尺6寸(根入1丈1寸)とあり、仕様や仕上帳とは異なる。

　数字だけを見ると、2丈6尺や2丈7尺の杭は高止まりして現場で切断されたとも考えられる。一方中央の杭は3寸ほど寸法が足りないことになるが、これは現場で修正しようがない。さらに2丈4尺3寸の杭の根入は1丈2尺とし、長さ1丈4尺の筋違貫が水貫の側面に固定されたとして配置すると、水深は1mを切ることになる。

　架橋地点の干満による水位差は1m以上あったはずで、水貫が満潮時でも水に浸からない位置に入れられたとすると、現場合わせで入れられ、筋違貫はかなり切断されたとも考えられる。

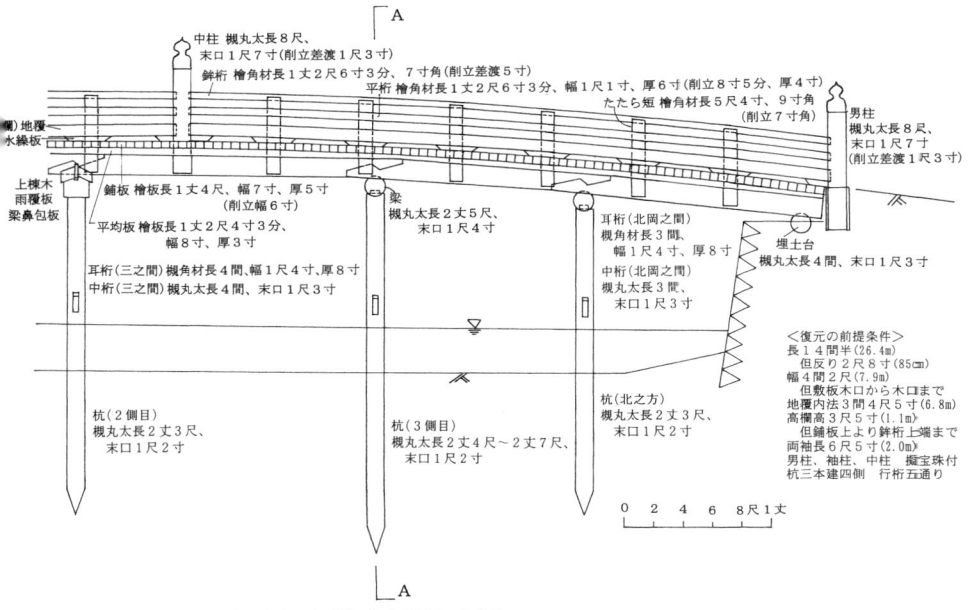

(1824) 架け換えの京橋構造復元 ［参考文献18) 参照］

　このように一連の記録から元の橋を復元するときの矛盾点がいくつかあって何らかの割り切りをしないと図にできないことになる。ここでは筋違貫はできる限り用意された長さのものが使われたとし、水深は1m程度あり、根入は少し浅く仮定して、杭長は「仕上帳」のものをそのまま適用した。

　江戸期の木造桁橋は、ほとんど同じ構造になっており、この間にあまり変化は見られなかった。技術的には停滞していたと言えよう。御入用橋の構造は幕府の普請方が持っていた標準設計図書(10章1．参照)に準じて行われたと考えられ、いわば統制下に置かれていたことも大きな理由であろうが、急流河川への架橋という条件と木材という限られた材料では、寿命の長い橋は望めず、20年程度ごとの架け換えは止むを得ないものとして受容されていたことが、技術的な発展を阻んだ最大の理由であろう。

4．その他11橋の工事と請負者

　京橋を皮切りにこの年に予定された11橋の修復工事が次々と発注された。1橋のみの場合もあったが、3、4橋まとめて入札に掛けられることもあった。落札

したのは表9-1のように樋橋棟梁二人と同じ霊岸島川口町の(佐野屋)作兵衛と(川嶋屋)伝吉の二人であった。

作兵衛は京橋に引き続いて本所・法恩寺橋、深川・高橋など4橋を落札したが、請負の担保として、前述の京橋の場合と同じように茶船5艘と現金100両を差し出している。伝吉の場合は本人からは差し出さず、証人の伝之助から所有地550両相当分の沽券を提出している。伝之助は落札者伝吉と同じ屋号の川嶋屋を名乗り、同じ町内に住居していて親かごく近い親族であったと考えられるが、本人所有の担保でなくても保証人の担保でも許されたことになる。

この伝吉は文化5年(1808)の永代橋、新大橋の架け換え工事を請け負った同じ人物か、その職を引き継いだ人物であると考えられる。また、樋橋棟梁の蔵田屋清右衛門と岡田次助が2橋ずつの工事を落札しているが、二人には担保の提出は免除されている[11]。

川嶋屋伝吉は橋大工とされるが、必ずしも橋だけでなく、船大工でもあり、上水の建設にも参加していた。佐野屋作兵衛は前述のように穴蔵大工とされている。穴蔵とは武家屋敷や大きな商家の床下に火災などから財産を守るために造られた地下施設で、通常は厚い板が使われていた。江戸にはかなりの需要があり、多くの専門職人がいたとされる。

『守貞漫稿』では霊岸島川口町に数軒の穴蔵大工がいたとされ、用材にヒバが用いられたのは水密性を保つためと説明されている。また穴蔵大工の技術は船大工の技術が応用されたもので、船大工が需要に応じて穴蔵の建設に携わったと推論されている[20),21)]。

大きな材木を用いて建設する橋の工事にもこれら船大工系の技術集団がかかわっていたと推定することは容易である。いくつかの橋の製作仕様に見られるように、橋板を並べるとき板の合わせ目に鋸を入れて水密性を高めるテクニックや橋杭の水際にチャンを塗ることが提案されるなど、船大工の技術の応用が見られるのもそのことを裏付けている(4章4．参照)。

5．工事関係者の褒賞

文政7年(1824)の京橋ほか11橋架け換え事業の担当者は以下のとおりである。

この事業の中心的役割を果たしたのは南町奉行の筒井政憲と勘定吟味役の明楽八郎右衛門であったが、重要な決定は担当の老中水野忠成が下し、財政面の決定

は勘定奉行が行い、配下の勘定組頭がスタッフに加わっている。

　現場で陣頭指揮に当たったのは両町与力4人である。彼らは定橋掛与力であった可能性は高いが、この事業遂行のために臨時に任命された与力であったかもしれない。南町に属する江戸向担当の徳岡栄蔵、本所深川担当の仁杉五郎左衛門、北町に属する江戸向担当の嶋喜太郎、本所深川担当の米倉諸右衛門の名が上げられている。この配下の同心5人ずつの10人もそれぞれの職務を果たした。そして勘定奉行配下の支配勘定の篠本彦次郎、吟味役配下の改役の岩田本五郎が財政面と事業のチェックを担当したのであろう。

　橋の設計、見積や工事計画では勘定奉行に属する樋橋棟梁（樋橋切組方棟梁）の岡田次助と蔵田屋清右衛門が専門技術者としての役割を果たした。現場の工事業者は入札によって決められ、この年の京橋の架け換えは、霊岸島川口町の佐兵衛店の作兵衛が一番札で落札した。ほかの橋では樋橋棟梁が落札したものもあり、樋橋棟梁は行政スタッフとしての役割と請負業者にもなるという両面の役割を持っていた。

　落札業者には保証人としての町役人や同業者などがバックアップしていた。大量の材木や釘、鎹（かすがい）などの鉄物を調達した材木屋や鍛冶屋のほか、現場には大工、鳶、人足、石工などの専門職人が多数参加していた。

　文政7年に行われた御入用橋の臨時の架け換え事業を指揮した南町奉行の筒井伊賀守と勘定吟味役の明楽八郎右衛門は老中に対して、この事業に従事した担当者を褒賞してもらえるように依頼したが、その対象者は、

　　御勘定吟味方改役　　岩田本五郎
　　支配勘定　　　　　　篠本彦次郎
　　榊原主計頭組与力　　（江戸向担当）嶋喜太郎
　　　　　　　　　　　　（本所深川担当）米倉諸右衛門
　　筒井伊賀守組与力　　（江戸向担当）徳岡栄蔵
　　　　　　　　　　　　（本所深川担当）仁杉五郎左衛門
　　御普請役　　　　　　2人
　　榊原主計頭組同心　　5人
　　筒井伊賀守組同心　　5人

で、推薦の理由は以下のように記述されている。

　「江戸向、本所深川の橋々のうち、大破していた12橋を臨時の費用によって架け換え工事をお願いし、実行されたが、このほど完成した。多数の橋が大破

して臨時の費用をもって架け換えたのは大変稀なことであり、出費を倹約してなるべく費用を減額するように、御指示通り入札に付した。樋橋棟梁どもを始め、市中の者どもを加えて入札を行った上で請負を申し付けた。このため費用は減ったが、万一手抜きなどにより不丈夫になってはもっての外であるため、格別に心がけて事に当たるように申し付けた。

　工事中は早朝より暮れまで日々現場へ出勤して、油断なく監督したので、いささかも手抜きなどもなく、丈夫に完成した。右の者達は他の事業をも兼務しており、他の橋々の小破の補修も行い、永代橋の工事現場へも出勤して、日々寸暇もなく勤務したが、今回の工事には申し渡した趣旨をよく理解して従事した。

　しだいに日も短くなってきたが、目標の12橋の工事が全て完成した。当初の概算見積額に比べて1510両余も大幅に減額になった上、いささかも強度不足はなく完成したのは、ひとえに一同が精勤したためである。

　12橋の工事は1橋あたりの日数がわずかに延びたが、全体では260日で終了し、工事金額は1989両余となった。このため以降の励みにもなることを考慮して、ぜひ褒賞をしていただけるようお願いしたい。この度のように多数の橋を一時に工事したことは稀なことであるので、何とぞ特別の訳柄をもってお聞き入れ下さるよう、別紙のように過去の例を添付してお願い申し上げたい」[22]

と部下を強く推奨している。

6．文政8年の御入用橋架け換え工事

　文政8年(1825)にも前年に引き続き、多くの御入用橋の臨時架け換え工事が実施された。昨年の事前調査では44カ所の橋が危険な状態になっていることが判明し、そのうちとくに緊急性の高い12カ所の工事が行われたが、担当奉行の南町奉行筒井伊賀守と勘定吟味役明楽八郎右衛門から残りの大破した橋の架け換え工事の継続を訴えた文書が老中に提出された。

　「44ヶ所は私共も現場見分をして確認したが、その内特に危険な橋12ヶ所の工事費用の見積を定値段(幕府の積算基準)によって行ったところ、およそ3500両余となり、年間の御定金ではとうてい実施できないため別途の費用が手当された。そして入札を行った上で値引交渉もした結果、全額1989両1分で完成させることができた。

さらに調査箇所の内、28ヶ所は損傷が強く、これ以上延期できないため架け換え工事を担当者は強く求めている。それらを定値段で見積もったところ3030両余となったが、去年架け換えを入札した結果、費用が平均で4割3分ほど減額になった。今回も入札に掛け、費用を詰めていけば、元の見積よりも3割5分は減らせる見込みをもっており、1975両余になると考えている。
　この見込み額については、本年の御定金760両の中から小破修繕や非常時に設置すべき仮橋や渡船などに必要な費用として260両を除き置いて、残りの500両は使用するつもりである。不足の1475両については、去年の残金1510両3分を当てるつもりである。これはあくまでも概算であるので、入札など、取調を厳しくして、3、4橋ずつをまとめて取り掛かるようにしたい」[23]
としている。
　この説明はかなり強引な理屈で、前年当初の概算見積と入札額つまり実際の請負金額との差が金庫に残っているわけではないので、残金1510両余があるとするのはあくまで紙の上でのことである。
　この理屈が認められたのか、文政8年当初には1975両余を目標にして28橋の架け換え事業が始められた。対象となった28橋は表9-4のとおりで、前回の架け換えから約20年が経過したものが大半であるが、架け換え時に古杭や杉や赤松などの持ちの悪い木材を用いたものは、12、3年で朽腐が目立っている[24]。
　そして、28橋すべてに1橋ずつ詳しい仕様帳が作られている[25]。これらの仕様に基づいて1橋ずつ入札された。落札した業者は表9-4のとおりであるが、まとめると4人になる。霊岸島川口町佐兵衛店作兵衛は前年京橋などを落札しており、同じ町の庄左衛門店伝吉は隅田川4橋の架け換えも請け負っている。
　霊岸島新川の一之橋の場合、一番札は伝吉の97両2分、二番札は作兵衛の97両3分、三番札は樋橋棟梁2人の121両3分で、一番札の伝吉が落札している。また関口水道町の江戸川橋の場合は一番札の伝吉が135両2分で落札しており、二番札は147両2分の作兵衛であった[26]。この結果を見ると、伝吉と作兵衛の差は僅差であり、二人の間に事前の調整があったのではないかと疑ってしまう。
　そして樋橋切組方棟梁の岡田次助と蔵田屋清右衛門がそれぞれ4橋と5橋を落札しているのは注目される。担当奉行の方針どおり、一般人と同様の資格で入札に参加したものと考えられる。当初の見積額と落札額を比較するとおおむね3～4割低くなっているが、中には平野橋のように落札額の方が2割以上高くなっているものや、猿江橋の石垣工事のように4分の1以下になっているものがあ

表 9-4 文政 8 年 (1825) 臨時架け換え橋 (「「文政八酉年橋々弐拾八ヶ所御普請書留一」及び「同二 [四]」より)

橋名	場所	規模	前回架け換え年 (経過年)	見積額	落札額	落札率	落札人	工事日数
一之橋	霊岸島新川	長7間、幅3間	文化4年 (19)	130両余	97両2分	0.75	霊岸嶋川口町・伝吉	9日
三之橋	同所	長6間、幅3間	文化5年 (18)	107両余	77両3分	0.73	霊岸嶋川口町・作兵衛	10日
真福寺橋	南八町堀一丁目	長13間2尺、幅3間	文化4年 (19)	260両余	170両	0.65	樋橋棟梁岡田屋清右衛門	16日
明石橋	鉄砲洲明石町	長7間、幅2間半	文化2年 (21)	116両余	77両	0.66	霊岸嶋川口町・作兵衛	11日
江戸川橋	関口水道町	長9間、幅3間	文化6年 (17)	183両余	135両2分	0.74	霊岸嶋川口町・伝吉	11日
汐留橋	木挽町七丁目	長6間、幅4間	文化2年 (21)	245両余	89両3分	0.37	霊岸嶋川口町・伝吉	10日
一之橋	本所堅川通	長11間半、幅3間	文化8年 (15)	237両余	124両3分	0.53	霊岸嶋川口町・伝吉	13日
駒留橋	本所藤代町	長2間、幅2間	文化5年 (18)	25両余	22両2分	0.9	霊岸嶋川口町・作兵衛	4日
天神橋	本所亀戸町	長7間半、幅2間	文化5年 (18)	93両2分余	49両2分	0.53	樋橋棟梁岡田次助	17日
石原橋	本所石原町	長4間、幅2間	文化4年 (19)	49両余	32両	0.65	霊岸嶋川口町・伝吉	15日
平野橋	深川八船町	長8間半、幅7尺	文化3年 (20)	40両2分余	55両2分	1.37	霊岸嶋川口町・伝吉	9日
清水橋	深川南松代町	長7間4尺5寸、幅1丈	文化6年 (17)	89両1分余	69両	0.77	霊岸嶋川口町・作兵衛	10日
中之橋	深川佐賀町	長4間半、幅2間	文化4年 (19)	61両1分余	39両3分	0.65	樋橋棟梁岡田次助	12日
青海橋	深川吉永町	長6間5尺、幅8尺	文化元年 (22)	53両余	33両	0.62	樋橋棟梁岡田屋清右衛門	12日
板橋	深川相川町	長7間、幅2間	文化2年 (21)	71両2分余	49両	0.69	樋橋棟梁岡田屋清右衛門	12日
松鳴橋	深川大鳴町	長7間半、幅3間	文化6年 (17)	82両余	54両3分	0.67	霊岸嶋川口町・伝吉	11日
富岡橋	深川川一色町	長10間半、幅1丈3尺	文化7年 (16)	133両余	79両1分	0.6	樋橋棟梁岡田屋清右衛門	12日
弥勒寺橋	深川森下町	長5間半、幅2間	文化7年 (16)	77両余	46両3分	0.6	樋橋棟梁岡田次助	6日
伊予橋	深川森下町	長4間、幅2間	文化4年 (19)	63両2分余	32両3分	0.52	霊岸嶋川口町・伝吉	10日
新高橋	深川扇橋町	長16間、幅2間	文化12年 (11) 橋杭古木使用	157両余	119両	0.76	霊岸嶋川口町・作兵衛	20日
板橋	深川中鳴町	長6間半、幅1丈	文化7年 (16)	60両3分余	47両	0.77	霊岸嶋川口町・伝吉	12日
海辺橋	深川伊勢崎町	長16間、幅2間	文化11年 (12) 下廻り古木使用 上廻り赤松にて仕立	161両2分余	112両	0.69	樋橋棟梁岡田屋清右衛門	18日
下之橋	深川佐賀町	長11間、幅2間1尺	文化8年 (16)	121両1分余	82両	0.68	樋橋棟梁岡田屋清右衛門	13日
汐見橋	深川八船町	長15間、幅9尺5寸	寛政9年 (29) その後上廻り修復有り	118両2分余	85両	0.72	霊岸嶋川口町・作兵衛	15日
久中橋	深川黒江町	長6間、幅1丈	文化10年 (13) 橋杭古木使用 上廻り松にて仕立	51両1分余	38両	0.74	樋橋棟梁岡田次助	15日
千鳥橋	深川堀川町	長13間、幅2間	文化11年 (12) 下廻り古木使用 上廻り赤松にて仕立	134両余	98両3分	0.74	霊岸嶋川口町・伝吉	13日
中之橋	深川六間堀	長5間、幅6尺5寸	文化7年 (16)	53両余	32両	0.6	樋橋棟梁岡田屋清右衛門	8日
猿江橋	深川西町		東之方石垣損所、修復年数不明	64両3分余	13両2分	0.21	霊岸嶋川口町・伝吉	11日
計				3039両余	1963両	0.65		延335日

り、ばらつきが目立つ。

　入札後、証人、担保の提出、詳細な仕様の作成、現場工事に先立つ関係者への通報と手続が進められたのち、現場工事が始められるのは、京橋の例で紹介したとおりである。

　ここで注目すべきやりとりがあった。深川の新高橋の工事を入札によって作兵衛が落札したのち、樋橋棟梁の岡田次助から落札額と同じ値段で工事を請け負いたいとする願い書が提出された。これに対して作兵衛はそのような交代がなされると下請職人らの士気にかかわる。また手配済みの損害も被るため1割分の手当はいただきたい。当時の世上の常識では入札工事を譲る場合、それは丸投げにするか、やむを得ず施工者が交代するかにかかわらず、落札額の2割の手当は当然であるとしている[27]。

　この件は岡田次助がこの申し出を取り下げたため沙汰止みになったが、工事を他人に譲る場合には2割の手当が常識であったことや、かつては樋橋棟梁の傘下にあった大工も自立性を高めていたことがうかがえる。

　現場工事は時期を少しずつずらして着工され、完成したものから順に出来形確認をしたのち、2、3橋ずつまとめて支払いが行われている。工事中の大幅な変更はなかったようで、落札どおりの金額が支払われている。そして支払いの費目としては、当初の老中への申請のとおり、御定金から真福寺橋、海辺橋など6橋分495両が支出され、一之橋、三之橋、汐留橋など22橋分1468両が別途費目、すなわち前年どおり江戸川神田川浚助成地の地代金、その他貸付利息の積立の中から支出されている。

　この一連の架け換え事業の中で発生した古木古鉄物のうち、利用可能な部分を除き、入札によって売却した。それらを合わせると、

　文政7年では金60両3分銀7匁9分5厘
　文政8年では金77両3分銀1匁6分6厘
　合計金138両2分銀9匁6分1厘
の収入があった。

　一方、この事業を進めるために事前調査が行われたが、その際の大工人足賃、その他の損料、調査船の雇料などの支出があった。これらを相殺すると7両余の余剰金が生じたことになり、事業費を支出した会計へ返納されている。

　文政8年の臨時の架け換え事業が終了した時点で、担当奉行の南町奉行筒井政憲と勘定吟味役明楽八郎右衛門から部下や関係者の褒賞を老中水野忠成に申請し

ている。理由は前年とほぼ同じで、対象者もほぼ同じ顔ぶれであった[28]。そして筒井政憲も時服3枚、明楽八郎右衛門も時服2枚を受けている。

　通常町奉行の勤務は月番制であったが、このような一貫した事業の場合は一人の奉行が最後まで担当したように見える。そして担当の与力や同心は両町奉行所から同時に出て、一方の奉行の指揮下で仕事に当たったようである。こうして当時の南町奉行と勘定吟味役の努力によって40橋の架け換えや石垣の修復がなされ、御入用橋の危険な状況は回避されたが、本来川の浚渫に用いられるべき助成地の地代金の運用利息が取り崩されて流用されたことは、橋というインフラ整備に当てられるべき費用が大幅に不足していたことを示しており、担当者はその財源探しに苦労していたことがうかがえる。

　このような臨時の架け換え事業は文政7、8年の2年間だけで終わってしまったかどうかはよくわからない。上記の例でもわかるように、木橋は槻（欅）や檜などの高級材を用いたとしても約20年で朽腐が進行して通行に支障がでるほどになるため、その後も周期的な架け換えが必要であった。そして130橋余をメンテナンスするには年間760両では不足していたことも明らかであるが、硬直化した幕府財政の中での新たな財源確保は至難の業であったと考えられる。

参考文献
1) 『京橋外拾壱ヶ所御普請書留一～十四』（旧幕引継書 808-35-1～14）国立国会図書館蔵
2) 「江戸向本所深川橋々大破之内掛替箇所之儀申上候書付」『京橋外拾壱ヶ所御普請書留一』(808-35-1)
3) 「江戸向本所深川橋々大破之分掛替御定金之外別段御入用之儀奉伺書付」『京橋外拾壱ヶ所御普請書留一』
4) 「京橋新規掛替御普請御入用目論見帳」「京橋仮橋掛渡御普請御入用目論見帳」『京橋外拾壱ヶ所御普請書留三』(808-35-3)
5) 「江戸向本所深川橋々大破之分掛替御入用入札吟味之儀申上候書付」『京橋外拾壱ヶ所御普請書留一』
6) 「湊橋外弐ヶ所掛替御普請臨時御入用金之義取調申上候書付」「京橋掛替御普請臨時御入用入札直段取調候趣相伺候書付」『京橋外拾壱ヶ所御普請書留一』
7) 「町触案」『京橋外拾壱ヶ所御普請書留一』
8) 『京橋外拾壱ヶ所御普請書留十』(808-35-10)
9) 「橋々掛替仕様目論見其外取調方之儀掛より御勘定方へ相談書」『京橋外拾壱ヶ所御普請書留一』
10) 「京橋入札開仕候趣申上候書付」『京橋外拾壱ヶ所御普請書留一』
11) 「入札披、請負申渡、御入用申上之部」『京橋外拾壱ヶ所御普請書留五』
12) 「京橋仮橋掛渡取懸候に付御目障御断并向々御達之儀取調申上候書付」『京橋外拾壱ヶ所御普請書留八』

13) 「京橋御普請仮橋掛渡取懸候に付御改向其外之儀申上候書付」「京橋仮橋出来に付御断向等之儀申上候書付」『京橋外拾壱ヶ所御普請書留九』
14) 「京橋掛直御普請御入用仕上帳」『京橋外拾壱ヶ所御普請書留十二』
15) 「京橋掛直御入用請取御断御金證文」『京橋外拾壱ヶ所御普請書留十一』
16) 「町方にて取調候凡積書付」『京橋外拾壱ヶ所御普請書留三』
17) 「京橋新規掛替御普請目論見仕様帳」「京橋仮橋目論見仕様帳」『京橋外拾壱ヶ所御普請書留四』
18) 「京橋新規掛替御普請仕様内訳帳」「京橋仮橋仕様内訳帳」『京橋外拾壱ヶ所御普請書留六』
19) 「京橋皆出来仕候儀申上候書付」『京橋外拾壱ヶ所御普請書留九』
20) 古泉弘『江戸の穴』1990年11月
21) 小沢詠美子『災害都市江戸と地下室』1998年2月
22) 「橋々臨時御普請へ掛候者共へ御褒美之儀御内慮奉伺候書付」『京橋外拾壱ヶ所御普請書留十四』
23) 「江戸向本所深川橋々大破之分掛替御普請御入用之儀相伺候書付」『橋々弐拾八ヶ所御普請書留壱』(旧幕引継書 808-36-1)国立国会図書館蔵
24) 「江戸向本所深川橋々大破之分掛替箇所之儀申上候書付」『橋々弐拾八ヶ所御普請書留壱』
25) 『橋々弐拾八ヶ所御普請書留二〜四 仕様之部』
26) 「橋々御普請入札披仕候儀申上候書付」『橋々弐拾八ヶ所御普請書留五 入札披之部』
27) 「乍恐以書付奉申上候」同上
28) 「橋々御普請へ掛り候者共へ御褒賞之儀奉願候書付」「両組与力同心御褒美被下置候段申渡候儀申上候書付」『橋々弐拾八ヶ所御普請書留弐拾四 御褒美 跡調之部』

10章　江戸の橋の構造デザインと施工

1．木桁橋の標準設計

　江戸時代の典型的な木造桁橋構造を示した資料に明治4年に内務省土木寮から発刊された『堤防橋梁積方大概』と『隄防橋梁組立絵図』(明治14年刊の『土木工要録』に同じ内容で収録されている)がある。これらは前書きにも書かれているように幕府の普請方が用いてきたもので、前者が河川構造物や橋梁に関する標準設計仕様、後者が標準図面集という内容で、主として幕府が管理した河川施設や橋の築造、改築工事に際して参考にされたものと考えられる。

　この図書には、橋としては土橋、刎橋、桁橋の材料一覧と組立図が載せられているが、『隄防橋梁組立絵図』から桁橋の構造を展開したのが**図 10-1** で、『堤防橋梁積方大概』の記述から桁橋を図化したのが**図 10-2** である[1]。これらとこれ

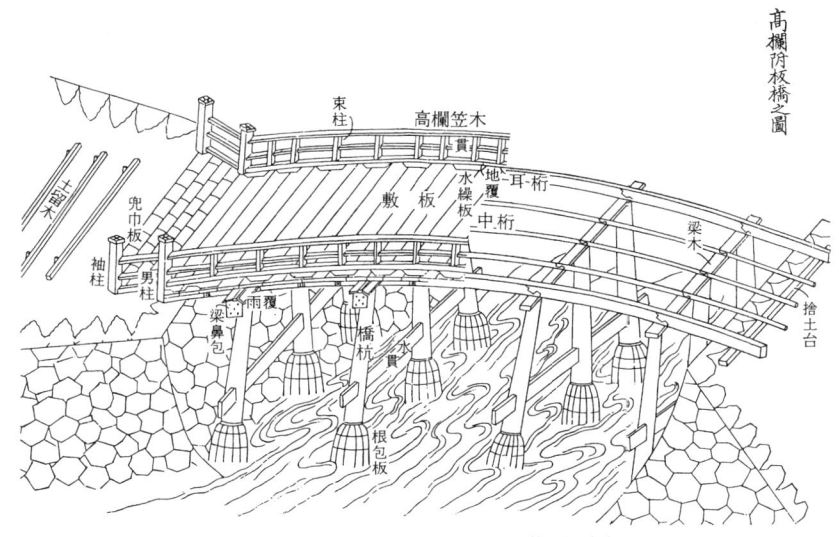

図 10-1　『隄防橋梁組立絵図』桁橋の図

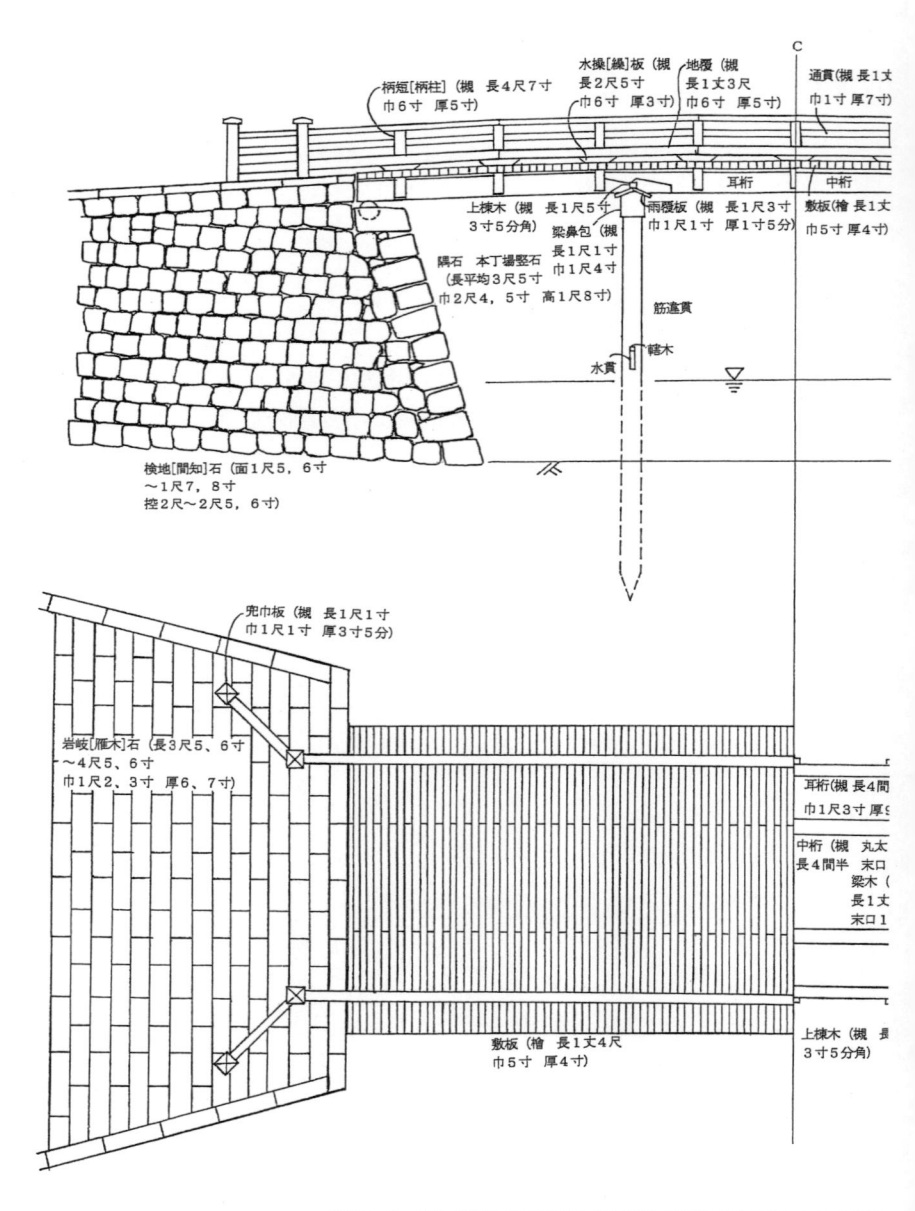

図 10-2　江戸時代の木桁橋（『堤防橋梁積方大概』より復元）
　　　　横長10間　幅員3間1寸（1間＝6尺で計算）

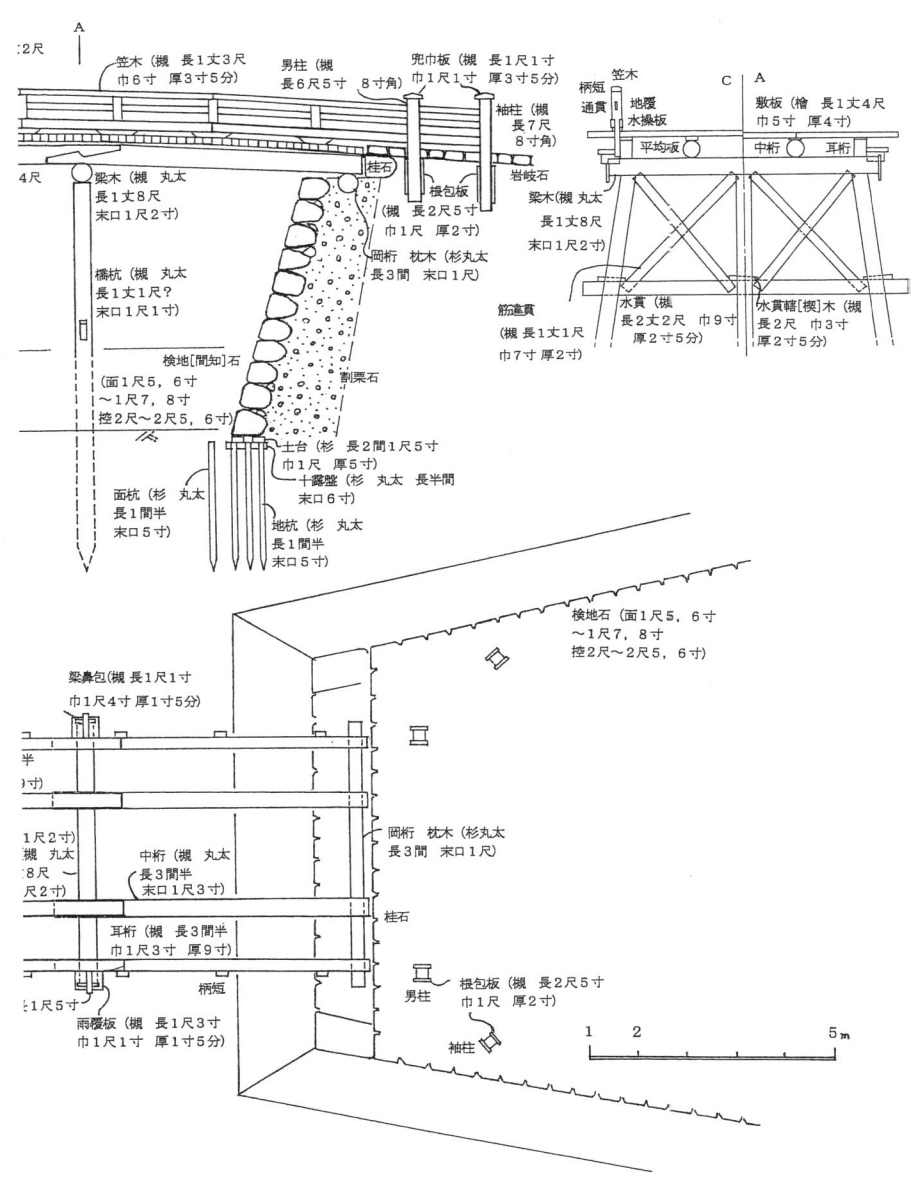

10章 江戸の橋の構造デザインと施工

『積方大概』の橋杭の長さと石垣の高さに矛盾がある。橋台の高さが１丈８尺(5.4m)で、基礎に3m近い杭を打つことになっているのに対して、橋杭の長さが１丈１尺(3.3m)しかない。石垣の基礎杭と同じ根入長が確保されたとすると杭の長さは少なくとも２丈５尺(7.6m)は必要となる。

まで述べた江戸の橋の例などを参照して江戸時代後期の木桁構造の特徴をまとめると次のようになる。

(1) 基本寸法

　a．幅員、スパン

江戸時代の橋の幅員は最大でも4間強であった。江戸ではメインストリートに架かる日本橋や京橋は4間2尺(7.9m)の幅員が確保され、当時最大級の両国橋で3間2尺〜4間(6〜7.3m)、東海道の吉田橋や矢作橋、瀬田橋で約4間、京の三条大橋で3間5尺5寸(京間7.6m)、大坂の三大橋で3間3尺〜4間(京間6.8〜7.9m)であったから、当時の橋の幅員は最大でも8mほどであった。

橋長は川幅によって決まったが、スパンは舟運の頻度と調達できる桁の寸法によって決められたと考えられる。当時の都市では物資輸送をはじめ、レクリエーションの場としても河川が重要な役割を果たしていたから、橋の桁下空間はできる限り広く、高くするのが望ましかったが、桁材料としての木材に制限があったため、そのスパンも制限を受けた。

隅田川では将軍家の船が通る御通船の間と洪水時流速が速くなる風烈の間で広いスパンが採られた。寛保3年(1743)に作られた両国橋の架け換え仕様ではそこに7間のスパンを採用するように推奨されたが、工事費が割高になるため採用されなかったと推測され、両国橋をはじめ隅田川の橋のスパンは最大でも5間強(約10m)であったと考えられる(4章1．参照)。

『積方大概』の材料リストでは中央スパンには長さ4間半、サイドスパンには長さ3間半の木材が適用されることになっており、スパンとしては4間、3間が想定されていたと推測される。また京橋の文政7年(1824)の架け換え仕様によると、桁材としては長さ4間の角材や丸太が最長で、継手長を考慮するとスパンは3間半ほどになる(9章3．参照)。

　b．反り

近世の都市内河川では多くの船が往来していたため、かなり高い桁下空間を確保する必要があった。一方、陸上交通への影響から勾配はできるだけ緩やかな方が望ましい。反りはそのバランスによって決められたはずである。そして河岸の高さが水面からあまり高くない江戸や大坂などの平地部の橋では必然的に反りは大きくとられることになった。

江戸後期に流行した錦絵などでは橋の反りが大きく描かれているものが多いが、実際より誇張されていることが多い。

帆をかけた船や将軍家の船も通航する隅田川の各橋で3m以上の反りがとられていた（8章3．参照）。両国橋では仕様によって少し異なるが、安永9年（1780）や天保10年（1839）の仕様では反りは1丈5寸（3.2m）となっており、江戸時代を通じてほぼこの程度は確保されていた。平均勾配はおよそ3.7％で、橋端での最急勾配は約7％となる。

文政7年（1824）の京橋の仕様では、反りは2尺8寸（85cm）で、勾配は6.7％になり、最急勾配は13％にもなる（9章3．参照）。船が入る幅の狭い川に架かる橋では勾配は大きくとられたが、車などの通行を前提にすると、おのずから限界はあった。

(2) 各部の構造

a．橋脚

橋脚の形式はほぼ例外なく、柱をそのまま立ち上げたパイルベント形式である。杭径は通常1尺2寸（36cm）ほどで、両国橋のような大規模な橋では2尺を超える太い杭が用いられることもあった。本所、深川では御入用橋でも1尺以下のものが多かった。

杭本数は幅員が2～3間（3.6～5.5m）の橋では3本建、4間（7.2m）ほどになると4本建が多くなった。杭長は両国橋の最長杭では18mのものが用いられたが、一本ものをそろえるには高額になったため継杭とされることも多かった。杭の根入長は施工法が「震込み」工法という限定されたものであったため、河口部の軟弱地盤でもせいぜい5mほどで、砂層になると3mを確保するのも難しかったと推定される。

杭の表面仕上げは鹿の子打ち（手斧仕上げ）がほとんどで、江戸後期には十六夆物という表現も見られるが、鹿の子打ちと変わらないものであったと考えられる。杭先端はばい尻仕上げ、すなわち円錐状に尖らせ、鉄板などで補強される場合もあった。

杭の震込みは地盤によっては所定の根入れ深さを確保するのが難しいこともあり、高止りすることも多かったと推測され、杭頭の枘仕上げや水貫の穴の加工は現場合わせで行われたと考えられる。現場での穿孔は精度に限界があったから、かなり余裕をもって大きくあけられた（いわゆるバカ穴）と考えられる。

杭は根入れがそれほど深くとれなかったため、一本では比較的容易に動く状態で、外側の杭は少し内側に引き寄せられて頂部の枘には梁木の枘穴が組み合わされ、中段には1～2段の水貫が入れられた。水貫は杭ごとに大きな轄（楔）が打

ち込まれ、擬似的なラーメン構造に仕上げられた。そして梁下から水貫へ、また水貫どうしへは筋違貫が入れられ、水平方向の抵抗力が増強された。異なる部材どうしはいろいろな長さの鎹（かすがい）で連結、固定された。

　干満にさらされた江戸の橋の杭は、乾湿の繰り返しや船虫などの被害によってとくに水際が腐食し易いため、何らかの対策が必要であった。両国橋の仕様ではチャンを塗ることも提案されているが、実行されたかどうかはわからない。通常は『組立絵図』にも示されているように水際に根包（ねつつみ）板が取り付けられることが多かった。厚さ6～8cm、長さ2～3mの板15～20枚程度が薄い鉄板などで締め付けるように固定された。

b．上部工

　杭の頂部には梁が乗せられたが、その長さは全幅員とほぼ同じであった。径1尺～1尺5寸（30～45cm）程度の丸太が使われ、梁にあけられた枘穴が杭頭の枘に組み合わされ、数本の鎹によって杭に固定された。

　梁の木口は風雨にさらされて腐食しやすいため、梁鼻包や雨覆板が打ち付けられて保護される場合が多かった。これが木桁橋のリズミカルな外観を作り出す役割を果たしていた。

　幅員が2～3間の橋では桁は3～4本が並べられ、4間ほどになると5本となった。通常の橋では外側から見える耳桁（外桁）には外面を鉋で削った長方形断面の整形材が用いられ、直接見えない中桁には鹿の子打ちの丸太が使われるものがほとんどであった。桁断面は最大スパンによって決められたと言ってもよく、通常の橋では耳桁は高さ1尺2寸（36cm）程度、幅7～8寸（21～24cm）程度の角材、中桁は径1尺2寸程度の丸太であったが、スパン5間ほどになると2尺（60cm）程度になった。同一の橋ではスパンが短い桁でも断面の変化はあまりなかったようである。そして重ね梁が使われた形跡はない。

　桁はほとんどの場合、梁上で継がれる単純桁形式で、御入用橋のような橋では『組立絵図』にあるように台持ち継ぎが標準的であった。結合を固くするため、込み栓が打ち込まれ、薄い鉄板を巻いて鋲止めされることもあったため、若干の連続効果はあった。梁上では梁と桁のかみ合わせをよくするため、浅い彫り込みが造られた。

　橋表面の勾配の変化が滑らかになるように桁の上には平均（ならし）板が入れられた。『積方大概』では長さ2間（3.6m）、幅8寸（24cm）、厚3寸（9cm）の板を用意し、鉋で削って厚さを調整するよう指示されている。

桁の上には平均板を挟んで敷板が並べられた。厚さ3～5寸(9～15cm)、幅5寸～1尺(15～30cm)、長さ2間(3.6m)ほどの板が用意され、幅員が2間程度であると、1枚板が並べられたが、幅員が4間ほどになると、中央で継がれ、継ぎ目の上から間伏板で隠された。板幅が狭かったのは橋面の変化を滑らかにするためであると考えられる。

板どうしの継ぎ目は鋸を入れて面を荒らし、水密性を高めるように工夫され、板一枚ずつ桁ごとに手違い鎹が打たれ、固定された。

　c．高欄

橋の高欄は大きく分類して図10-3のように二つの形式があった。通常の橋では①の形式が採用された。通常敷板面から笠木上端までの高さは3尺～3尺5寸(1m前後)、高欄を支える柄短、束柱、たたら短などと呼ばれた柱は5寸～7寸(15～20cm)の角材で、下部を少し細く削って地覆や敷板を貫通させて耳桁の側面に長い皆折釘で固定された。

柱頂部の枘に笠木の枘穴がはめ込まれ、上から釘が打たれる。地覆との間に通常1段の貫が通されるが、笠木、通貫とも2間の長さを持ち、一つ置きに柱部で継がれた。笠木の継手部では薄い鉄板を巻き付け、鎹などで柱に固定された。

地覆の下には橋面の排水を考慮して水繰板が柱の位置に入れられた。地覆の継手も柱1本置きに設けられたが、薄い鉄板によって柱、地覆、水繰板などが連結された。

②の擬宝珠付高欄は社寺建築の祭壇や縁側、階段の端部に設けられた組高欄を範としたもので、その形態は古代からほとんど同じである[2]。ただ擬宝珠の形は歴史的変化がある。

組高欄の横方向部材は通常3本で、上段が架木、中段が平桁、下段は地覆と呼ばれ、架木は円形断面を持ち、平桁は長方形断面、地覆が最も大きく正方形に近い断面を持つ。橋のような外部の構造物では雨仕舞のため、地覆の下に水繰が入れられる。

この形式では横方向の部材を貫通させることを優先させているため、柱は2段に分けられ、上を斗束、下を楠束という。この2段の柱の間には下段のみの柱が入れられ、込栭または嫁束と呼ばれる。

国立歴史民俗博物館蔵「江戸図屏風」では、江戸城周辺のいわゆる御門橋には擬宝珠が付けられている。四隅の男柱、袖柱だけではなく、中柱上にも、中には橋上の複数の柱にも擬宝珠が付けられており、高欄も組高欄形式になっている。

一方、東海道の日本橋、中橋、京橋、新橋では擬宝珠は四隅の男柱、袖柱の上のみで、橋上には見えない。ただ高欄は組高欄形式に描かれている。江戸後期の錦絵などから判断すると、日本橋や京橋は擬宝珠付高欄になっていたが、込桁はなく、斗束と楣束が連続した形になっていたと考えられる。

文政7年(1824)の京橋の仕様では、架桁、平桁、地覆の横部材をたたら短という一本の柱で支える形式になっていた（図9-2参照）。そして擬宝珠は橋端部の男柱と袖柱のほかに中央に立てられた中柱の上にも付けら

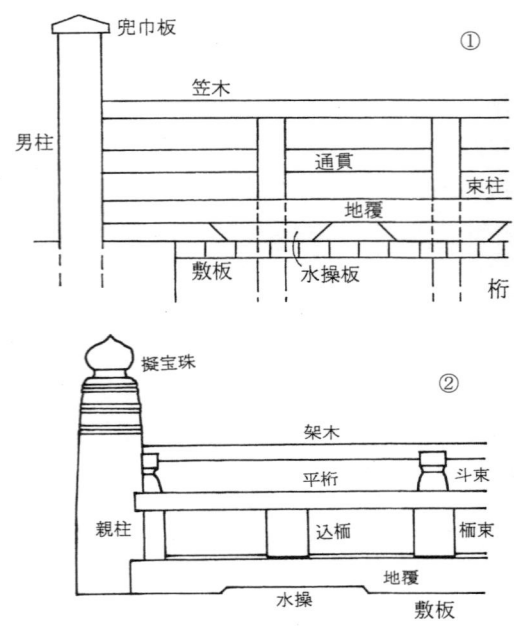

図 10-3　高欄の構造と各部の名称

れていた。また江戸城御門橋を踏襲した現在の平川門橋や和田倉橋では、組高欄形式が採用され、中柱上にも擬宝珠が付けられている。

現在の橋では橋の端部に橋の名前などが彫り込まれた親柱が立てられることが多いが、当時の橋では橋台の上に男柱が立てられ、そこからハ字型か直角方向に袖高欄が付けられてその端に袖柱が立てられる。両柱には径8寸角程度の太い角材が使われ、長さは7～8尺ほどで、3分の1程度が地中に埋め込まれた。地中部には腐食防止のために根包板が巻かれた。柱頂部には兜巾板(頭巾板)という扁平な4角錐型の厚い板が取り付けられた。簡易的に柱頂部が4角錐型に削られ、銅板などで保護されることもあった。そして、当時の絵には男柱に橋名が書かれているものもある。

　d．橋台

橋台は石垣を築き、その上に岡桁(捨土台)が置かれ、主桁が並べられた。主桁の背後には土が崩れないように桁の高さ以上の大きさを持つ、桂石(葛石)と呼ばれる石が並べられた。石垣の基礎には1間半(2.7m)、末口5寸(15cm)ほどの杭を打った上に十露盤という受け木を置いて、基礎の木組はそれぞれ鎹（鎹）によ

って連結された。この手法は城郭の石垣の築造法に類似しており、専門の石垣職人が作業に当たったと考えられる。

橋台は川側に大きく張り出すように築かれた。『積方大概』では片側でおよそ10m近く川側に突き出されることになっている。その分橋長が短くなり、橋全体の維持費が安くなったが、木橋部を短くして防火の効果も高くなったと考えられる。そして橋台上の舗装には岩岐(雁木)石と呼ばれる厚さ20cmほどの板石が敷き詰められた。

(3) 構造上の特徴

a. 筋違

江戸後期に描かれた錦絵などではほとんどの場合、橋杭には筋違が入れられている。ただいつごろから橋に筋違が入れられるようになったのかは明確ではない。建築構造に筋違が入れられるようになったのは、鎌倉時代初期のこととされており、小屋組みなどに斜め材が入れられ、部分的なトラス構造も中世には一般的になった。

当時の橋の現物遺構をはじめ、工事記録も残存していないため、現状では絵巻物などの絵画資料に頼るしかないが、構造が綿密に描かれているものは少ない。規模の大きな橋が描かれているものとしては、『一遍上人絵伝』の四条橋、『石山寺縁起』の勢多橋や宇治橋などの例があるが、いずれにも筋違は入れられていない。綿密な描写で信頼性の高い『一遍上人絵伝』の四条橋では水貫が2段入れられていることから判断して、当時は橋へ筋違は入れられていなかったと推測される。

室町時代後期から江戸時代前期に制作された「洛中洛外図」をはじめ、寛永年間の江戸を描いたとされる『江戸図屛風』(国立歴史民俗博物館蔵)[3]、元禄ころの大坂を描いたと推定される『浪華名所図』(湯木美術館蔵)[4]などの屛風絵に描かれた橋には2段の水貫はあるものの、筋違は描かれていない。これらの屛風絵は細部が簡略化されて筋違が省略された可能性はあるが、その証拠もない。

「筋違」が明記されている記録としては、享保4年(1719)の新大橋の架け換え工事の記録に「一、平均板鋪高欄廻り并貫筋違　赤松栬」[5]と見えるのが、管見の限り最古の「筋違」の使用例である。18世紀後半に急速に普及した錦絵では風景として多くの橋が描かれるようになるが、主要な橋にはほとんど筋違が見える。この例から筋違の橋への適用は取りあえず18世紀初期の頃としておきたい。

b. 肘木(台持木)、方杖

桁の下に短い木材(肘木)を入れ、それを下から斜めに方杖材で支える構造は現在でも伊勢・宇治橋などで見られるが、江戸時代の絵画では描かれたものはなく、明治になって適用された様式であると考えられる。両国橋を描いた絵は多くあるが、江戸期のものにはこの構造はなく、明治8年に架け換えられたものには肘木、方杖が入れられ、洋式のデザインになった[6]。日本橋も明治6年に同じ構造の橋になっている。

以上のように江戸時代後期の一般的な木桁橋の構造は、かなりの確度で復元が可能であるが、元禄時代以前となると、簡単ではない。

(4) 木桁橋のデザイン上の特徴

橋は横に長い構造物であり、その景観上のポイントは、次の3点に集約できると考える[7]。

①連続性の強調、②安定感の確保、③抵抗感のない変化

以下では主として木桁橋の景観上のポイントがどのような点にあったのかを考えてみたい。

a．反り

江戸時代の錦絵などでは橋の反りを大きく表現しているものが多い。当時の橋の勾配は最大規模の隅田川の橋では4%(最急勾配で8%)程度であったから、かなり誇張されていたことになる。画家が橋を描く場合、視点場が橋近傍にあることが多いことや、構図のバランスや橋の曲線の美しさを表現するために実際より反りを大きく表したためであると考えられる。そこには途中に視覚的な障害を置かない当時の橋の連続感が素直に受け入れられた結果であるとも言える。

b．橋脚の数と安定感

当時の木桁橋のスパンは最大でも10mほどで、平均すると5～6mであったから川中にずいぶん多くの橋脚が建てられた。それぞれに3～4本の杭が打たれていたから長い橋になるとその数は100本ほどにもなる。これによって橋の安定感が表現されることになった。外側の橋杭は少し内側に倒され、横方向は貫や筋違で固定され、安定性が確保された。その景観が見る人に橋への信頼感を強調することにもなったと考えられる。

橋杭の水際に設置された根包板は、視覚的に割合目立つ部材であったため、これを見る人に実用的な安心感と視覚的な安定感を与え、当時の橋の絵では割合大きく描かれていることが多い。これも木橋のデザイン上のポイントの一つであったとすることができる。

c．橋台

　橋台の石垣は川方向にかなり大きく張り出して築かれることが多く、これが橋全景の中で両端に視覚的な押えを置くことになり、橋の全員に安定感を増す役割を果たしていた。石垣は周辺の街並から橋を少しでも遠ざけて、火除け地の効果を上げる目的もあったが、橋の景観上への影響も大きかった。

d．耳桁

　通常の桁橋は3本以上の主桁で構成されたが、外側の桁には整形された角材が用いられた。そして外面は鉋仕上げされ、内側は鹿の子打ちで済まされることも多かった。中桁には丸太材が使われることが多く、美観上侭い分けがなされた。さらに、船の通りの多い澪筋の桁のみが鉋で丁寧に仕上げられる場合もあった。

e．梁鼻包、雨覆

　梁の小口の腐食を防ぐために、保護の板（梁鼻包）が打たれ、上から屋根状の板（雨覆）が付けられた。これらが橋の連続感にリズミカルな変化を与えることになった。『積方大概』では梁鼻包に高さ1尺7寸（52cm）、幅1尺4寸（42cm）、厚1寸5分（4.5cm）の鉋で仕上げられた板が使われ、その上に長さ39cm×幅36cmの雨覆板2枚が斜めに置かれ、その接点上に3寸5分（約11cm）角の上棟木が打ち付けられ、屋根状の飾りが造られた。簡略なものでは雨覆が1枚の板だけのものも多かった。この雨仕舞の構造が連なる様子が橋の景観に適切な変化を生み出し、当時の橋の絵にはこの構造が強調して描かれているものが多い。

f．高欄の構造と装飾

　当時の橋の高欄は図10-3①のような構造がほとんどで、笠木が端から端まで途切れることなく連続しており、これも橋の視覚的連続性を強調することになった。さらに地覆や貫も一定の形で連続していた。これらを支える束柱は、地覆や床板を貫通して耳桁側面に取り付けられており、リズミカルな外観作りに寄与していた。

g．桁隠し

　木橋を模した現在の橋、例えば京都嵐山の渡月橋、三条大橋では木製の桁隠しが付けられ、最近架け換えられて模擬的な木橋デザインが適用された瀬田唐橋、宇治橋などでは鉄製の板によって桁が隠されている。

　このような桁隠しがいつごろから付けられるようになったか、確かな証拠を得ていないが、少なくとも江戸時代の絵画に描かれたものは見付けていない。現在、古い時代の構造が復元されている甲斐・猿橋や岩国・錦帯橋には桁隠しが付

けられており、近世にも用いられていた可能性は十分あるが、その証拠を見付けることはできていない。

上記のような構造ディテールは、単なる装飾のために取り付けられたものではなく、それぞれに構造的安定や腐食防止などの実用的な目的を持っている。それらを全体の景観の向上に活かす工夫が橋づくりに携わった多くの人々の感性で一定の様式として仕上げられてきたと言える。

2．橋脚杭の施工法

(1) 矢作橋の杭施工の図

首都大学東京図書情報センター所蔵の水野家文書の中に、三河・岡崎の矢作橋の絵とともに『矢作橋杭震込図』(図10-4)という杭の施工の様子などを画いた絵がある。この絵には、橋脚杭の上に多数の土俵を乗せて荷重をかけ、両側から大勢の人が綱を引き、杭を揺すって押し下げていく工事の様子が画かれている。施工機械が未発達な時代の杭施工はこのような工法が一般的であったと考えられる。

図を詳しく見ると、杭頂に大きな架台(連台)を組み、その上に数百の俵を乗せ、上に突き出た棒に縄を掛けて両側へ張り、片方十数人の人が引っ張っている。その周辺では扇子や采配のようなものを持って音頭を取っている人、俵を担いで待機している人などがいる。さらに主桁の継手部を加工している人、梁を切り揃え、表面を成型している人、橋板を削って平滑にしている人、足場を補強している人などがリアルに画かれており、当時の矢作橋の構造や施工の様子がよくわかる。また、絵の上には作業中に歌われた音頭(木遣唄)の歌詞が書き込まれている。この絵が画かれた年代ははっきりしないが、水野氏が岡崎藩主であったのは正保2年(1645)から宝暦12年(1762)の間であるから、この間に画かれた可能性は高いと思われる。

また、安政4年(1857)4月に大樹寺造営のために三河に滞在した幕吏が書いたとされる『三河美やげ』には、「矢作橋掛直御普請杭震込之図」(図10-5)があり、次のような説明がされている。「矢作橋杭震込の綱引き人足は1ヶ所2、30人である。この綱引き人足は当所の者にて15歳より60歳までを雇用するというが、12、3くらいの子供が多い。皆前髪を取って出ている。下働き一人の賃金は180文で、音頭取には2人分を払うと云う。木遣りを唄って引く。この綱引きを昔より

図 10-4 『矢作橋杭震込図』（首都大学東京図書情報センター蔵）

図 10-5 「矢作橋掛直御普請杭震込之図」（『三河美やげ』）

鮟鱇（あんこう）人足と言い伝える。これは口をあいて綱に取り付くためである。土俵は、始め2、300俵積み、震下がるにしたがって追々相増し、石俵抔（など）重ねて700も800も積増す」[8)]とある。

　図 10-4 を見ると、架台の上の俵の数は1列でおよそ100俵、それが3〜4列に積まれているように見える。

(2) 江戸の橋の震込工法

このように頂部に重量を加えながら両側から綱で揺すって杭を下げていく「震込」工法は他の地方でも多くの例があり、近世では一般的な工法であったと考えられる[14]。

そして江戸の公儀橋の記録の中にも「震込」工法が散見される。享保14年(1729)の「両国橋継足御修復御普請御入用請帳写」[9]では「俵をかけ、根入丈夫に震込申候」とあり、寛保3年(1743)の「両国橋新規御普請仕様注文」[10]では「杭の先削とがし、大俵を掛け、根入随分丈夫にゆり込……」と表現されている。

そして具体的に土俵の数や重さが示された資料もある。4章2．で紹介したように、安永7年のものと推定される「両国橋御修復仕様」[11]に「土俵数百俵余仕掛け震方仕」とあり、安政元年(1854)の仕様⑨(**表4-2**参照)には、「1俵目方7貫目(約26kg)付、土俵百八拾俵積み、日数に拘らず念入りに震込又は蛸胴突にて入止り候」とあり、また元治元年(1864)の「両国橋損所御修復仕様」[12]にも同様の表現が見られ、5トン弱の載荷によって震込まれたことになる。また宝暦9年(1759)の仕様⑤の中に「橋杭ゆり重り土俵に」として320個の俵が用意され、天保10年(1839)の仕様⑦では400俵が計上されており、必要に応じて積み増されたとすると、最大10トンほどの載荷が可能であったことになる。それだけの土俵を乗せるためには、かなり大きな架台が組まれたはずであるが、それを示した資料は不明である。

また文政7年(1824)に架け換えられた京橋では、「杭上に1俵当り7貫目(約26kg)の土俵70俵を積み、入念に震込む。根入れなどの検査を受けたのち、杭頭へ帯(枘)を付け、梁下端に仕込む」(9章3．参照)とあり[13]、2トン弱の荷重をかけて念入りにゆり込まれたことがわかる。

(3) 震込工法の検証

震込の記録からこの工法の特徴、施工能率、施工された杭の耐荷力などを試算し、その有効性と限界点を考察してみた[14]。

a．杭の耐荷力

江戸の両国橋でも震込工法が用いられたが、前述のように「俵をかけ……」と表現されているように綱で結んだ土俵を杭に直接掛けたようにも受け取れ、架台(連台)を載せた矢作橋や吉田橋と同じような施工法が適用されたかどうか疑問が残る。しかしこれだけ多数の土俵を杭に掛けるのは難しく、また両橋とも幕府の作事奉行や小普請奉行などの指導の下に工事が行われており、両国橋でも共通の

工法が採用されていたと考えた。

　両国橋は橋長が94間（田舎間で約170m）、幅員は時代によって異なるが、3間2尺〜4間（6〜7.3m）で、橋脚は4本建または3本建で、26〜7組程度になっていた。杭の寸法としては享保19年（1734）8月の修復工事の記録（**表4-2**、仕様②参照）では[15]、

　　西より12側目　中杭新木槻長9間　末口1尺9寸　根入3間
　　　　　　　　　但、肘木厚5寸幅8寸長4尺、ばい尻鉄物打（中略）
　　同　13側目　中杭新木槻長9間半　末口2尺1寸　根入3間半　ばい尻鉄物打
　　　　　　　　（中略）
　　　　　　　　北耳杭継木長9間　根入3間程　ばい尻鉄物打（中略）
　　同　14側目　中杭新木槻長8間5尺　末口2尺　根入3間1尺　ばい尻鉄物打
　　　　　　　　（中略）
　　　　　　　　北耳杭継木長8間1尺5寸　根入2間3尺余　ばい尻鉄物打

などとあり、川の中央部の橋杭は長さがおよそ9間（16.4m）、径が約2尺（60cm）で、根入れは3間（5.5m）が目標とされていた。また杭先端は巻貝のように円錐形に尖らされ、鉄板などの金物で補強されていたことがわかる。

　載荷重は、上述の安政元年（1854）の「両国橋掛直御修復仕様」のように約26kgの土俵180個を積んだとすると、約4.7tfとなる。両国橋の付近は、N＝1〜3程度の極めて軟弱なシルト層が厚く堆積しており[16]、地盤が杭を支える耐力を『道路橋示方書』の杭の支持力式を当てはめると、次のようになる。

　両国橋の杭は末口58〜63cmであるから、その断面積Aは、
　　$A = \pi r^2 = 3.14 \times (0.29 \sim 0.32)^2 = 0.26 \sim 0.32 \fallingdotseq 0.29 m^2$

「道路橋示方書　図−解12.4.1」[17]より、根入れがない状態でN値を2として、先端支持は、
　　$Ru = qd \cdot A = 10N \cdot A = 10 \cdot 2 \cdot 0.29 = 5.4 tf$

となる。これに対して杭の自重が3〜4tfあり、さらに土俵の荷重約5tfが加えられるから、震込中は周面摩擦がほとんどないとすると、一定の深さまでは震り下げることができる。しかし根入れが4〜5mほどになると、土俵をかなり積み増さないと下げることは難しくなったと想像される。

　また杭が完成したのち地盤が安定して粘着抵抗が発生してくると、極限支持力は、「道示表−解12.4.5」[17]を参考に根入れを5mとして計算すると、
　　$Ru = qd \cdot A + ULf = 30N \cdot A + 2 \times 5N = 30 \times 2 \times 0.25 + 2 \times 5 \times 2 \fallingdotseq 35 tf$

となる。

　安政2年(1855)や元治2年(1865)のように根入れが2〜2.5mほどとすると(4章2.参照)、支持力はかなり低くなる。

　同様に京橋の場合を見ると、土俵の数は70とされ、載荷重は1.8tfである。

　杭は末口1尺2寸(36cm)とされるから、その断面積Aは、

$A = \pi r^2 = 3.14 \times (0.18)^2 \fallingdotseq 0.1 m^2$

地盤は両国橋とほとんど変わらないとすると、根入れがない状態ではN値は2として、先端支持力は、

$Ru = qd \cdot A = 10N \cdot A = 10 \cdot 2 \cdot 0.1 = 2 tf$

となる。杭自重が1tf強、土俵が2tf弱で、計3tfほどの荷重が加わるから、2〜3mまでは楽に下げられるが、所定の根入れを確保しようとすると、かなりの土俵を積み増す必要があったと推測される。

　さらに文化4年(1807)に群集によって杭がめり込んだために落橋した永代橋が文化5年(1808)に架け換えられたとき、杭の根入れの確保が重視され、仕様では末口1尺2寸〜3寸(36〜39cm)の杭を用い、震込みに当たっては、土俵は1俵の目方7貫目(26.25kg)のものを120俵(3.15t)積み、人足30人掛かりで2日間震込み、それ以上入らないことを確認した上で、杭頭への帯加工をするよう指示されている。現場での根入れは8〜9mに達したとされる(8章2.参照)。

　現在の地盤データ[16]などから判断すると、めり込んだ杭の辺りの地盤は相当に軟弱で、N値0に近いシルト層が数m続くが、平均してN値を1程度とすると、その先端支持力は、

$Ru = qd \cdot A = 10N \cdot A = 10 \cdot 1 \cdot 0.11 = 1.1 tf$

となる。これに対して杭自重が2tf弱で杭だけでも1〜2mは自沈し、土俵3tf強を載せると2〜3mは自沈したと想像される。そして5tf程度の載荷で8mも貫入したとすると地盤は相当軟弱であったことになる。下がるにしたがって粘着力によって抵抗力は増していったと考えられ、根入れが8mも確保できれば、時間が経つと、

$Ru = qd \cdot A + ULf = 30N \cdot A + 2 \times 8N = 30 \times 1 \times 0.11 + 2 \times 8 \times 1 = 19.3 \fallingdotseq 20 tf$

ほどの耐荷力は得られたはずであるが、次に計算した死活荷重に対する安全率はかなり低かったことになる。

　ただし上で用いた道示式は杭が十分な根入れを持つ場合の支持層の耐荷力を求める式であるため、浅い根入れの杭に適用するのには問題があり、あくまでおよ

その目安を示すにすぎない。

b．死活荷重の算定

標準的な木橋の載荷重がどの程度であったかを求め、杭の耐荷力と比較してみた。

幅員8m、スパン10mに対して杭径60cm、長さ15mの杭3本が建てられたと仮定して、死荷重を求める。

  床版他 厚0.15×長8×幅10m×0.8＝9.6tf
  桁   厚0.3×高0.4×長10m×5本×0.8＝4.8tf
  梁   厚0.4×高0.4×長8m×0.8＝1.0tf
  杭 $\pi \times (0.3)2 \times 長15m \times 0.8 = 3.4$tf

その他の部材を考慮し、杭は3本とすると、1本当たりの死荷重は、

  {(9.6＋4.8＋1.0)÷3＋3.4}×1.2≒10tf

活荷重は、長10×幅7m×0.5t/m^2×3≒12tf

このように杭1本当たりの載荷重は大きく見積もっても20tfほどであるから、所定の根入れが確保され、地盤が安定すれば橋を支える鉛直支持力は確保できたと考えられる。

隅田川筋では下流へいくほどに、かつ右岸に比べて左岸の方が軟弱地盤層は厚くなっており、永代橋の左岸側の橋脚では、洪水や群集荷重によって杭周辺に乱れが生じた場合は安全率が急激に下がる危険性は高かったと考えられる。

c．打ち込み工法の可能性

木柱のパイルベント基礎は明治以降、現在でもなお用いられているが、そのほとんどが重量物を落下させてその打撃力によって打ち込む工法が使われてきた。二本構のように支柱の間に直方体の鉄塊を入れ、滑車を介して綱で引っ張り、それを落下させる工法が一般的であった。このため近世以前においてもそのような施工法が用いられていたと漠然と考えてきた。しかしそのような施工の様子を示す図や文書はなく、施工機械が未発達であった近世ではたとえ200～300kgの重さの鉄塊とそれを支える滑車を造ることはもちろん、それを現場で取り扱うのも容易でなかったはずである。

打ち込み式の施工法としては図10-6のように跳木式の杭打機も実用化されていた[18]。しかしこのような機械では護岸用の細い杭には有効であったが、径30cmを超えるような橋杭には打撃力が不足している。このように近世では規模の大きな杭の打ち込み工法は使われていなかったと考えられる。

図10-6 杭打船并ニ杭打之図(『農具便利論』)

　以上のような検討や推論から「震込」杭打工法は、N値が10以下の砂層やN値が5以下の粘性土に対して根入れが杭径の5～10倍程度がその適用の限界であったと考えられる。この工法はある程度の水深のある所でも適用が可能であることから、江戸や大坂のような沖積粘土層が厚く堆積している地域のほか、東海道筋の河川では矢作川や豊川のような比較的勾配がゆるく、砂分の多い河床では適用が可能であったが、大井川や富士川のように礫分が多く、N値が20～30を超えるような河床を持つ河川では施工は困難であったと考えられる。このような結論は、急流河川である大井川や富士川に橋が架けられなかったのは技術的要因が大きいとする仮説を補強するものである[19]。

　もう一つ考えられるのが掘立て式である。京の三条、五条橋のような石柱は「震込」工法で施工するのは難しかったはずで、河床に穴を掘って建て込まれたと考えられる。また木柱の場合であっても、日本の河川は冬季には水量が大幅に減少するので、瀬田橋のようにとくに地盤が固い所では、掘立て式も併用された可能性は高い。

　近世以前には、規模の大きな橋脚杭の施工には重量物の落下による打ち込み工法が用いられた形跡はなく、震込工法が最も有力な工法であった。しかしそれによる根入れは浅く、水平抵抗も不十分で、また洪水時の洗掘にも弱かったことは、近世の橋梁技術の限界を示すものであった。

3．大名庭園の橋

　橋のデザインを語る上で欠かせないのが庭の橋である。江戸ではいわゆる大名庭園が発展した。幕藩体制が安定するにつれ、将軍家や各大名にも余裕が生まれたのであろう。また大名は一年交代で江戸に住むようになり、江戸に複数の屋敷地が与えられると、そこにそれぞれの地形的特徴と趣味を生かした庭が造られるようになった。こうして江戸には大小数百の大名の庭があったことになる。

　白幡洋三郎氏は著書『大名庭園』[20]の中でその特徴を、まず「饗宴の庭」と位置づけて「大名庭園は大名家の対将軍家ならびにほかの大名家との、そしてまた藩主と家臣たちとの社交の空間として必要とされた」としている。そして大名庭園は一般的にその芸術的価値が低いと評価されがちであるが、その評価の転換と新しい観方を提案している[21]。

　大名庭園の特徴はその「広さ」にあり、それを回遊して享受することにある。白幡氏は「大名庭園の価値は、五感全体によって評価されるべき価値だというべきかもしれない」と述べている。

　したがってとくに作庭上の理論を知らなくてもわかりやすく、平易に楽しめる庭である。現在東京には、小石川後楽園、六義園、芝離宮、浜離宮など、いくつかの庭が整備、公開されているので、手軽に訪れることができる。

　これらの庭園には広い池があり、周囲には多彩なデザインの島、岸辺、石、灯籠、樹木などが配置されており、比較的短い時間でそれらを巡って風景の変化を楽しむことができる。いわゆる池泉回遊式の構成になっており、そこには移動手段としての役割ばかりでなく、演出された自然の中に溶け込むような人工の構造物としての橋が、景観上も重要なポイントとなるように配置されている。

　水戸・徳川家の上屋敷に造られた小石川後楽園にはいろいろな形式の橋がある。当時は見ることがかなわなかった中国・杭州の西湖にあこがれて造られた一直線の堤の中ほどに小さな石橋が架けられている。西湖にある蘇堤、白堤とその石橋をミニチュア化したものである。京都周辺の風景を想定して渡月橋や通天橋が配され、そして主役の座に中国風の石造アーチの円月橋（**写真10-1**）が据えられている。

　内庭には実にシンプルな石橋がある。三枚の石よりなり、端部の石はかなり長く橋台石垣に埋め込まれて突き出された上に中央の石が乗せられるという刎橋形式になっている。このほかに直線的な切石で構成されたシンプルな石橋や木板が

写真 10-1 円月橋(小石川後楽園)　後楽園の中心に据えられた橋、本州最古の石造アーチ橋か

ジグザグに並べられた八つ橋と名付けられた橋などさまざまなパターンを見ることができる。

　ここには、当時の文化人のあこがれであった中国江南地方の風景と日本文化の中心地である京の名所をコンパクトに再現するという目的があったと考えられる。ただこれだけ多様な形式を並べると、景観上の統一は取りにくい。

　後楽園の基を築いたのは二代藩主徳川光圀である。光圀は長崎に亡命していた明の遺臣、朱舜水を学問の師として寛文5年(1665)に招聘したが、後楽園作庭にも助言を得たとされ、円月橋は朱舜水が設計したとも伝えられている[22]。円月橋は寛文後期に完成したとすると、本州の石造アーチ橋としては最も古いものとなる。

　日本の石造アーチ橋の歴史は、寛永11年(1634)に長崎の中島川に架けられた眼鏡橋から始まるが、この橋は明からの渡来僧・如定によって架けられたとされ、経済的にも技術的にも長崎在住の中国人のバックアップがあったと考えられる[23]。

　朱舜水は長崎時代に中国人によって次々と架けられた石造アーチ橋を見ていたはずで、架橋を推進した僧や商人、そして橋の建設技術者とも交流があったと思われる。本州では初めての石造アーチ橋は朱舜水の長崎時代の人脈によって実現した可能性は高い。

　旧芝離宮にも後楽園と同じ形式の西湖堤がある。この庭も古く、老中大久保家

写真 10-2 西湖堤の石橋(旧芝離宮)　当時の人々のあこがれであった中国杭州・西湖の白堤や蘇堤をイメージした石造りの堤に小さな石橋が架かる

写真 10-3 田鶴橋(六義園)　桁の上に丸太を敷き並べ、土を置いた土橋形式の橋

の下屋敷の庭が基になっている。池の中央部に蓬莱島と名付けられた中島があり、そこへ渡るために両方から二つの橋が架けられている。一方は石造りの堤の中央に小さな石橋(**写真 10-2**)が架けられ、中国の風景を演出しており、他方は木造の筋違えの橋(八つ橋)が架けられ、日本風のデザインになっている。

将軍家の別邸として整備された浜離宮にはお伝い橋という木橋が架けられている。この橋は全長118mにもなり、池の中島にあるお茶屋へのアプローチになっ

ており、橋を渡りながら庭の風景を長く楽しめる演出になっている。

　5代将軍の信任が篤かった側用人柳沢吉保が自ら指揮して造ったとされる六義園は、主として古い和歌からイメージを得てデザインされた味わい深い庭である。池を巡る道には田鶴橋（**写真10-3**）、藤波橋、山陰橋など桂離宮の庭園に見られるような土橋形式の橋が架けられているほか、渡月橋と名付けられた板石を並べた単純な形式の橋もあり、日本的な風景を意識したデザインになっている。

参考文献
1) 松村博「日本の木造橋の構造とデザイン」『土木史研究 Vol.23』土木学会　2003年6月
2) 近藤豊『古建築の細部意匠』pp.120〜123、1986年12月
3) 小澤、丸山編『江戸図屛風を見る』1993年2月
4) 大阪市都市工学情報センター『千年都市大阪』pp.32〜33、1999年12月
5) 『東京市史稿橋梁篇第一』p.566
6) 伊東孝『東京の橋』pp.38〜39、1986年9月
7) 松村博『橋梁景観の演出』pp.48〜69、1988年8月
8) 柴田顕正編『岡崎市史　第8巻』、p.438、昭和5年4月にも紹介されている。
9) 『東京市史稿橋梁篇第一』p.753
10) 『東京市史稿橋梁篇第二』p.327
11) 「両国橋御修復仕様」『両国橋掛直御修復書留』（三橋以下橋々書類 809-1-20）
12) 「両国橋損所御修復仕様」元治元子年『両国橋損所御修復書留』（806-67-31）
13) 「京橋新規掛替御普請目論見仕様帳」「京橋仮橋目論見仕様帳」『京橋外拾壱ヶ所御普請書留四』及び「京橋新規掛替御普請仕様内訳帳」「京橋仮橋仕様内訳帳」『京橋外拾壱ヶ所御普請書留六』（808-35-4,6)
14) 松村博「近世における橋脚杭の施工法について」『土木史研究第18号』pp.387〜394、1998年5月、この時点では土俵1俵当りを約50kgと推定していたが、今回の計算では1俵当り7貫(26.25kg)とした。
15) 『東京市史稿橋梁篇第二』pp.62〜63
16) 東京都土木技術センター提供
17) 『道路橋示方書（I共通編・IV下部構造編）』日本道路協会、pp.353〜362、平成14年3月
18) 大蔵永常『農具便利論 下』文政5年
19) 松村博『大井川に橋がなかった理由』pp.27〜56、2001年6月
20) 白幡洋三郎『大名庭園』1997年4月
21) 白幡洋三郎『江戸の大名庭園』1994年7月
22) 吉川需、高橋康夫『小石川後楽園』1981年8月
23) 松村博『日本百名橋』pp.229〜231、写真10-1

おわりに

　徳川政権下における江戸の橋梁施策の流れを簡単にまとめてみると、次のようになる。

1．徳川氏入府(1590)直後から、江戸を中心とするインフラ整備としての架橋事業が積極的に進められた。北の玄関口に千住大橋を、一方西の玄関口には六郷橋を架けて江戸からの街道を整備した。政権の基礎が固まると、江戸の城下町の骨格形成に合わせてメインストリートを兼ねた東海道を造り、日本橋、京橋などを架けた。江戸湊の整備とともに堀川が整えられ、沿岸の町の発展にともなって多くの橋が架けられていった。

2．明暦の大火(1657)以降、江戸の市街地を拡大するために隅田川右岸地域の水路網が拡張されて橋も整備された。また左岸の江東地域の開発を促進するために両国橋が架けられた。また町々が組合をつくり、費用を出し合って橋を建設し、管理費を分担する制度も整えられていった。

3．元禄期には隅田川に新たに新大橋、永代橋の2本の橋を架け、本所、深川では幕府の資金で多くの橋を建設して町の発展を促した。一方では技術的、経費的な理由から六郷橋は再建されず、渡しに切替えられた。

4．幕府の歳入の限界が明確になった享保期には、公共事業は縮小を余儀なくされた。享保の改革(1717～)によって永代橋を始め、主に深川地区の多くの橋が町々に下げ渡された、つまり民営化された。また幕府直轄管理の橋が一定の金額で民間業者に管理委託される、いわゆる千両橋が制度化され、橋の管理費歳出の削減、平準化がはかられた。

5．安永年間(1774～)には隅田川の大川橋が民間資本によって架けられ、隅田川下流部の4橋のうち、両国橋を除く3橋が民間による有料橋として運営されるなど、町人経済の拡大にともなってインフラ整備も民間の資金に負うところが大きくなる一方で、民衆救荒事業などへの出費増大のため、幕府の橋の管理費が削減され、管理水準が低下していった。

6．寛政の改革(1790)の一環として、民間委託されていた御入用橋は幕府直轄管

理に戻され、修復工事などでは1橋ずつを勘定奉行配下の樋橋棟梁が見積をすることによって経費削減がはかられた。年間予算は御定金960両に制限され、これを越える支出があると、次の年以降に分散して返済することになっていた。後には町奉行からの提案によって入札制が取り入れられ、コストダウンがはかられた。

7．文化4年(1807)、民営であった永代橋が落橋、千人もの死傷者が出たため、直後に永代橋、新大橋が幕府の費用で架け換えられ、大川橋を含めて幕府管理となったが、両国橋を除く3橋の工事費は、十組問屋が設立した三橋会所から支出されることになった。そして三橋会所解散以降も3橋の工事費は十組問屋からの冥加金の中から支出された。

8．天保の改革(1841)によって株仲間は解散させられ、3橋の管理費は三橋御手当屋敷の地代金が当てられることになった。そして御入用橋の管理費は、幕府の一般財源から支出されることになっていたと考えられるが、文化9年(1811)から御定金は760両に減額され、管理水準は低下していった。一方、新たな財源が模索され、江戸川神田川浚助成地地代金の貸付利息の積立を流用して臨時の架け換えが行われることもあり、文政7、8年(1824、25)には約四千両で40橋の架け換え、修復工事が行われた。

9．幕末の1861〜64年には江戸の橋の修復に幕府の一般会計から年間200〜600両が支出されているが、物価高騰の折からまとまった工事はできなかったと考えられる。

10．明治になって政府の財源不足から、橋を含むインフラ整備に江戸の町会所に積立てられていた七分積金が流用された。また、組合橋の制度も存続されたが、武家の崩壊により分担金支出の対象者の一部が無くなった橋では新しい土地所有者の政府機関などにも支出を求めることもあった。

　このように江戸時代の橋の施策を概観していくと、幕府の組織、制度に内在していた問題点のいくつかが見えてくる。

1．橋の建設を担当する部署は固定されていなかった。
2．橋の維持管理費をまかなう財源制度が未整備であった。
3．橋の工事を発注する役所と受注する大工棟梁との分離が十分ではなかった。

　橋の維持点検は町奉行が担当することになっていたが、橋の建設を担当できる役職としては、作事方、小普請方、町方、そして勘定方があった。それぞれに現場で指示にあたる役人がおり、直属の大工棟梁、もしくは専属に近い大工との連

携をもっていた。

　老中はこれらの奉行を競わせながら、より安価で確実に事業が進むようにコントロールしていたように見える。例えば両国橋の寛保2年（1742）の架け換えにあたっては、当初作事奉行に橋奉行が命じられたが、仮橋が不丈夫であったため、町奉行に変更、それも工事遅延により小普請奉行に交代させられている。

　江戸の町の拡張期であった元禄期までは隅田川の3橋を始め、本所、深川の多くの橋も幕府の費用で建設された。しかし享保期には町奉行の強い指導力もあって多くの橋を民間に移管した。その結果、18世紀後半には大川橋を加えると隅田川では両国橋を除く3橋が有料橋として民間で運営されていた。

　永代橋の落橋を機に3橋の管理は幕府の直轄に戻されたが、維持管理費をいわゆる一般会計から出す余裕はなく、十組問屋からの冥加金や幕府地の借地料などに頼るほかなかった。しかしその財源は継続的なものとして幕府財政の中に制度化されるものではなかった。

　3に関しては約130橋の御入用橋の管理の問題がある。享保期には町奉行の管理下で、2人の商人に年間最大千両で定請負された。当初は幕府の歳出が平準化され、橋の点検も業者に任せ、省力化されたが、長年この制度が続くと町方の統制がおろそかになり、請負者にも不行届きな面も出てきたのであろう。

　寛政の改革によってこの制度は突然廃止される。この時点で橋の管理の主導権は勘定奉行に移り、実務は樋橋棟梁が担うことになった。積算をやり直すと、定請負者よりも樋橋棟梁の見積の方がかなり安くなる結果となった。

　これも10年ほどすると、独占による専横が目立つようになったのであろう。町奉行の提案で入札制度が導入されると、勘定方の標準設計に基づく積算よりもはるかに安い価格で落札された。この後も樋橋棟梁を支持する勘定方と入札制度を推奨する町奉行との確執が続いたが、合理的な入札制度が定着していくことになった。

　しかしこれも万能ではなく、おそらく安い提案ができる業者がかなり独占的に落札することになっていったと考えられる。ただ幕府の組織に深いつながりを持つ大工集団の他にも大きな工事が担える民間業者の成長を促すことになった。

　このように江戸の橋の建設と管理の流れを見ていくと各役所間の関係や業者との関わり方、そして制度の改革と陳腐化の過程などは、形は同じではないが、今日的な課題との共通点も浮かび上がってくる。

　橋の管理制度は幕府の財政改革の影響を受けて変化していることがわかる。し

かしながら、当時の政権は都市インフラの重要性への認識が低く、都市の経済活動に対する適切な課税制度を構築できなかったために継続的なインフラ整備への投資は不十分にならざるを得なかった。そんな中で橋の担当者は維持補修費のやりくりに苦労を強いられることになった。橋の劣化や事故の要因を担当者の努力不足や業者の手抜き工事で説明するのは本質を見誤ることになる。

　江戸時代の橋梁技術は停滞していたように見える。政権の安定によって前の時代に比べて都市内の大河川への架橋と安定的な維持管理は確保されたが、中期以降は幕府の財政難が深刻になったことやインフラへの認識不足に加えて、急流河川や軟弱地盤という地形的な制約なども加わって木桁橋からの技術的改良が十分に行われなかったことは、結果として陸上交通の発展が阻害され、社会経済的な停滞を招くことになったと考えられる。

あとがき

　江戸の橋を調べ始めてすぐに容易ではないことに気が付いた。まず、取っ掛かりの資料として『東京市史稿橋梁篇』の2巻があるが、改めて見直していくと、いくつかの課題にぶつかる。文献の内容やつながりが理解できないものがある。例えば両国橋に関する多くの資料の中にいくつかの工事仕様があるが、どれが実際に実現されたものか、簡単には判断できない。また原文献の字を読み間違っているのではないかと思われる箇所も僅かながらある。そして、何よりも「橋梁篇」は安永年間で中断されている。

　『市街篇』、『産業篇』や『変災篇』などにも橋に関する文献が収録されているが、身近で『東京市史稿』全巻がそろえられているところがなく、内容の理解も含めて、一当りするのに長い期間を要した。

　『東京市史稿』から何となく江戸の橋の輪郭が見え始めた頃、国会図書館に所蔵されている『旧幕引継書』の橋に関する文献を調べ始めたが、古文書の素養がない身には越えがたい大きな壁のように感じた。

　本書の記述は大半を『東京市史稿』と『旧幕引継書』の橋に関する文書に依拠しており、その主な部分には目を通したつもりではあるが、全てを理解し得たとはとても言えそうにない。したがって間違った解釈や理解をしているところが多々あると思われる。お気付きの点はぜひご指摘をいただきたい。

　本書に価値があるとすれば、橋に対する幕府の施策が時代の変化や政治情勢によって変わっていった、その流れを不十分ながら捉えられたことと当時の橋の構造と技術を明らかにしてその特徴と限界に言及したことであると思う。

　橋という限られた素材であっても、その変遷を丁寧に追うことによって断片的ながら歴史の流れを捉えることができるはずであると考える。実際に建設されたものを通じて歴史を把握し、具体的事象がその時代の社会システムに起因していることを明らかにしていくのが土木史の手法である。

　本書で示した江戸の橋の通史は、歴史の流れを大空にたとえれば、井の中の蛙が見た大空の一部に過ぎない。それが普遍的なものなのか、点景に過ぎないのか

はわからない。読者に判断を願うしかない。

　本書を今春逝去された40年来の友人、京大・古代史の教授であった鎌田元一さんの霊前に捧げたいと思う。彼がもし本書に目を通してくれたとしたら、おそらく『そう簡単に結論は出されへんでぇ』と言うに違いない。

　ともあれ江戸の橋を知ることによって全国の橋の変遷を捉えるバックボーンが得られたと思う。自らの身体を正常に動かせる時間はそう長くは残されていないはずであるが、その間に日本の橋の通史を完成させたいと願っている。

　最後になったが、本書の出版にあたって多大の配慮をいただいた鹿島出版会の橋口聖一氏に心より御礼を申し上げたい。

　2007年6月

　　　　　　　　　　　　　　　　　　　　　　　　　　　　松　村　　博

索 引 [橋と川]

あ

相生橋　　30
青柳町橋　　123
明石橋　　127,180
浅草川　　1,7,13,24,57
浅草口橋　　3
浅草橋　　6～9,11,109
浅草門橋　　126,127
吾妻橋　　112
新し橋　　32,100～102,136
油堀　　15,18,30
油堀川　　17
荒布橋　　7
荒和布橋　　89
荒布橋　　91

い

石嶋橋　　30
石造アーチ橋　　94,96,204
石原入堀橋　　30
石原橋　　14,180
和泉橋　　32,101,102,104,126,127
伊勢町堀　　8,91
板橋　　180
一円相唐橋　　95,96
一之橋　　14,30,179～181
一ノ橋　　34,127
一石橋　　7,11,32,136
一手持橋　　77,156
いづみ殿橋　　6,7
和泉橋　　6,7
稲荷橋　　127
今川橋　　89

今戸橋　　122,160
伊豫橋　　30
伊予橋　　180
入江橋　　77,84
入船橋　　18,30

う

上之橋　　30
宇治橋　　193,195
宇治橋(伊勢)　　194
海辺(邊)橋　　18,30,180,181

え

永代橋　　16～18,20,27,29,30,32,
　　　　65,71,105,111,115～117,119,
　　　　127,131～135,140～142,144
　　　　～152,154,156,178,200,201,
　　　　207,208
江川橋　　30
江島橋　　18
江嶋橋　　30
越中橋　　7
江戸川　　125,155,156,167,181,
　　　　208
江戸川橋　　179,180
江戸城御門橋　　127
江戸橋　　7,35,91,123,127
戎橋　　87
円月橋　　94,96,203,204

お

青海橋　　18,30,180
大井川　　202

大川　　　14, 18, 31
大川橋　　105, 112〜115, 133, 135,
　　143, 145〜152, 156, 207, 208
大坂の三大橋　　188
大島橋　　18
大嶋橋　　30
大炊殿橋　　6
大手橋　　12
大手門橋　　7, 8
大橋　　3, 6, 7, 13
大横川　　14
大鋸町下槇町間中橋　　84〜86
大鋸町中之橋　　87
小川橋　　77, 80, 82〜84, 93
押上橋　　30
小田原橋　　127
小名木川　　14, 15, 17, 24, 30, 34, 71
小名木川橋　　17
御成橋　　7, 8
親父橋　　77〜82, 93, 94
おやじ橋　　77
親仁橋　　77, 80
御材木蔵入堀橋　　30
御貯入堀跡橋　　30

か

海賊橋　　7, 127
楓川　　7, 8, 84
鍛冶橋　　5〜7, 12, 127
かぢ橋　　6, 7
金杉橋　　104, 160, 161
要橋　　18, 30, 33
上之橋　　18
亀島橋　　123, 138
亀嶋橋　　127
亀久橋　　30, 31, 34
川口橋　　88
神田川　　6〜9, 12, 21, 32, 88, 89,
　　100, 101, 114, 116, 117, 125,
　　126, 155, 156, 167, 181, 208
神田橋　　6, 11, 127

き

菊川橋　　18, 30
木桁橋　　36, 185, 186, 194
雉子橋　　5〜7, 11
北十間川　　14
北辻橋　　14, 30
北之橋　　30, 161
北割下水　　30, 128
きぢ橋　　7
紀伊国橋　　7
京橋　　7〜9, 11, 35, 99, 104, 106
　　〜108, 124〜127, 138, 159〜162,
　　165, 166, 168, 169, 172, 175,
　　176, 179, 181, 188, 189, 192,
　　198, 200, 207
京橋(大阪)　　154
雲母橋　　91, 92
錦帯橋　　195

く

組合橋　　33, 35, 77, 82, 87, 88, 94,
　　102, 156
黒江橋　　30

け

桁橋　　185
源森川　　14
源森橋　　14, 30

こ

公儀橋　　29, 31, 35, 77, 93, 100, 154,
　　198
高麗橋　　109
小塚原橋　　22
駒留橋　　14, 180
御入用橋　　22, 27, 29, 31〜36, 62,

索　引　215

　　　　72,73,77,99,101,102,109,
　　　　120,121,123,126〜128,135,
　　　　136,138,151,152,154〜156,
　　　　159,165,175,178,189,190,207
　　　　〜209
五条橋　　202
後藤橋　　6,7
五之橋　　14
呉服橋　　5,7,11,12,127
御門橋　　191,192

さ

西湖堤の石橋　　205
幸橋　　7,8,127
坂田橋　　30
崎川橋　　30
猿江橋　　30,179,180
猿小橋　　30,161
猿橋　　195
山陰橋　　206
三十間堀　　7,8
三条大橋　　109,188,195
三条橋　　202
三之橋　　30,180,181
三ノ橋　　34,127

し

思案橋　　7
志あん橋　　7
汐留橋　　127,180,181
潮見橋　　18,30
汐見橋　　180
下つけ橋　　7
下之橋　　30,180
下乗橋　　8
下水橋　　11
芝口難波橋　　32,91
芝口橋　　107
渋谷川　　128

清水橋　　30,180
下ノ橋　　18
昌平橋　　6
白魚橋　　127
新大橋　　16,17,20,27,29,30,33
　　　　〜35,57,63,65,69,71,80,105,
　　　　111,112,114,115,126,127,132
　　　　〜135,140〜142,144〜146,148
　　　　〜152,154,156,193,207,208
心斎橋　　87
新高橋　　17,34,180,181
新辻橋　　17,30,34,154
新鳥越橋　　122,127,160
新橋　　7〜9,11,32,91,107,126,
　　　　127,192
真福寺橋　　127,180,181
自分橋　　18,29,126
十間川　　14,17,18
拾間川　　30

す

数寄屋橋　　5,11,12
筋違橋　　6,8,9,109
筋違門橋　　126
隅田川　　1,2,11,12,17,19〜21,24,
　　　　25,27,29,36,51,52,57,69,88,
　　　　105,106,117,116,126,131,141
　　　　〜143,179,188,189,194,201,
　　　　207,209

せ

関口橋　　161
瀬田唐橋　　195
瀬田橋　　188,202
勢多橋　　193
千住大橋　　3,21〜25,34,69,105,
　　　　126,207
千住御橋　　21
仙台堀　　15,17,30,31

千両橋　　35,125,165,207
銭瓶橋　　7,127

た
田安土橋　　7
太鼓橋　　95,96
高砂橋　　82
高橋　　2,7,17,30,34,127,161,176
鷹橋　　126,127
竹橋　　7,12
田鶴橋　　205,206
竪川　　14,15,17,29,30,34
田中橋　　30
旅所橋　　14,30
多摩川　　3
大榮橋　　30,31
弾正橋　　127,161

ち
築嶋橋　　30
千鳥橋　　30,180

つ
通天橋　　203

て
天神橋　　30,180

と
常磐橋　　1～3
常盤橋　　6,7,11,12,109,127
渡月橋　　195,203
所橋　　31
所向合橋　　29,31
豊島橋　　30
富岡橋　　30
冨岡橋　　180
豊川　　202
富嶋橋　　30

豊海橋　　31,32,136
鳥越橋　　32,136
道三橋　　127
道三堀　　1～3,7
道浄橋　　91～93
土橋　　185

な
永居橋　　30,31,34
長崎橋　　30
中島川　　204
中の橋　　93
中ノ橋　　18,91,92,127
中之橋　　30,161,180
中橋　　7～9,84,87,192
業平橋　　14,30
難波橋（大阪）　　154
南北割下水　　14

に
西ノ丸の玄関の橋　　8
西堀留川　　91
西丸大手橋　　8
二之橋　　30
二ノ橋　　34,127
日本橋　　4,5,7～9,11,12,35,84,
　　　　　100,102～111,126,127,188,
　　　　　192,194,207
日本橋川　　1,2,12,31,32,77,91,
　　　　　106

の
呑川　　128

は
橋元町　　87
八幡橋　　30
刎橋　　5,185
浜町堀　　8,77,82

ひ

比丘尼橋　*127*
東堀留川　*8, 77*
肥後橋　*154*
久中橋　*180*
備前島橋　*154*
一つ橋　*6〜8*
一ツ橋　*12*
一橋　*127*
日比谷入江　*1, 2, 4, 5*
平川　*1〜3, 6*
平川門橋　*8, 192*
平野橋　*18, 30, 179, 180*

ふ

福嶋橋　*30*
福永橋　*30*
富士川　*202*
藤波橋　*206*
伏見筋違橋　*154*
不明門橋　*12*

へ

弁慶橋　*107*

ほ

法恩寺橋　*14, 30, 161, 176*
本所4つ目橋　*17*
本所四ノ橋　*154*
本丸下乗橋　*12*

ま

町方向合橋　*31*
町橋　*31, 32, 77, 79, 94, 151*
松井橋　*14, 30*
松嶋橋　*30, 180*
松永橋　*30, 161*
松幡橋　*87*
丸太橋　*30*

み

万年橋　*24, 160, 161*
萬年橋　*71*

緑橋　*30*
湊橋　*123, 125, 127, 138*
南辻橋　*14, 30*
南割下水　*30, 128*
南小田原町橋　*161*

め

眼鏡橋　*204*
目黒川　*94, 128*
目黒太鼓橋　*94, 95*

も

木造桁橋　*185*
木挽五丁目橋　*104*
木挽橋　*127*
元木橋　*30*
紅葉川　*84*
紅葉山下門橋　*5*
森田橋　*30*

や

彌靭寺橋　*30*
八つ橋　*204, 205*
柳嶋橋　*30*
柳橋　*88〜90, 94*
柳原和泉橋　*100*
矢作橋　*49, 52, 57, 154, 188, 196*
　　　〜198, 202
山下門橋　*127*
大和橋　*30*
弥勒寺橋　*180*

よ

横川　*14, 15, 17, 18, 29〜31*
横山町三丁目石橋　*126*

吉岡橋　　18,30
吉田橋　　154,188,198
四条橋　　193
四之橋　　30

り

両国橋　　13〜15,18〜24,27,29,30,
　　　　　33〜35,39,40,43〜47,49,61,63
　　　　　〜69,71〜75,81,104〜106,109,
　　　　　113,114,116,126,127,132,
　　　　　133,135,142,143,145,146,
　　　　　148,154,155,156,188〜190,
　　　　　194,198,199,208,209
両国橋東入堀橋　　30

れ

霊岸橋　　123,127,138

ろ

六郷大橋　　3
六郷川　　3,20,71
六郷橋　　3,19,20,24,71,207
六地蔵橋　　154
六十間川　　77
六間堀　　14

わ

わざくれ橋　　7
和田倉橋　　7,8,12,192
和田倉門橋　　127
割下水　　35,101,126

著者紹介

松 村 博 （まつむら ひろし）

1944年　大阪市淀川区に生まれる
1969年　京都大学大学院工学研究科（土木工学専攻）修了
大阪市（土木局橋梁課、計画局都市計画課）、
大阪市都市工学情報センター、阪神高速道路（株）に勤務

主な著書

『八百八橋物語』『大阪の橋』『京の橋物語』（松籟社）、
『橋梁景観の演出』『日本百名橋』（鹿島出版会）、
『大井川に橋がなかった理由』（創元社）など

［論考］江戸の橋　制度と技術の歴史的変遷

2007年 7 月20日　発行 ©

著　者　松　村　　博

発行者　鹿　島　光　一

発行所　鹿 島 出 版 会
　　　　100-6006 東京都千代田区霞が関3丁目2番5号
　　　　Tel. 03(5510)5400　振替 00160-2-180883
　　　　無断転載を禁じます。
　　　　落丁・乱丁本はお取替えいたします。

印刷：創栄図書印刷　製本：牧製本
ISBN978-4-306-09387-4　C1052　　Printed in Japan

本書の内容に関するご意見・ご感想を下記までお寄せください。
URL : http://www.kajima-publishing.co.jp
E-mail : info@kajima-publishing.co.jp

好評図書

日本百名橋

松村 博 著

A5判／上製／三〇四頁
定価（本体三八〇〇円十税）
鹿島出版会刊

架設が強く望まれた橋。
技術的に優れた橋。
姿・形の美しい橋。
周辺の優れた環境に調和した橋。
古い歴史や伝承をもった橋。
利用者に親しまれている橋。
歴史的価値と
様々な文化的要素によって
つくられる橋の魅力を記述。

豊平橋（北海道）／旭橋（北海道）／幣舞橋（北海道）／上の橋（岩手）／蛇の崎橋（秋田）／大橋（宮城）／臥龍橋（山形）／十綱橋（福島）／信夫橋（福島）／水府橋（茨城）／日光・神橋（栃木）／湊橋（青森）／碓氷第三橋梁（群馬）／秩父橋（埼玉）／氷川大橋（東京）／千住大橋（東京）／四谷見付橋（東京）／両国橋（東京）／常盤橋（東京）／日本橋（東京）／二重橋（東京）／永代橋（東京）／八幡橋（東京）／六郷大橋（神奈川）／横浜ベイブリッジ（神奈川）／馬入橋（神奈川）／甲斐の猿橋（山梨）／万代橋（新潟）／直江津橋（新潟）／愛本橋（富山）／越中・舟橋（富山）／犀川大橋（石川）／中津橋（長野）／富士川橋（静岡）／大井川橋（静岡）／浜名橋（静岡）／矢作橋（愛知）／納屋橋（愛知）／枇杷島橋（愛知）／長良大橋（岐阜）／桃介橋（長野）／永保寺・無際橋（岐阜）／伊勢・宇治橋（三重）／瀬田唐橋（滋賀）／大宮橋（宇賀）／谷瀬の吊橋（奈良）／不老橋（和歌山）／上賀茂神社・橋殿（京都）／渡月橋（京都）／九十九橋（福井）／優月橋（滋賀）／宇治橋（京都）／上津屋橋（京都）／泉大橋（京都）／長柄橋（大阪）／難波橋（大阪）／三条大橋（京都）／五条大橋（京都）／住吉の反橋（大阪）／余部橋梁（兵庫）／神子畑橋（兵庫）／武庫大橋（兵庫）／明石海峡大橋（兵庫）／淀屋橋（大阪）／高麗橋（大阪）／心斎橋（大阪）／松江・大橋（島根）／取（羅漢寺・反橋（島根））／厳島・反橋（広島）／錦帯橋（山口）／平安橋（山口）／琴平・鞘橋（香川）／瀬戸大橋（岡山）／京橋（岡山）／松江・大橋（島根）／橋（富山）／吉野川橋（徳島）／長浜大橋（愛媛）／元安橋（広島）／斗俵沈下橋（高知）／耶馬渓橋（大分）／三架橋（香川）／祖谷の蔓橋（徳島）／常盤橋（福岡）／西海橋（長崎）／御幸の橋（愛媛）／播磨屋橋（高知）／虹澗橋（大分）／呉橋（大分）／橘橋（宮崎）／筑後川昇開橋（佐賀）／西海橋（長崎）／諫早・眼鏡橋（長崎）／祇園橋（熊本）／通潤橋（熊本）／霊台橋（熊本）／橋（熊本）／

【番外編】上山・新橋（山形）／西田橋（鹿児島）／天女橋（沖縄）／
橋杭岩（和歌山）／天橋立（京都）／行者橋（京都）／芦岬橋（鹿児島）／真間の継橋（千葉）／木曽の桟（長野）／八橋（愛知）／裁断橋（愛知）／飛鳥川の石橋（奈良）／盤石橋（山口）／表御殿庭園石橋（徳島）／独逸橋（徳島）／雪鯨橋（大阪）／木の根橋（兵庫）／帝釈峡・雄橋（広島）／縮景園・跨虹橋（広島）／弓削神社・太鼓橋（愛媛）／池田矼（沖縄）